图解洗衣机维修技术

主　编　韩雪涛

副主编　吴　瑛　韩广兴

金盾出版社

内 容 提 要

本书根据洗衣机维修的技术特点和实际岗位需求作为编写目标，选择典型洗衣机产品，从洗衣机的结构特点入手，通过对不同产品典型样机的分步拆解、电路分析以及实测、实修，全面系统地介绍了不同类型洗衣机的结构、原理与检测维修技术。

本书可作为中等职业技术院校的教材，也适合于从事家用电子产品生产、销售、维修工作的技术人员和电子电气爱好者阅读，还可以作为行业的技能培训教程。

图书在版编目(CIP)数据

图解洗衣机维修技术/韩雪涛主编.—北京 ：金盾出版社，2017.1(2018.2 重印)
ISBN 978-7-5186-0715-0

Ⅰ.①图… Ⅱ.①韩… Ⅲ.①洗衣机—维修—图解 Ⅳ.①TM925.330.7-64

中国版本图书馆 CIP 数据核字(2015)第 313351 号

金盾出版社出版、总发行

北京太平路 5 号(地铁万寿路站往南)
邮政编码：100036 电话：68214039 83219215
传真：68276683 网址：www.jdcbs.cn
封面印刷：北京印刷一厂
正文印刷：双峰印刷装订有限公司
装订：双峰印刷装订有限公司
各地新华书店经销

开本：787×1092 1/16 印张：13 字数：301 千字
2018 年 2 月第 1 版第 2 次印刷
印数：4 001～7 000 册 定价：42.00 元

前言

随着科技的进步和制造技术的提升，人们的日常生活逐渐进入电气化时代。特别是洗衣机，无论是品种还是产品数量，都得到了迅速的发展和普及，已经在人们生活中占据了重要的位置，为人们的生活提供了极大的便利。

近些年，新技术、新器件、新工艺的采用，加剧了洗衣机产品的更新换代。洗衣机产品的市场拥有量逐年攀升，各种品牌、各种型号的洗衣机不断涌现，功能也越来越完善。

强烈的市场需求极大地带动了维修服务和技术培训市场。然而，面对种类繁多的洗衣机产品和复杂的电路结构，如何能够在短时间内掌握维修技能成为维修人员面临的重大问题。

本书作为洗衣机维修技术和技能的专业培训教材，在编写内容和编写形式上有以下特点：首先，从样机的选取上，对目前市场上的洗衣机产品进行了全面的筛选，按照产品类型选取典型演示样机，并对典型样机进行实拆、实测、实修。其次，全面系统地介绍了不同类型洗衣机的结构特点、工作原理以及专业的检测维修技术。第三，结合实际电路，增添了很多不同机型电路的分析和检修解析，帮助读者完善和提升维修经验。

本书突出实用性、便捷性和时效性。在对洗衣机维修知识的讲解上，摒弃了冗长烦琐的文字罗列，内容以“实用”、“够用”为原则。所有的操作技能均通过项目任务的形式，结合图解的演示效果呈现。并结合国家职业资格认证、数码维修工程师考核认证的专业考核规范，对洗衣机维修行业需要的相关技能进行整理，并将其融入实际的应用案例中，力求让读者能够学以致用。

在结构编排上，图书采用项目式教学理念，以项目为引导，增强实战的锻炼，突出拆卸、实测、维修等操作技能，并结合产品类型和岗位特征进行合理编排，让读者在学习中实践，在实践中锻炼，在案例中丰富实践经验。

为了达到良好的学习效果，图书在表现形式方面更加多样。知识技能根据其技术难度和特色选择恰当的体现方式，同时将“图解”、“图表”、“图注”等多种表现形式融入到了知识技能的讲解中，更加生动、形象。

本书依托数码维修工程师鉴定指导中心组织编写，参加编写的人员均参与过国家职业资格标准及数码维修工程师认证资格的制定和试题库开发等工作，对电工电子的相关行业标准非常熟悉，并且在图书编写方面都有非常丰富的经验。此外，本书的编写还吸纳了行业各领域的专家技师参与，确保本书的正确性和权威性，力求知识讲述、技能传授和资料查询的多重功能。

本书由韩雪涛、韩广兴、吴瑛等编写，其他参编人员有梁明、宋明芳、张丽梅、王丹、王露君、张湘萍、韩雪冬、吴玮、唐秀鸯、吴鹏飞、高瑞征、吴惠英、王新霞、周洋、周文静等。

为了更好地满足读者的要求，达到最佳的学习效果，每本书都附赠价值 50 元的学习卡。读者可凭借此卡登录数码维修工程师官方网站（www.chinadse.org）获得超值技术服务。网站提供有最新的行业信息，大量的视频教学资源，图纸手册等学习资料以及技术论坛。用户凭借学习卡可随时了解最新的电子电气领域的业界动态，实现远程在线视频学习，下载需要的图纸、技术手册等学习资料。此外，读者还可通过网站的技术交流平台进行技术的交流咨询。

由于电子维修技术的发展迅速，产品更新换代速度很快，为方便师生学习，我们还另外制作有相关 VCD 系列教学光盘，有需要的读者可通过以下联系方式与我们联系购买。

网址：http://www.chinadse.org

联系电话：022-83718162/83715667/13114807267

E-Mail：chinadse@163.com

联系地址：天津市南开区榕苑路 4 号天发科技园 8-1-401

邮编：300384

编 者

目录

第 1 章 全自动洗衣机的结构组成和工作原理

第 2 章 全自动洗衣机的拆解方法

第 3 章 全自动洗衣机的故障特点和检修流程

第7章 全自动洗衣机减震支撑系统的故障检修

第8章 全自动洗衣机操作控制电路的故障检修

第9章 全自动洗衣机其他电器部件的故障检修

第 1 章 全自动洗衣机的结构组成和工作原理

1.1 全自动洗衣机的结构组成

1.1.1 波轮式洗衣机的整机结构

波轮式洗衣机由电动机通过传动机构带动波轮做正向和反向旋转（或单向连续转动），利用水流与洗涤物的摩擦和冲刷作用进行洗涤。图 1-1 所示为典型波轮式洗衣机的整机结构。

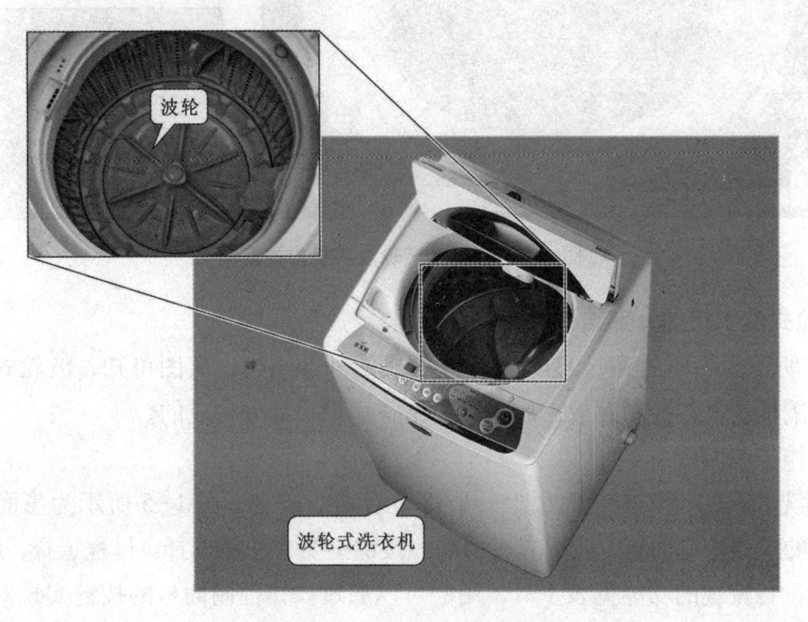

图 1-1　典型波轮式洗衣机

【信息扩展】

洗衣机的基本功能是洗涤和脱水，因此传统的洗衣机设有洗衣桶和脱水桶，如图 1-2 所示。随着洗衣机技术水平的提升，现代流行的洗衣机已经将洗衣桶和脱水桶进行功能合并，将脱水桶套装在洗涤桶（盛水桶）内，称为套筒式洗衣机，图 1-3 所示为典型的套筒式波轮洗衣机。

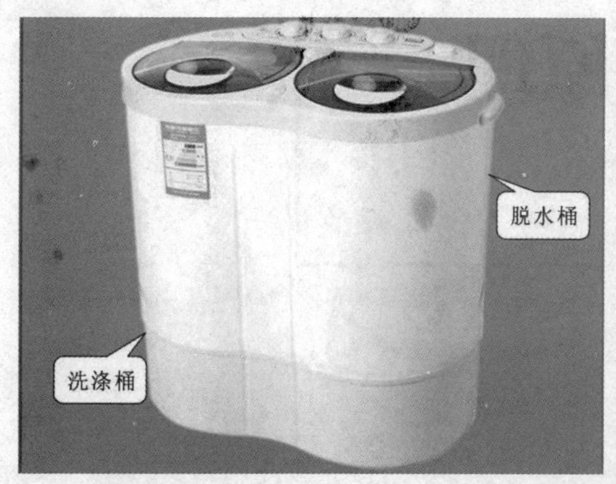

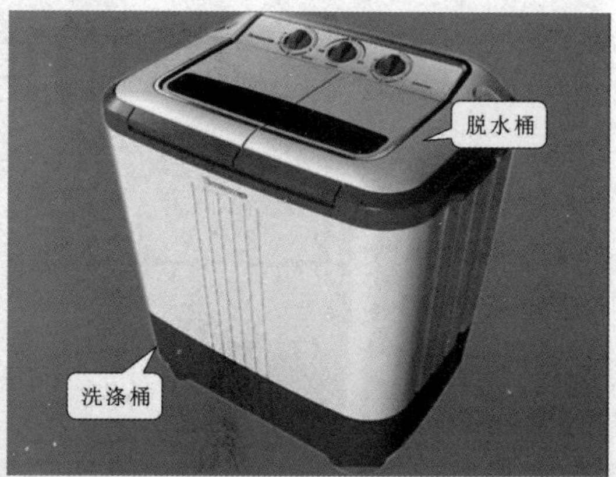

图 1-2　双筒洗衣机

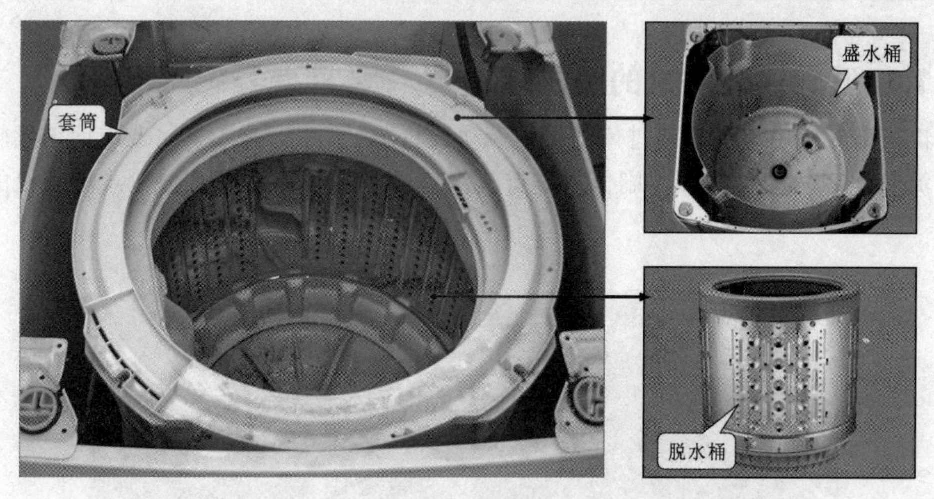

图 1-3　套筒式波轮洗衣机中的套筒

1. 波轮式洗衣机的外部结构

图 1-4 所示为惠而浦 WI4231S 波轮洗衣机的外部结构，从图可知，波轮式洗衣机的外部主要是由围框、操作控制面板、后盖板、铭牌标识等部分构成的。

(1) 操作控制面板

波轮式洗衣机的操作控制面板上一般都设有功能按键，图 1-5 所示为惠而浦 WI4231S 波轮洗衣机的操作控制面板，该洗衣机的功能按键主要有功能选择、过程选择、启动 / 暂停、电源开关等，各按键的功能见表 1-1，用户可以通过操作控制面板的按键实现对洗衣机的工作控制，洗衣机再通过指示灯或显示屏显示洗衣机的工作状态。

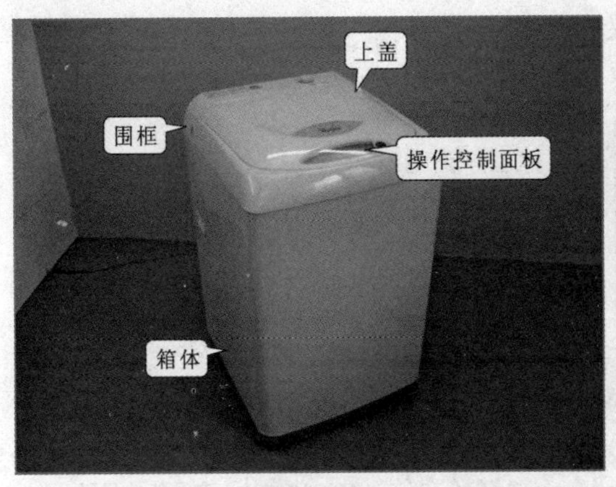

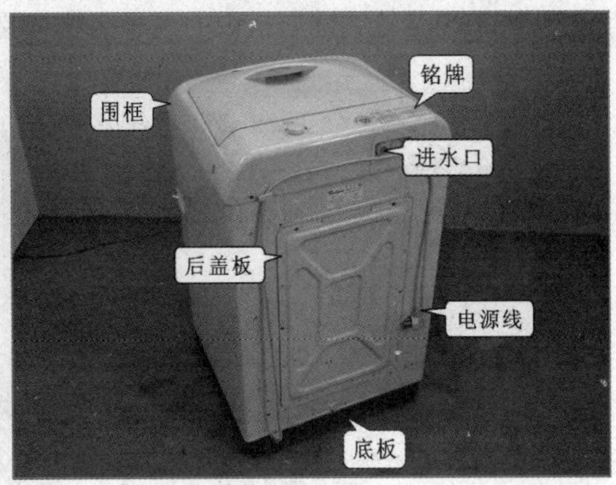

图 1-4　惠而浦 WI4231S 波轮洗衣机的外部结构

图 1-5　惠而浦 WI4231S 波轮洗衣机的操作控制面板

表 1-1　惠而浦 WI4231S 洗衣机各按键功能

操作面板	功能	说明
功能选择	节水洗涤	按一次按钮选择节水洗涤模式
	附加漂洗	按两次按钮选择附加漂洗模式
过程选择	浸泡	按一次按钮选择浸泡衣物模式
	洗衣	按两次按钮选择洗衣模式
	漂洗	按三次按钮选择漂洗衣物模式
	脱水	按四次按钮选择脱水模式
启动／暂停	启动按钮或暂停按钮	按下按钮可启动洗涤程序 按下按钮可暂停洗涤程序
电源开关	电源钮	按下按钮可打开或关闭洗衣机电源

（2）铭牌标识

波轮式洗衣机的铭牌标识上通常标有洗衣机的产品代号、自动化程度、洗涤方式、规格代号、厂商等，图 1-6 所示为惠而浦 WI4231S 型全自动洗衣机的铭牌标识，从图可知铭牌上标有该洗衣机的型号、额定电压、额定频率、防水等级、额定输入功率、额定洗涤脱水容量等相关参数。

除此之外，在洗衣机的型号中也可以识读出该洗衣机的相关特性，图 1-6 中还显示了惠而浦 WI4231S 波轮式洗衣机中的型号名称含义。

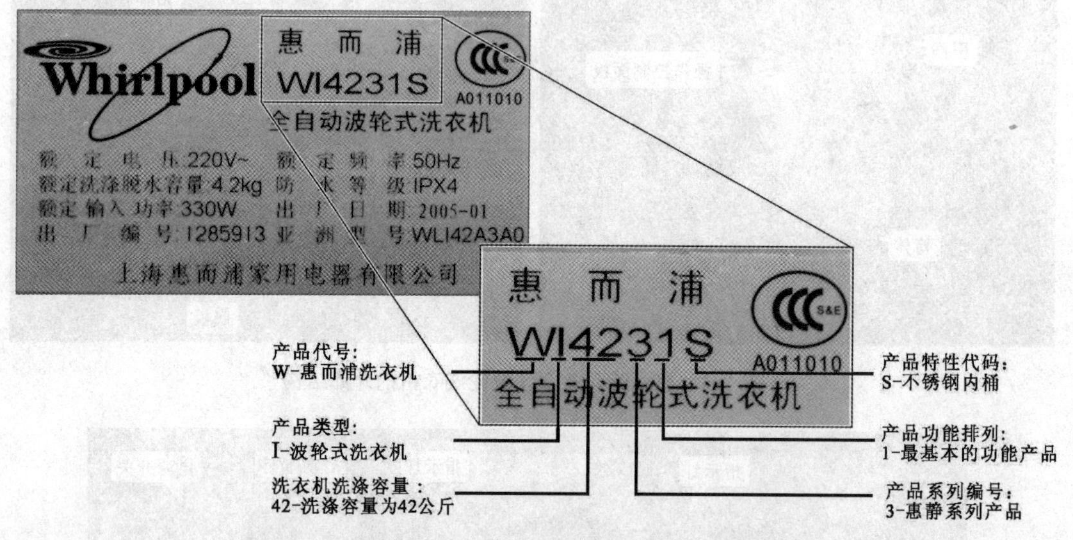

图 1-6 惠而浦 WI4231S 全自动波轮洗衣机的产品名称

根据我国原轻工业部标准 SG186-80 规定，国产洗衣机的型号分为 6 位，每一位的命名是以汉语拼音的首个字母表示的，其含义如图 1-7 所示。

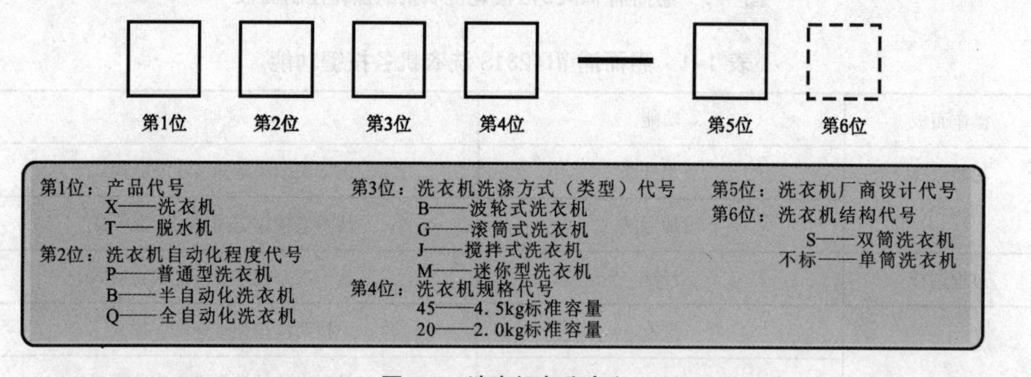

图 1-7 洗衣机名称含义

2. 波轮式洗衣机的内部结构

波轮式洗衣机的内部主要由进水系统、洗涤传动系统、排水系统和电路系统等 4 部分组成。

（1）进水系统

波轮式洗衣机的进水系统主要为洗衣机提供水源，并合理地控制水位的高低。该系统位于洗衣机围框中，主要由进水电磁阀和水位开关等元件组成，如图 1-8 所示。

（2）洗涤传动系统

洗涤传动系统主要是由洗涤系统、支撑系统、安全系统等构成的。

1）洗涤系统

波轮式洗衣机的洗涤系统主要由桶圈、平衡环组件、波轮、脱水桶、盛水桶、洗涤电动机、离合器、皮带和保护支架等组成，通过控制电路使洗涤电动机工作，从而实现对上述组件的

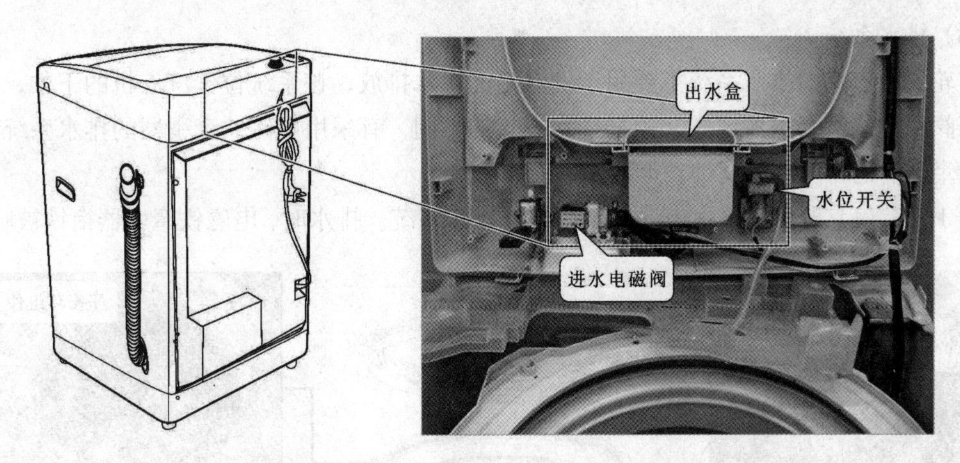

图 1-8　波轮洗衣机进水系统的安装位置

机械控制。

波轮式洗衣机的洗涤系统除了洗涤电动机由控制电路进行控制以外，其他组件之间都是机械连接，因此洗涤系统也可称之为机械传动系统，该系统担任着波轮式洗衣机的洗涤工作。图 1–9 所示为典型波轮式洗衣机的洗涤系统。

2）支撑系统

波轮式洗衣机的支撑系统主要是由箱体支撑装置和减震支撑装置构成的。

① 箱体支撑装置。波轮式洗衣机的箱体支撑装置主要是由箱体底脚和底板构成的，如图 1–10 所示，其中箱体即为洗衣机的外壳，除对洗衣机起到支撑、装饰作用外，还具有保护洗衣机内部零部件和支撑、紧固零部件的作用；而底脚则是用于支撑洗衣机的箱体，也可通过调整洗衣机的可调底脚调整洗衣机的平衡。

【要点提示】

洗衣机箱体的材质有很多种，其中一种是采用 0.5 ~ 0.8 mm 的钢板或镀锌钢板，经过喷塑或喷漆工艺加工制成；另一种是用塑料注塑成型，塑料的优点是不会生锈；再一种就是将箱体分成上下两部分，由钢板和塑料混合制成，并通过固定螺钉固定。

② 减震支撑装置。波轮式洗衣机的减震支撑装置是由吊杆组件构成的，用于将洗衣桶以及安装在洗衣机下方的洗涤电动机、离合器、排水系统等吊装在洗衣机箱体上，起到减震支撑的作用，如图 1–11 所示。

3）安全系统

波轮式洗衣机的安全系统实际上是指洗衣机的安全门开关，如图 1–12 所示，主要用于控制波轮式洗衣机上盖的打开与闭合，从而实现对电气系统通断电的控制，同时起到保护的作用。

波轮式洗衣机只有在关闭上盖，安全门开关处于闭合状态，电气系统才会通电，此时洗涤电动机才能够运转，实现洗涤、脱水等功能。如在洗衣机工作状态中，将上盖打开，或是因为震动，导致安全门开关打开，电气系统就会断电，使洗涤电动机停止工作，洗衣机进入断电保护状态。

(3) 排水系统

波轮式洗衣机的排水系统主要用于洗涤后的污水排放，该系统位于洗衣机的下方，主要由排水阀和排水阀牵引器组成，根据排水方式的不同，有采用电磁铁牵引器的排水系统和采用电机牵引器的排水系统两种，如图 1–13 所示。

图 1–13（1）所示为采用电磁铁牵引器的排水系统。排水时，电磁铁牵引器衔铁被吸引，

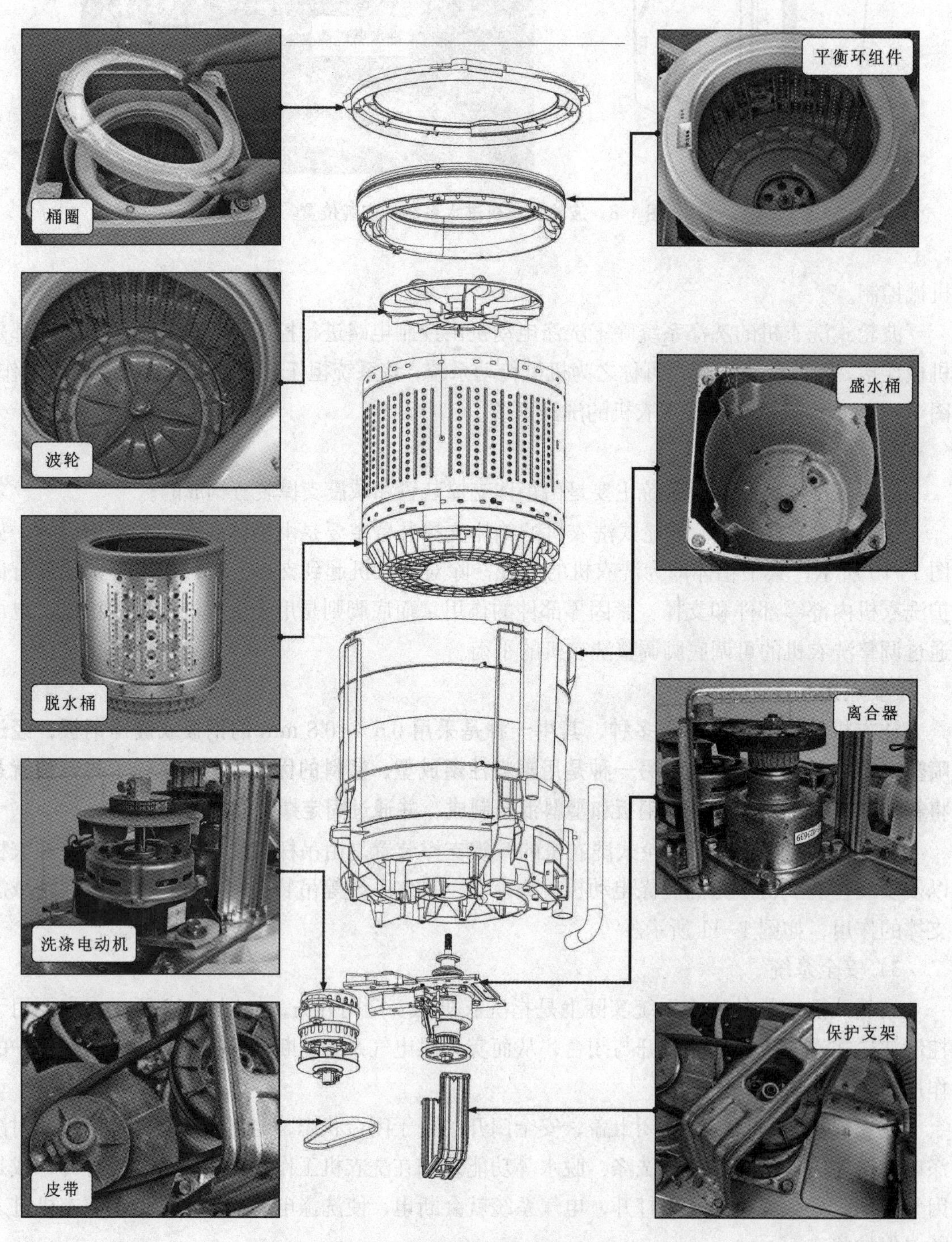

图 1–9　典型波轮式洗衣机的洗涤系统

电磁铁牵引器拉杆拉动内弹簧。当内弹簧的拉力大于外弹簧和橡胶阀的弹力时，外弹簧被压缩，带动橡胶阀移动。当橡胶阀被移动时，排水通道就被打开了，洗衣桶内的水将被排出。

图 1-10 波轮式洗衣机的箱体支撑装置

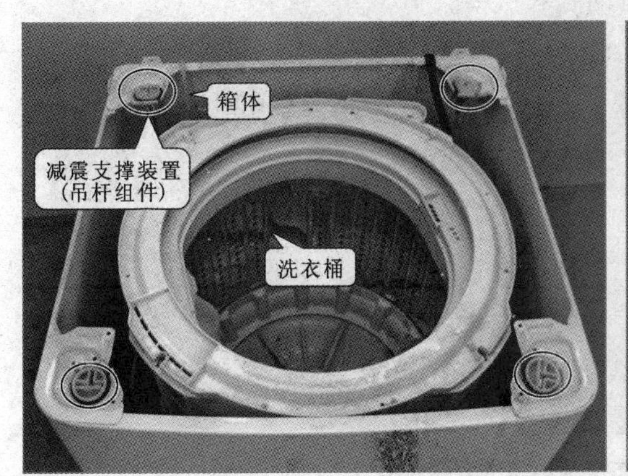

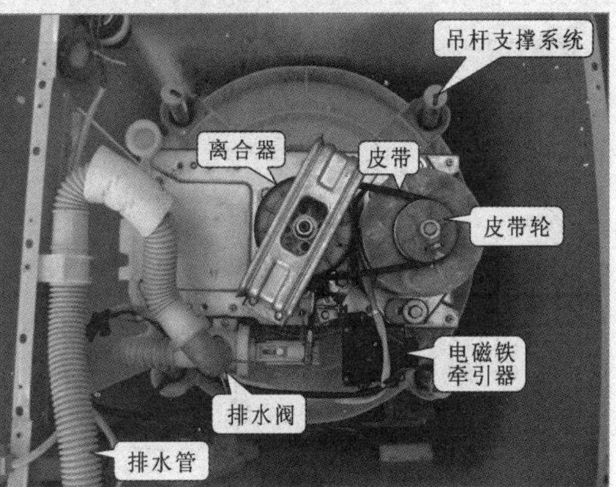

图 1-11 减震支撑装置的安装位置

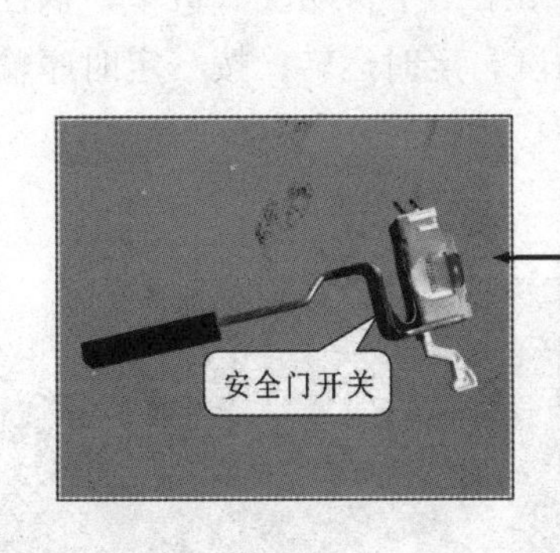

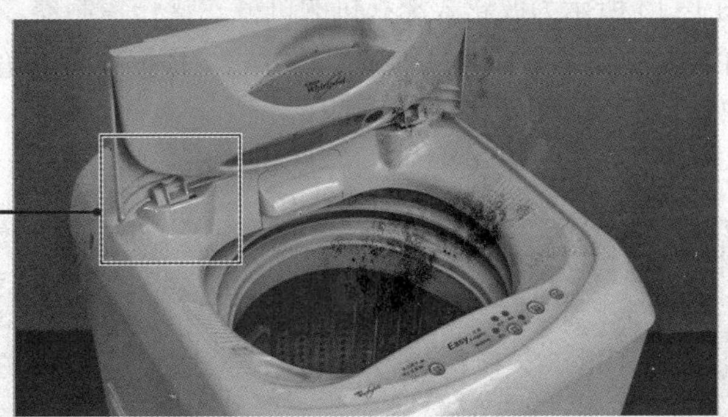

图 1-12 安全门开关的安装位置

(4) 电路系统

电路系统是洗衣机识别并输出控制信号的功能单元。常见的电路系统有两种：一种是电脑式（电脑式操作控制电路），另一种是机械式（机械式操作控制器）。

（1）采用电磁铁牵引器的排水系统

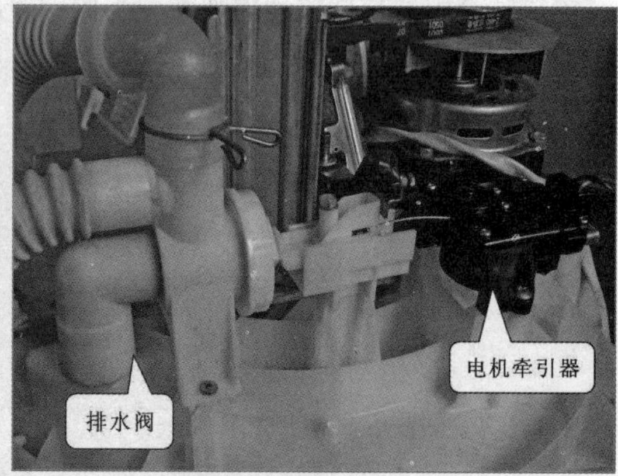

（2）采用电机牵引器的排水系统

图 1-13　电磁铁牵引器和电机牵引器排水系统

图 1-14 所示为波轮式洗衣机的电脑式操作控制电路，该电路安装在操作面板的下方，由微处理器和外围元器件等组成，常用于全自动洗衣机中。

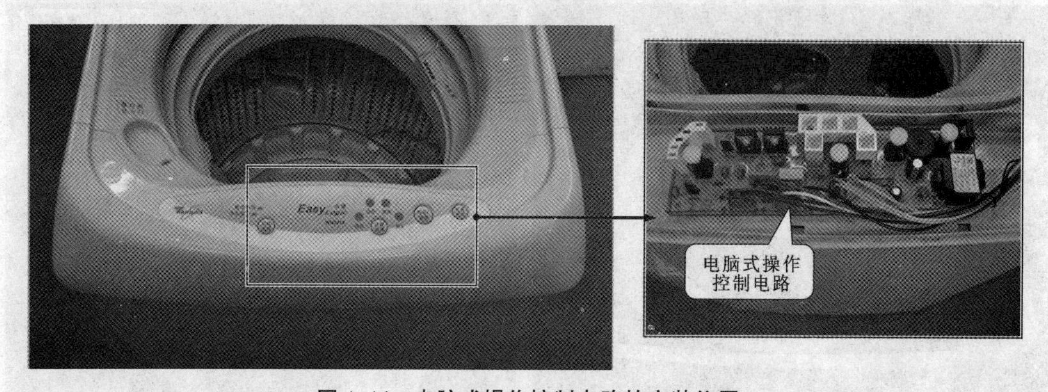

图 1-14　电脑式操作控制电路的安装位置

图 1-15 所示为波轮式洗衣机的机械式操作控制器，常用于半自动洗衣机中，该控制器安装在控制旋钮下方，通过机械传动方式，根据预设的角度，定时运转，按一定时序输出控制信号。

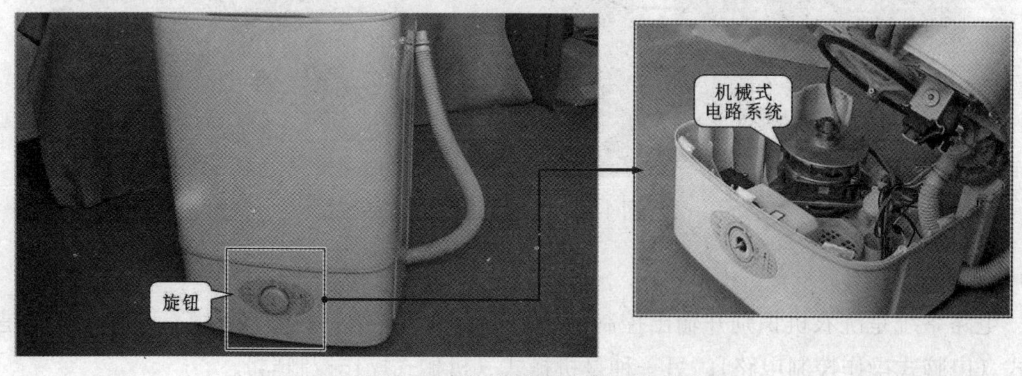

图 1-15　机械式操作控制器的安装位置

1.1.2 滚筒式洗衣机的整机结构

图 1–16 所示为典型滚筒式洗衣机整机和机架的结构分解图。从图中可以看出，该部分是由上盖、箱体组件、主盖组件、门组件、门夹组件、电源线、抗干扰器组件、水位开关、调整脚组件、排水管组件等部分组成的。

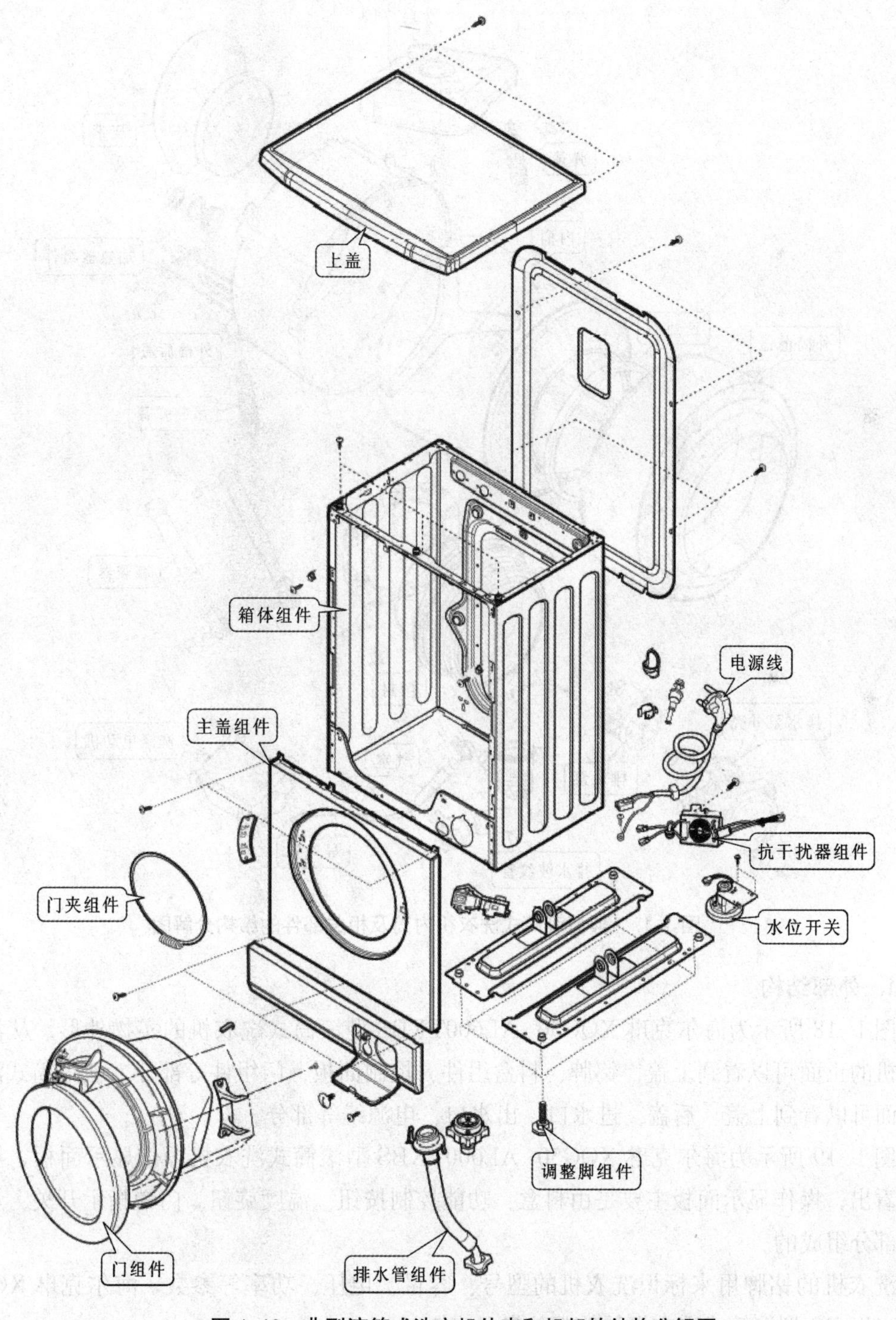

图 1–16 典型滚筒式洗衣机外壳和机架的结构分解图

图 1–17 所示为典型滚筒式洗衣机内筒及相关部件的结构分解图。从图中可以看出，洗衣机内筒组件是由吊装弹簧、内桶、密封圈、外筒前盖、排水泵及外壳、皮带、皮带轮、加热器组件、外筒后盖、减震器、门封、洗涤电动机、排水波纹管、气室、导气管等组成的。

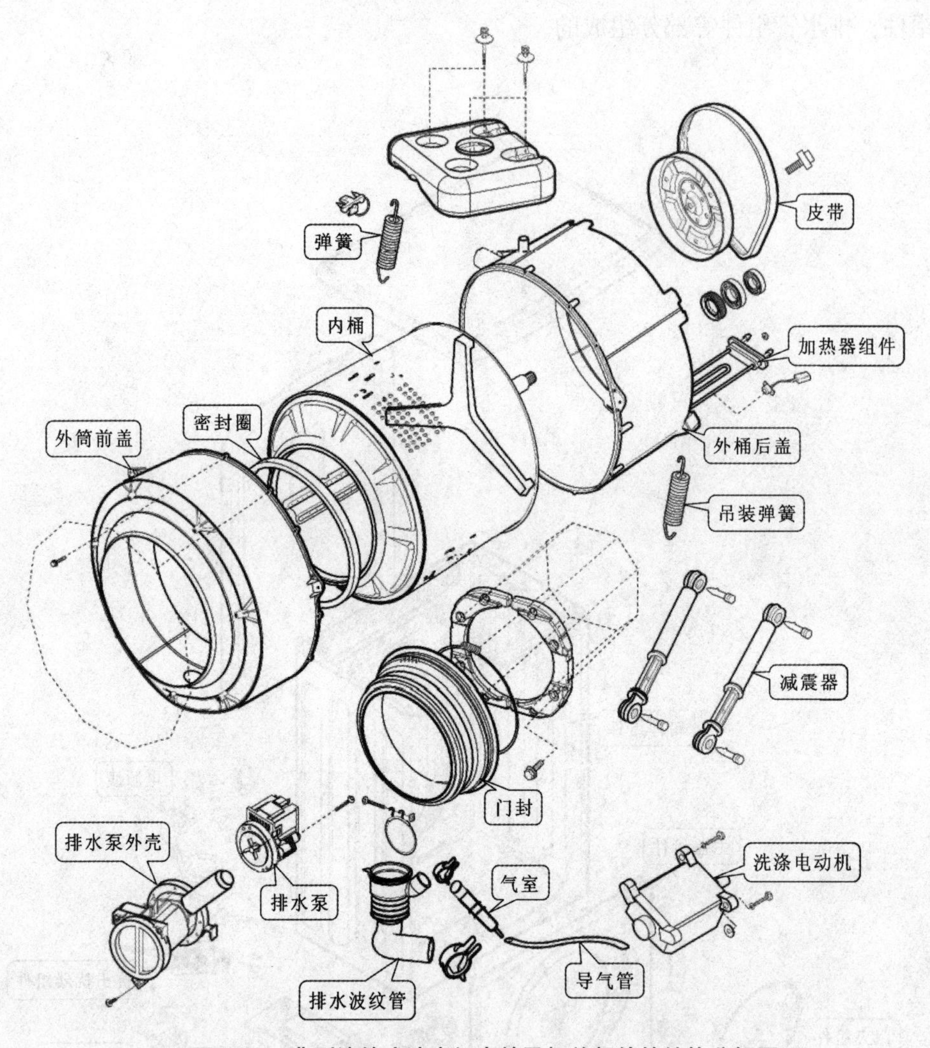

图 1–17　典型滚筒式洗衣机内筒及相关部件的结构分解图

1. 外部结构

图 1–18 所示为海尔克琳 XQG50–AL600TXBS 型滚筒式洗衣机的实物外形，从滚筒式洗衣机的正面可以看到上盖、铭牌、料盒组件、控制面板、门组件等部分。从滚筒式洗衣机的背面可以看到上盖、后盖、进水口、出水口、电源线等部分。

图 1–19 所示为海尔克琳 XQG50–AL600TXBS 型滚筒式洗衣机操作显示面板，从图中可以看出，操作显示面板主要是由料盒、功能控制按钮、温度旋钮、门锁指示开关、功能旋钮等部分组成的。

洗衣机的铭牌用来标识洗衣机的型号、容量、电压、功率等参数，海尔克琳 XQG50–AL600TXBS 型滚筒式洗衣机的铭牌信息见表 1–2。

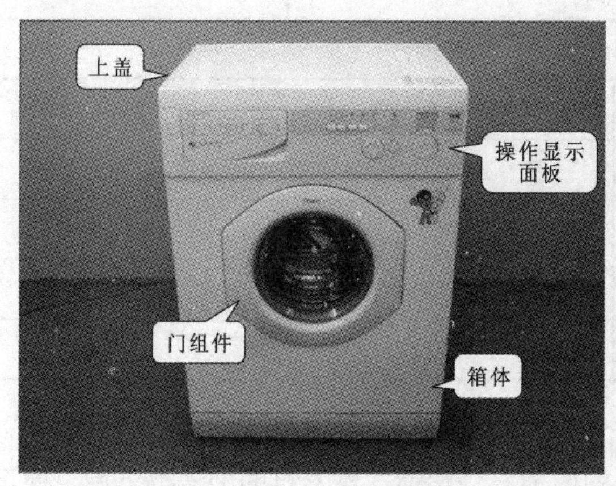

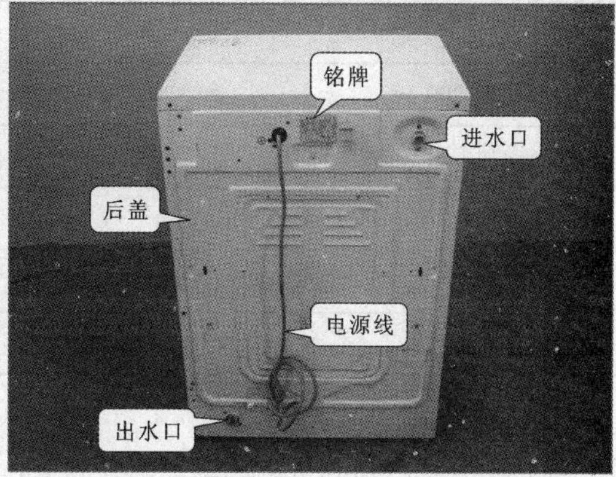

图 1-18 滚筒式洗衣机的外部结构

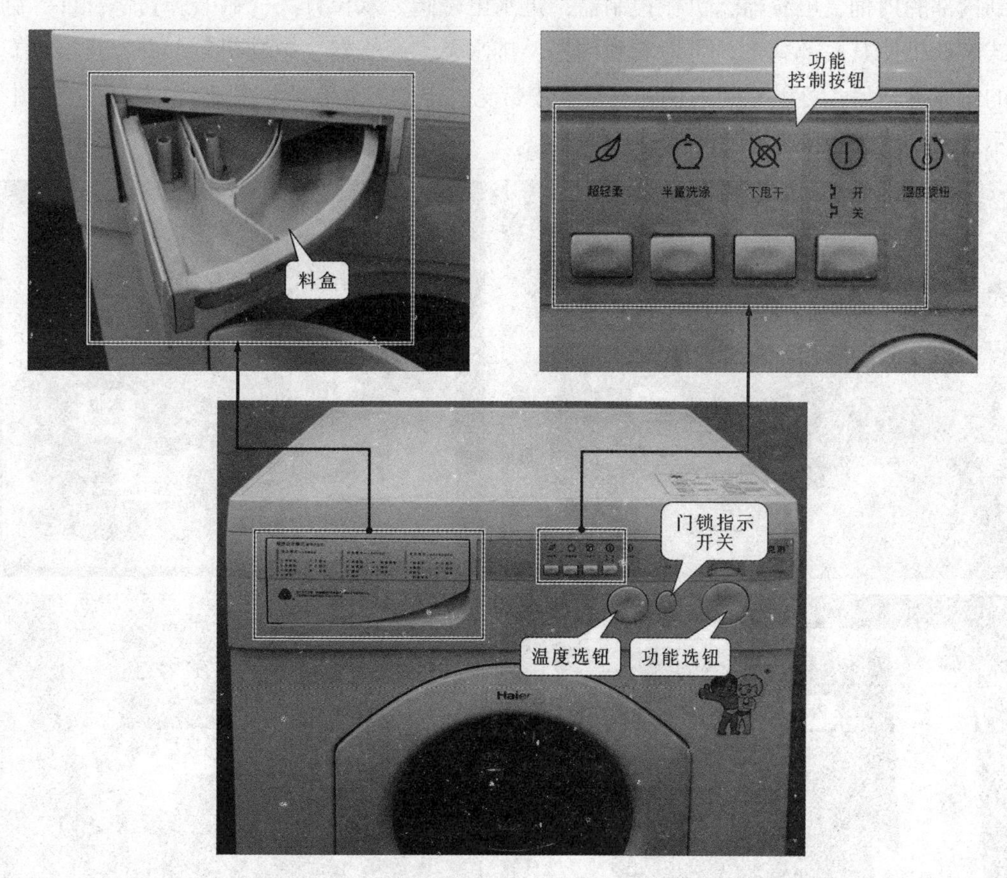

图 1-19 海尔克琳 XQG50-AL600TXBS 型滚筒式洗衣机操作显示面板

表 1-2 海尔克琳 XQG50-AL600TXBS 型滚筒式洗衣机的铭牌信息

克琳®	洗衣机
型号 XQG50—AL600TXBS	额定洗涤容量 5kg
防触电保护类别 Ⅰ类	额定脱水容量 5kg
额定电压 220 V ~	电源频率 50 Hz

续表 1-2

克琳®	洗衣机
洗涤功率 300 W	脱水功率 620 W
水加热功率 1950 W	最大工作电流 10 A
自来水压力（0.05 ≤ P ≤ 1）MPa	重量 72 kg
出厂日期：	
出厂编号：	

2. **内部结构**

打开洗衣机门后，可以看到滚筒式洗衣机的内桶，将滚筒式洗衣机的上盖拆下后，便可看到内部的内桶、电容器、机械控制器、进水电磁阀、水位开关、吊装弹簧等部件，翻转滚筒式洗衣机使其底部朝上，可以看到内桶、排水泵、减震器、电动机等部件，将滚筒式洗衣机的箱体拆下后，可以看到内桶、皮带、皮带轮、电动机、温度控制系统等部件，如图 1-20 所示。

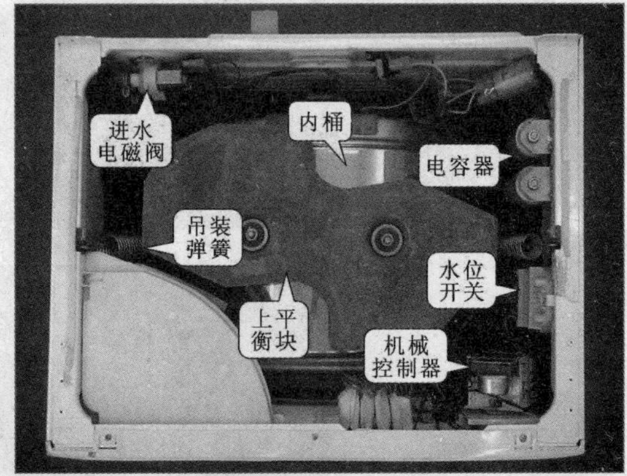

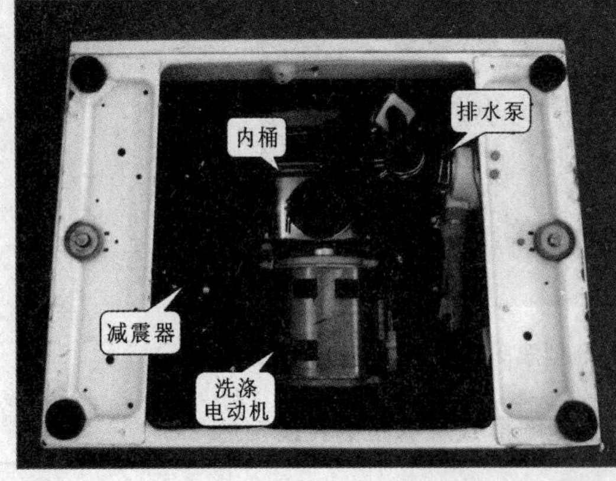

图 1-20 滚筒式洗衣机的内部结构

滚筒式洗衣机的内桶组件主要包括进水系统、排水系统、洗涤系统、电路系统等部分。

(1) 进水系统

滚筒式洗衣机的进水系统主要由进水电磁阀和水位开关组成，主要的功能是为洗衣机提供水源，并合理控制水位的高低。将洗衣机的上盖打开，即可看到进水系统，如图 1–21 所示。

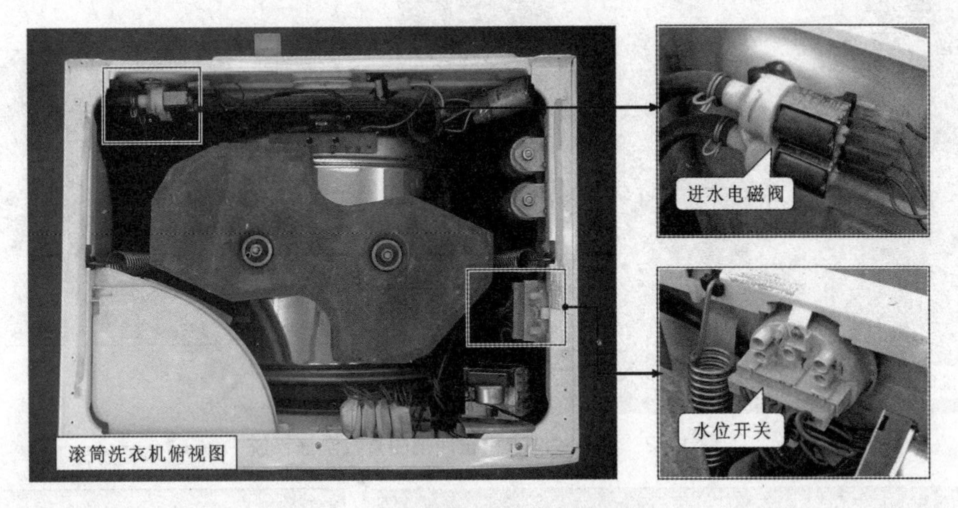

图 1–21　滚筒式洗衣机进水系统

（2）排水系统

很多滚筒式洗衣机的排水系统采用上排水方式，主要由排水泵构成。排水泵通过排水管和外桶连接，将洗涤后的水排出洗衣机，滚筒式洗衣机的排水泵通常安装于洗衣机的底部，如图 1–22 所示。

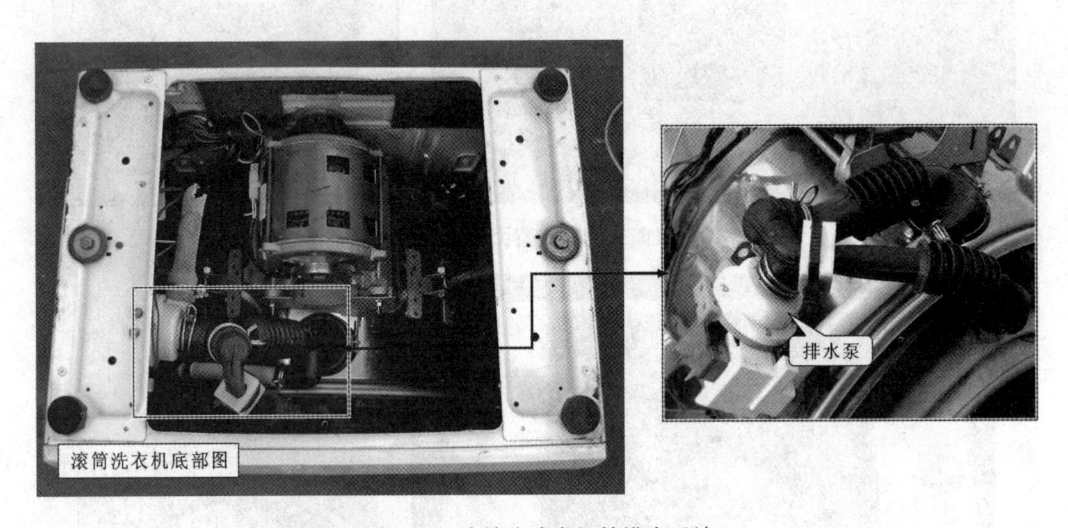

图 1–22　滚筒式洗衣机的排水系统

（3）洗涤系统

滚筒式洗衣机的洗涤系统主要由传动装置和洗涤桶组成，其中传动装置又包括洗涤电动机、皮带轮和皮带等。滚筒式洗衣机的控制装置为洗涤电动机供电，电动机经过皮带轮和皮带带动洗涤桶转动，从而实现洗涤功能。

滚筒式洗衣机的洗涤桶在洗衣机的正面即可看到，而传动系统通常位于洗衣机背面，洗涤电动机通常位于洗衣机的底部，分别如图 1–23、图 1–24 和图 1–25 所示。

图 1-23　滚筒式洗衣机正面视图查找洗涤系统

图 1-24　滚筒式洗衣机背面视图查找洗涤系统

图 1-25　滚筒式洗衣机底部视图查找洗涤系统

滚筒式洗衣机在洗涤过程中，由箱体、支撑减震部件、平衡装置等配合，使滚筒式洗衣机保持正常运转状态。洗衣机的支撑减震部件主要包括箱体、吊装弹簧、减震器、上平衡块、前平衡块、后平衡块等部分，如图 1-26 所示。

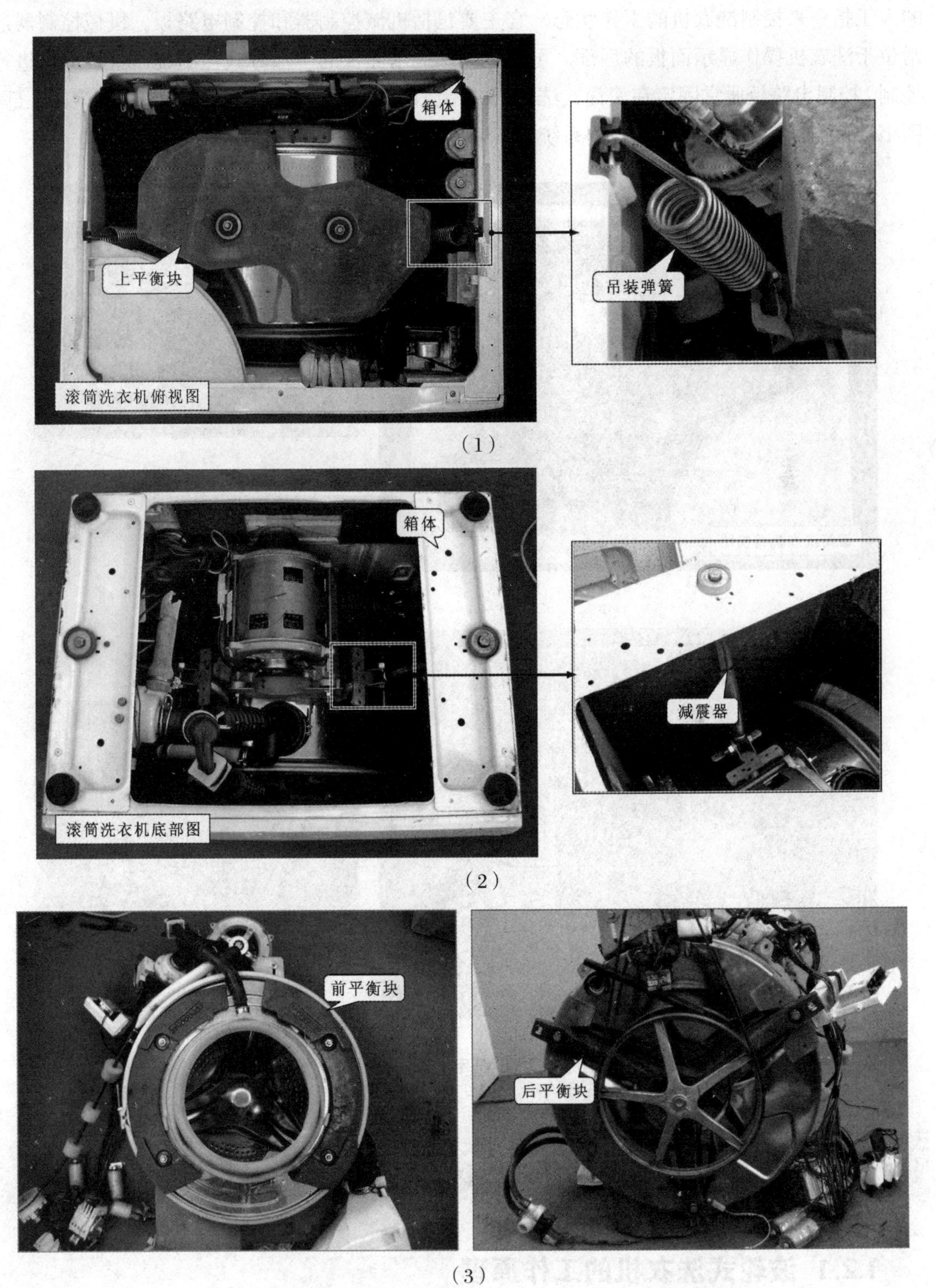

图 1-26　滚筒式洗衣机的箱体、支撑减震部件、平衡装置

(4) 电路系统

滚筒式洗衣机的控制电路是以微处理器为核心的自动控制电路，该电路主要是通过输入的人工指令来控制洗衣机的工作状态，它主要包括机械控制器和控制电路板。机械控制器通常位于洗衣机操作显示面板的后部，可通过操作显示面板的洗涤方式控制旋钮直接对其进行控制；控制电路板通常固定在滚筒式洗衣机的箱体内，控制面板位于滚筒式洗衣机箱体上部，图 1-27 所示为滚筒式洗衣机电路系统的安装位置。

图 1-27 控制电路的安装位置

1.2 全自动洗衣机的工作原理

1.2.1 波轮式洗衣机的工作原理

波轮式洗衣机主要利用波轮洗涤的方式进行洗涤，它由电动机带动传动机构使波轮做正向和反向旋转（或单向连续转动），利用水流与洗涤物的摩擦和冲刷作用进行洗涤。

图 1–28 所示为典型波轮洗衣机的整机工作原理示意图。

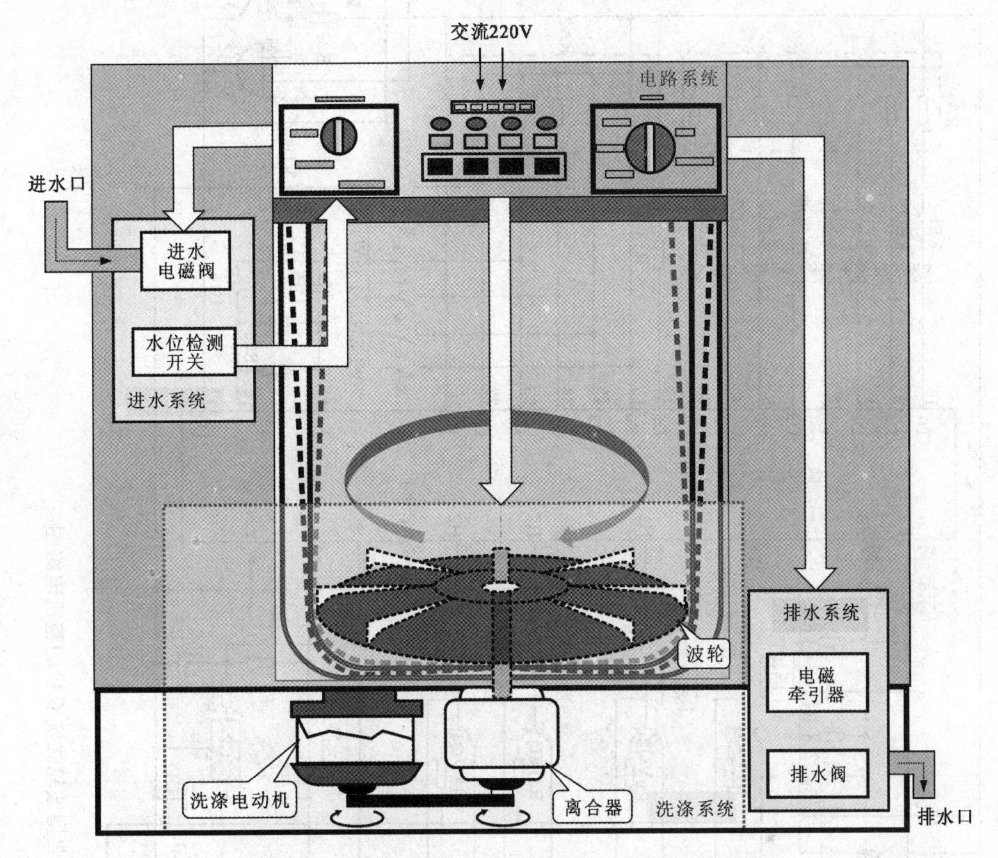

图 1–28 典型波轮式洗衣机的整机工作原理示意图

接通波轮式洗衣机的电源，交流 220 V 电压进入波轮洗衣机，通过电路系统的操作显示电路输入人工指令，设置洗衣机的洗涤方式、启动洗衣机工作，电路系统控制进水电磁阀进行进水操作，并通过水位开关（水位传感器）进行水位控制，当进水高度达到设置的水位后，水位开关动作，将水位信号输送到电路系统中，并由电路系统中主控电路控制电机启动运转，进行衣物的洗涤操作。在洗涤过程中，洗涤电动机运转，通过减速离合器，降低转速带动波轮间歇正反转，水流呈多方向运转进行洗涤，此过程脱水桶不转动。

当洗涤工作完成后，排水系统接通，进行排水操作，将洗涤桶内的污水通过排水阀排出机外，排水工作结束后，电路系统控制电动机运转，通过离合器使脱水桶高速顺时针方向运转，通过离心力将吸附在衣物上的水分甩出桶外，起到脱水作用。

图 1–29 所示为典型波轮式洗衣机的整机电路图，波轮式洗衣机各部件的协调工作都是通过主控电路实现控制的。

接通波轮式洗衣机的电源，按下电源开关后，交流 220 V 电压经保险丝，直流稳压电路为洗涤电动机、排水电磁阀、进水电磁阀等进行供电，时钟晶体 X1 为微处理器提供晶振信号。市电 220 V 经直流稳压电路，为水位开关、微处理器提供 5 V 工作电压。

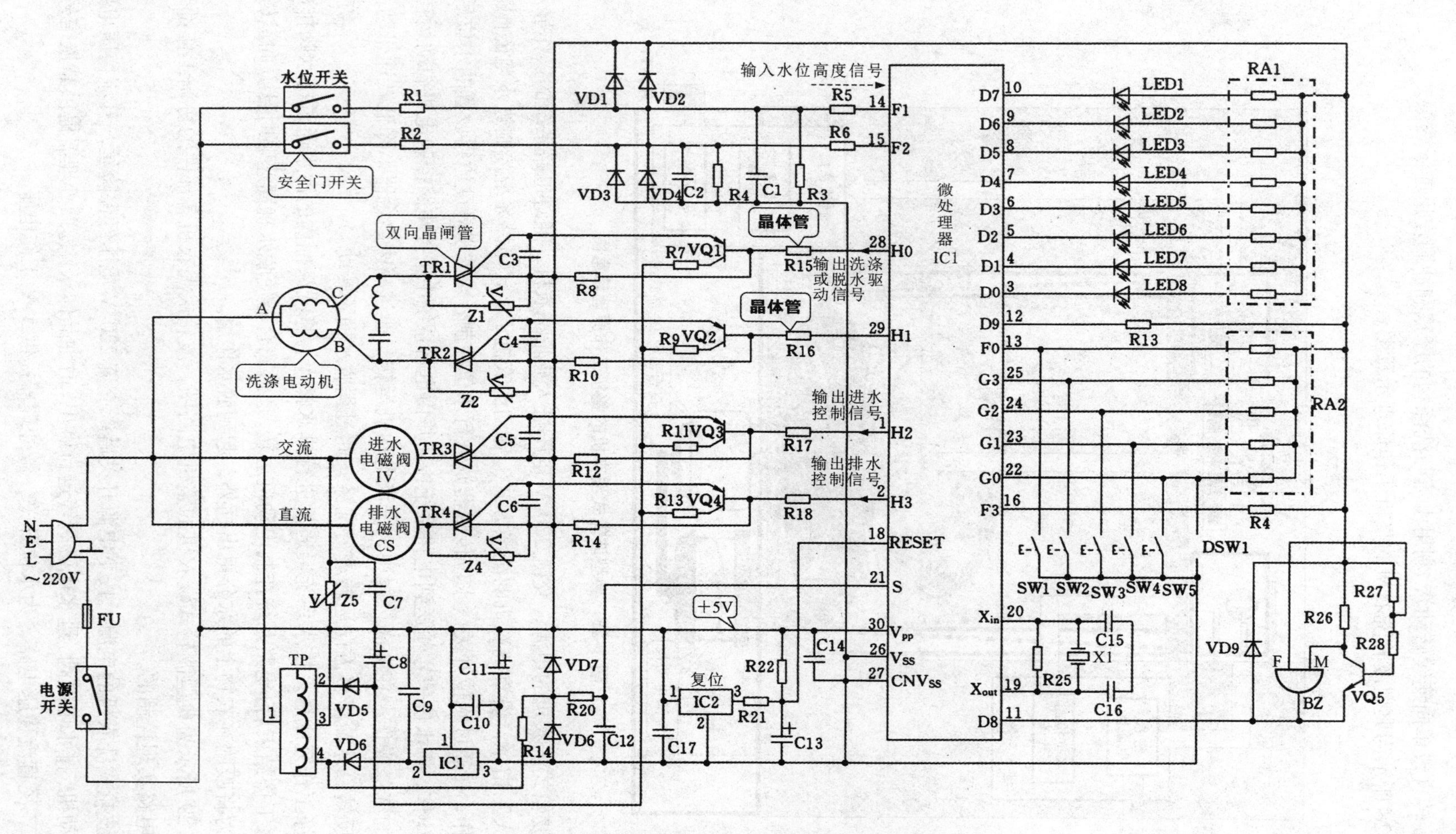

图 1-29　典型波轮式洗衣机的整机电路图

（1）进水控制

设定洗衣机洗涤时的水位高度，水位开关闭合，将水位高度信号送往微处理器 IC1 的⑭脚水位高低信号端 F1 上，同时微处理器 IC1 的①脚输出驱动信号，经电阻器 R17 后，输入到晶体管 VQ3 的基极引脚处，使晶体管 VQ3 导通，从而触发双向晶闸管 TR3 导通，进水电磁阀 IV 开始工作，洗衣机开始进水，当水位开关检测到设定好的高度时，水位开关内部触点断开，进水电磁阀 IV 停止工作。

（2）洗涤控制

进水电磁阀 IV 停止工作后，微处理器 IC1 的㉘脚和㉙脚输出洗涤驱动信号，分别经电阻器 R15、R16 后，输入到晶体管 VQ1、VQ2 的基极引脚处，使其晶体管 VQ1、VQ2 导通，进而触发双向晶闸管 TR1、TR2 导通，洗涤电动机开始工作，同时带动波轮运转，实现洗涤功能。

（3）排水控制

衣物洗涤完成后，微处理器 IC1 控制洗涤电动机停止转动，同时微处理器 IC1 的②脚输出排水驱动信号，经电阻器 R18 后，输入到晶体管 VQ4 的基极引脚处，使晶体管 VQ4 导通，进而触发双向晶闸管 TR4 导通，排水电磁阀 CS 开始工作，洗衣机开始排水工作。

（4）脱水控制

当洗衣机排水完成后，由微处理器 IC1 的㉘脚和㉙脚输出脱水驱动信号，分别驱动晶体管 VQ1、VQ2 和双向晶闸管 TR1、TR2 导通。使洗涤电动机单向旋转，进行脱水工作，脱水完毕后，微处理器 IC1 控制排水电磁阀 CS 和洗涤电动机停止工作。

波轮式洗衣机操作控制面板上的指示灯在洗衣机不同的工作状态时，均有不同的指示，当洗衣机脱水完成后，蜂鸣器输出提示音，提示洗衣机洗涤的衣物完成，提示完后，操作控制面板上的指示灯全部熄灭，完成衣物的洗涤工作。

1.2.2 滚筒式洗衣机的工作原理

滚筒式洗衣机主要是将洗涤衣物盛放在滚筒内，部分浸泡在水中，在电动机带动滚筒转动时，由于滚筒内有突起，可以带动衣物上下翻滚，从而达到洗涤衣物的目的。

滚筒式洗衣机各种电器部件均与主控电路板相连，由主控电路板进行控制，通过主控电路使整机协调工作，图 1−30 所示为典型滚筒式洗衣机的整机工作原理电路方框图。

接通滚筒式洗衣机的电源，通过操作显示电路输入人工指令，设置洗衣机的洗涤方式、时间、温度后，主控电路控制进水电磁阀进行进水操作，并通过水位开关进行水位控制，当进水高度达到设置的水位，水位开关内部触点动作，将水位信号输送到主控电路中，主控电路使进水阀停止工作，主控电路控制加热器进行加热工作，当滚筒内的水温达到设定的水温，温度传感器输出温度控制信号，主控电路对接收到的温度信号进行识别处理后，停止加热，并控制洗涤电机启动运转，同时通过机械传动机构带动内桶平稳的旋转，进行衣物的洗涤操作。

当洗涤工作完成后，排水泵电路接通，进行排水操作，将滚筒内的水通过排水泵的出水口排除，当排水工作结束后，主控电路控制电机带动内桶高速运转，将衣物内的水分通过内桶壁上的排水孔排出，实现脱水功能。

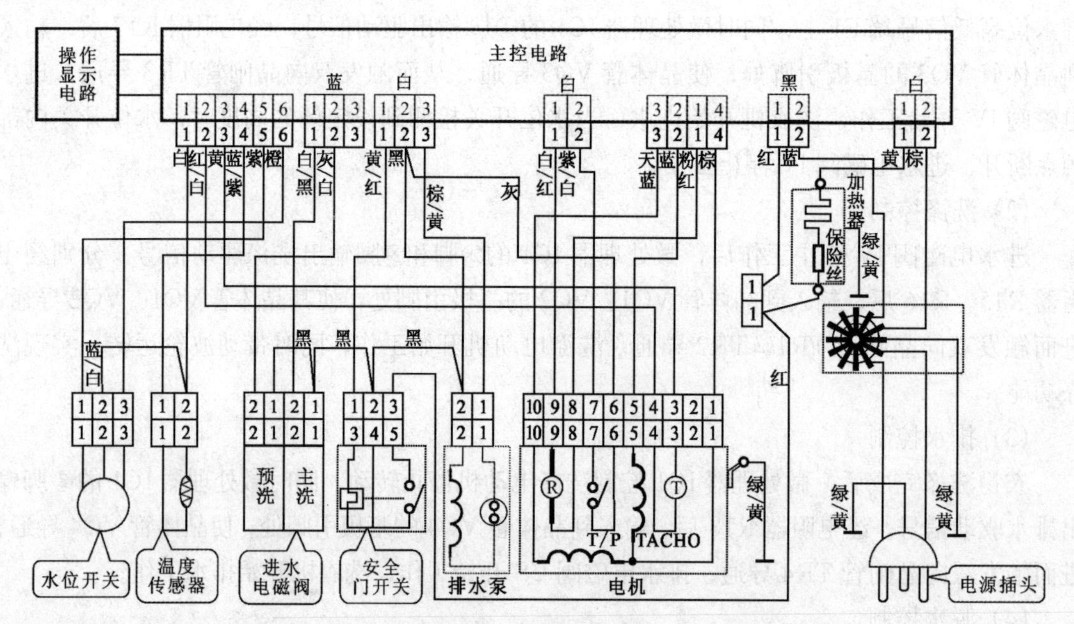

图 1-30　典型滚筒式洗衣机的整机工作原理电路方框图

滚筒式洗衣机各部件的协调工作也是通过主控电路实现控制的，图 1-31 所示为典型滚筒式洗衣机的控制原理图。

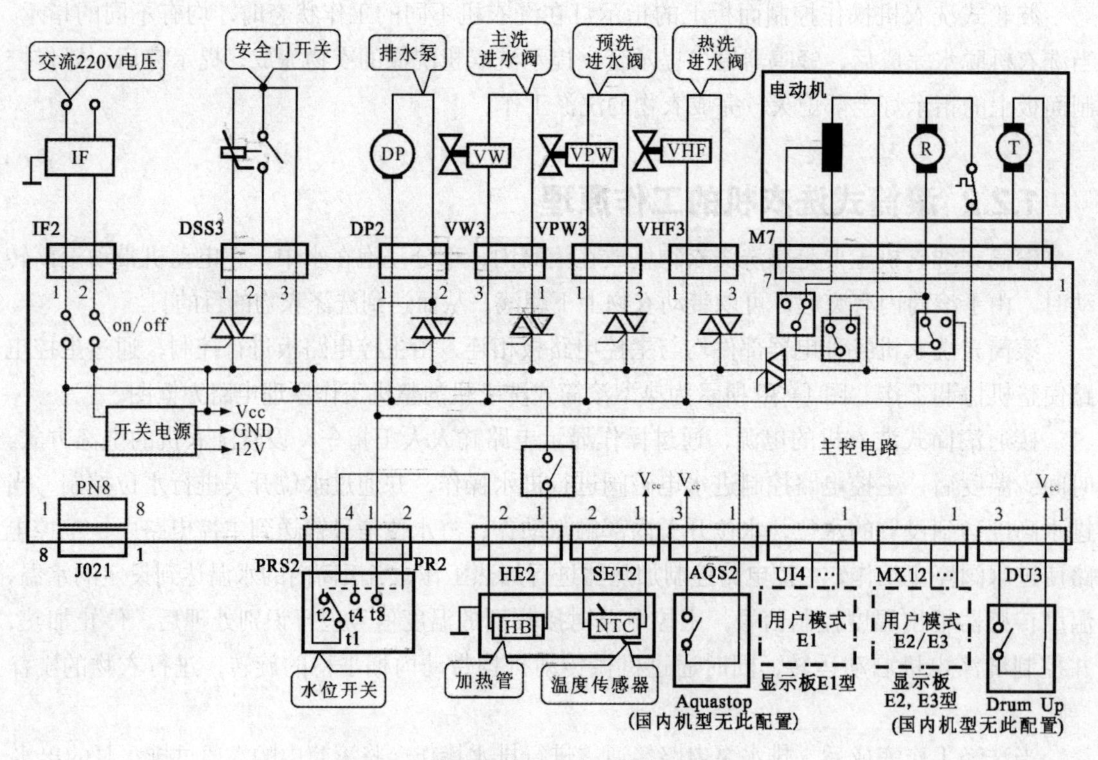

图 1-31　典型滚筒式洗衣机的控制原理图

交流 220 V 电压经接插件 IF1 和 IF2 为洗衣机主控板上的开关电源部分供电，开关电源工作后，输出直流电压 V_{CC} 为洗衣机的整个工作系统提供工作电压。

(1) 进水控制

主洗进水阀 VW、预洗进水阀 VPW 和热水进水阀 VHF 构成进水系统，通过主控电路板的控制对洗涤的衣物进行加水，当水位到达预设高度时，水位开关内部触点动作，为主控电路输入水位高低信号，并由主控电路输出控制进水电磁阀停止信号，进水电磁阀停止进水。

(2) 洗涤控制

滚筒式洗衣机进水完成后，若所加的水是凉水，则对凉水进行加热，这个功能是通过加热管 HB 和温度传感器 NTC 共同完成的，设定好预设温度后，主控电路便控制加热管开始对冷水进行加热工作，当温度达到预设值时，温度传感器 NTC 将温度检测信号送入主控电路中，由主控电路驱动电动机启动，进行洗涤操作。

(3) 排水控制

排水泵 DP 是排水系统的主要部件，主要用于将洗完衣物后滚筒内的水排出，和进水系统的工作正好相反。当洗涤完成后，主控电路控制洗涤系统停止工作，同时控制启动排水泵 DP 进行工作，将滚筒内的水通过出水口排放到滚筒式洗衣机外。

(4) 脱水控制

排水完成后，主控电路控制洗衣机自动进入到脱水工作，洗涤电动机带动内桶高速旋转，衣物上吸附的水分在离心力的作用下，通过内桶壁上的排水孔甩出桶外，实现滚筒式洗衣机的脱水功能。

在滚筒式洗衣机工作过程中，操作显示面板上会有不同的工作状态指示，当洗衣机脱水完成后，便完成了衣物的洗涤工作。其中安全门开关在滚筒式洗衣机中起到保护作用，在洗衣机工作状态下，安全门是不能打开的，当洗衣机停止运转时，才可打开洗衣机的仓门。

第2章

全自动洗衣机的拆解方法

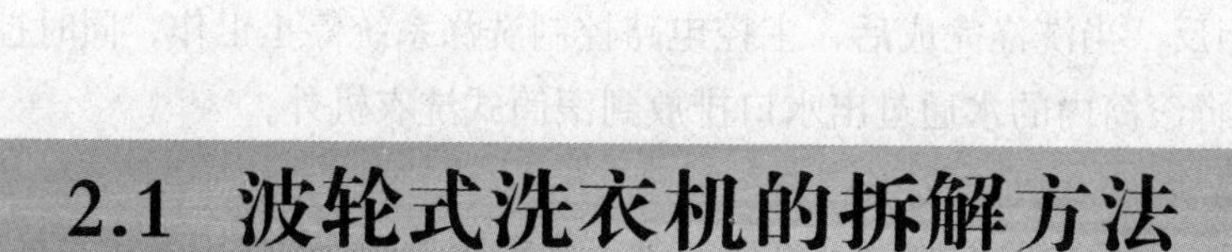

2.1 波轮式洗衣机的拆解方法

2.1.1 波轮式洗衣机的拆解流程和注意事项

1. 波轮式洗衣机的拆卸流程

在对波轮式洗衣机进行拆卸时，应明确波轮式洗衣机的拆卸思路，遵循一定的拆卸规则进行拆卸。波轮式洗衣机的拆卸一般可分为围框拆卸和箱体拆卸两个步骤进行，图2-1所示为波轮式洗衣机的拆卸流程。

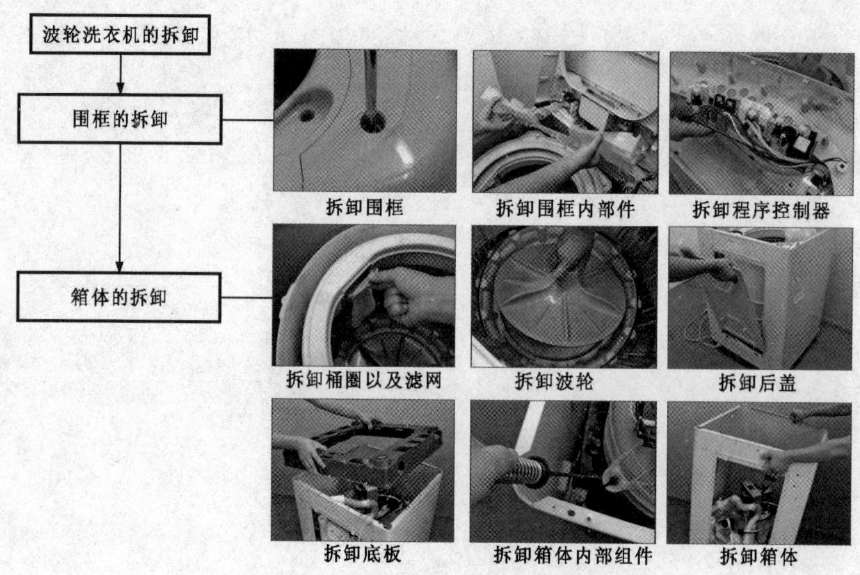

图2-1 波轮式洗衣机的拆卸流程

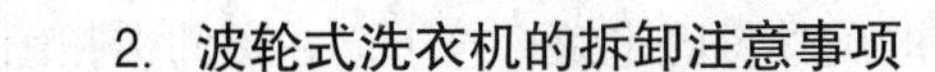

2. **波轮式洗衣机的拆卸注意事项**

在拆卸波轮式洗衣机的过程中，除了要了解波轮式洗衣机的拆卸流程，还应注意其拆卸注意事项。例如，拆卸前清理拆卸现场环境，应在灰尘小的地方进行操作，防止灰尘、杂物等进入波轮式洗衣机内部。

（1）根据标注信息进行拆卸

通常在波轮式洗衣机的重要部件上，会标注该部件的拆卸提示信息，拆卸时应根据该标注信息进行操作。

（2）确保断电拆卸

对波轮式洗衣机进行拆卸时，应在断电一段时间后进行操作，避免在拆卸时碰触高压部件或电路部分而造成触电危险，并可有效防止带电拔插造成元器件击穿损坏。

（3）拆卸波轮式洗衣机围框时，要注意断开相连的部件

在拆卸波轮式洗衣机的围框时，除了拆卸固定螺钉，撬起卡扣，还应注意断开与围框相连的水管及连接引线，方可将围框取下，如图 2–2 所示。

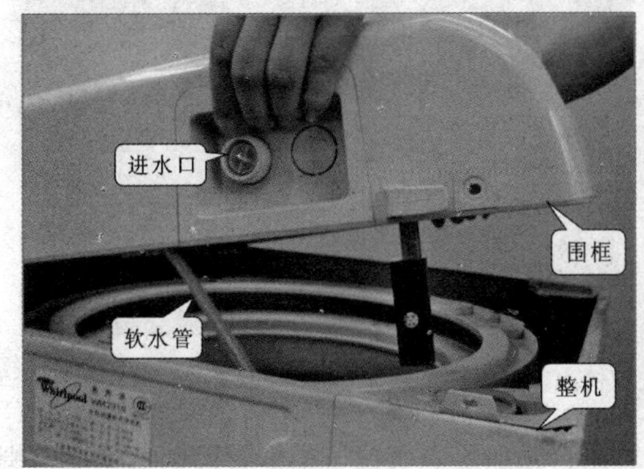

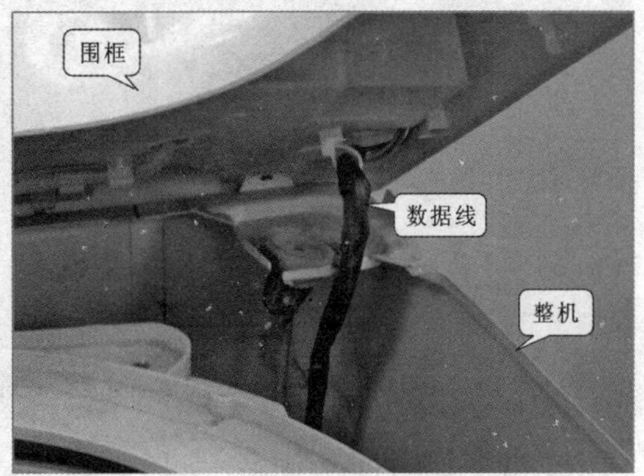

图 2–2 与洗衣机围框相连的水管和连接引线

（4）拆卸波轮式洗衣机时，要记清插件连接的位置

波轮式洗衣机内部的接插件较多，分别连接在电路板及各部件的不同位置，在进行拆卸时，应注意记录各组件之间的插接关系，以及部件的安装位置，以确保重装时准确无误，如图 2–3 所示。

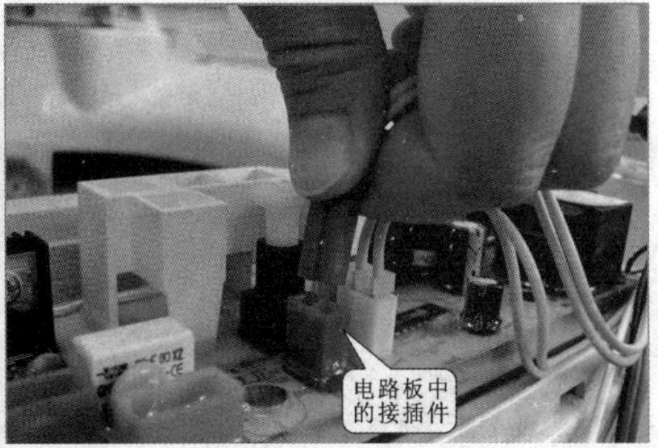

图 2–3 波轮式洗衣机电路板中的接插件及导线

在拆卸螺钉连接的元件时，应选择刀口大小适宜的旋具将固定螺钉拧下，在拆卸卡扣固定的部件时应先轻轻试探，以防止用力过猛损坏卡扣。拆卸后的固定螺钉要妥善放置，以免丢失。

2.1.2 波轮式洗衣机的拆解操作

下面以惠而浦 WI4231S 波轮式洗衣机为例，介绍波轮式洗衣机的拆卸方法。

1. 洗衣机围框的拆卸

（1）围框的拆卸方法

图 2–4 为波轮式洗衣机的上盖和围框，上盖固定在围框上，围框上包括操作控制面板、水位调节钮和进水口。

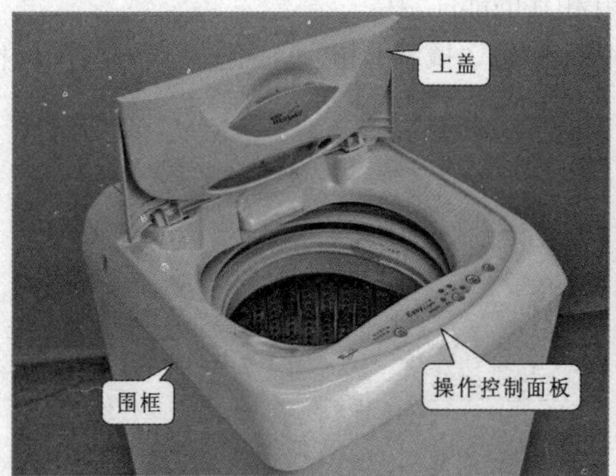

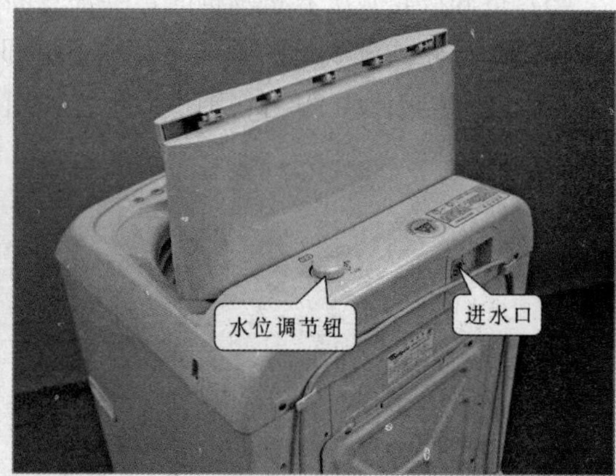

图 2–4 波轮式洗衣机上盖和围框

围框由 4 个螺钉进行固定，如图 2–5 所示，用合适的旋具将位于围框背面的 2 个固定螺钉拧下。

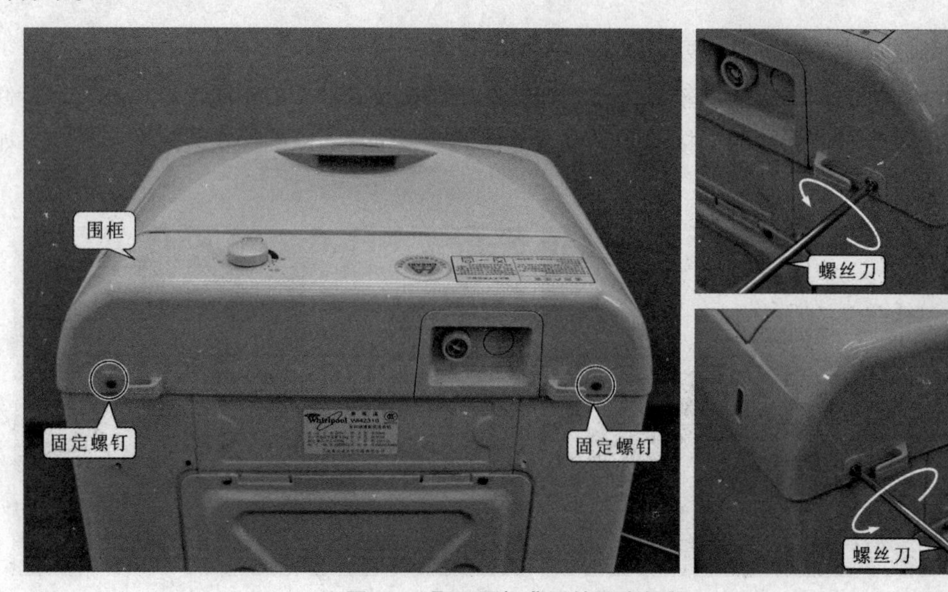

图 2–5 取下围框背面的固定螺钉

用于固定围框的另外2个固定螺钉位于操作控制面板附近，由塑料帽覆盖，如图2–6所示，先使用一字旋具将塑料帽撬开，然后再使用合适的旋具将里面的2个螺钉拧下。

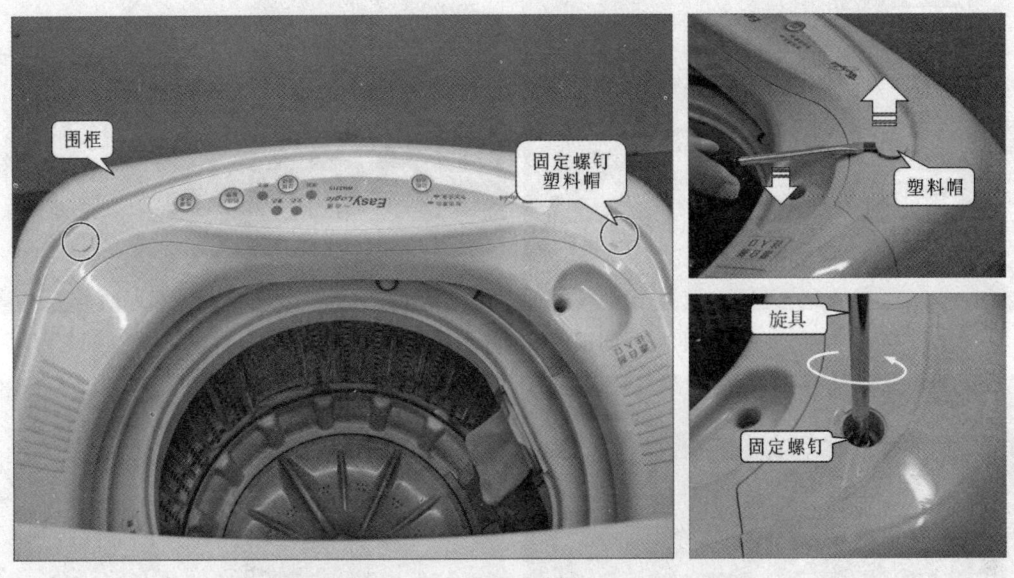

图2–6 取下操作控制面板附近的围框固定螺钉

拧下围框的4个固定螺钉后，将围框连同上盖向后掀起，如图2–7所示。

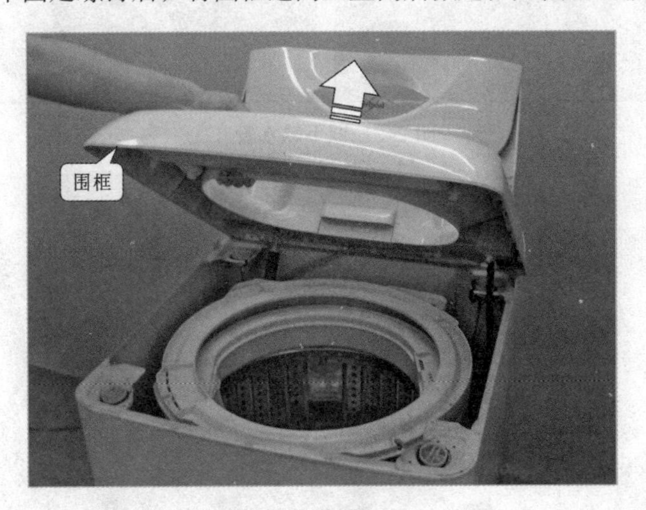

图2–7 掀起围框

(2) 围框内部的拆卸方法

软水管和连接引线与围框上的水位调节钮和操作控制面板相连，如图2–8所示。因此，掀起围框还不能将围框从整机上取下来。

将与水位调节钮相连的软水管从固定卡扣上取下来，至此，围框可以完全掀起，如图2–9所示。

安全门开关、进水电磁阀（进水口）和水位开关（水位调节钮）位于围框的后半部分由一个半透明的塑料盖覆盖，如图2–10所示。

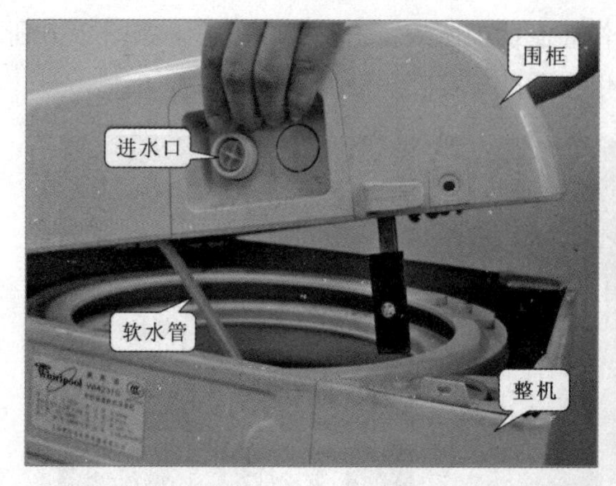

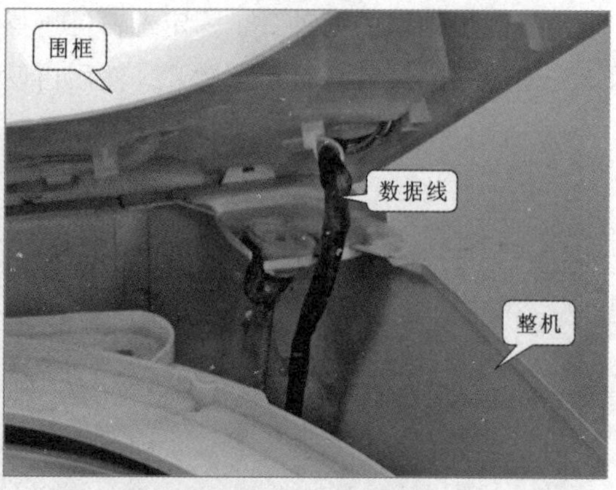

图 2-8　与围框相连的水管和连接引线

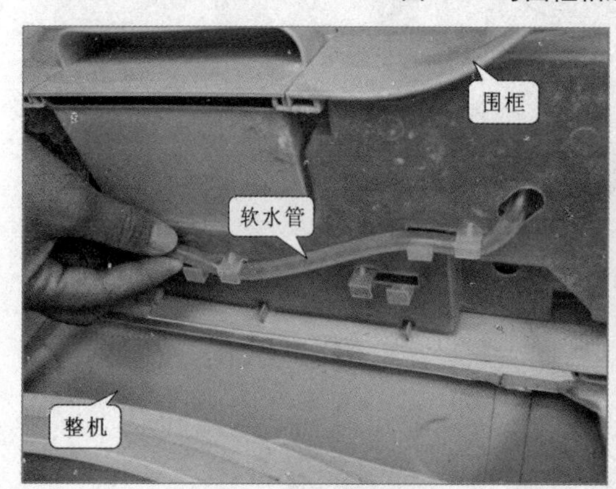

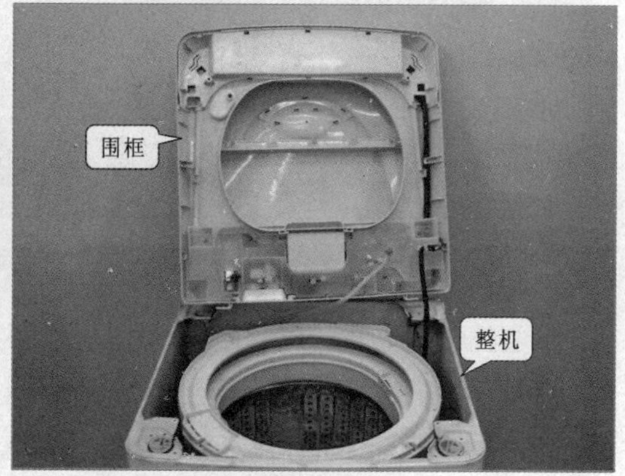

图 2-9　取下软水管

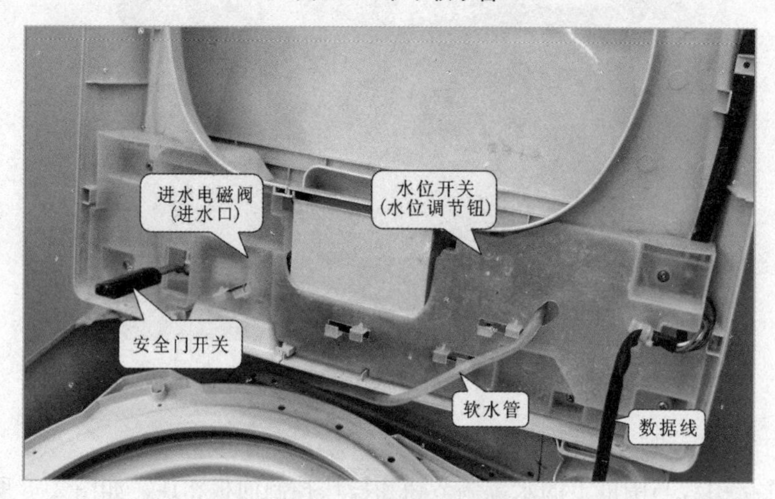

图 2-10　围框内的装置

半透明的塑料盖由 6 个固定螺钉进行固定，使用合适的旋具将 6 个固定螺钉分别拧下，如图 2–11 所示。

拧下半透明塑料盖的固定螺钉后，就可以将该塑料盖取下，如图 2–12 所示，取下时应注意水位开关（水位调节钮）的软水管是穿过半透明塑料盖与整机中的气室相连的，注意不要将软水管损坏。

图 2-11 取下半透明塑料盖固定螺钉

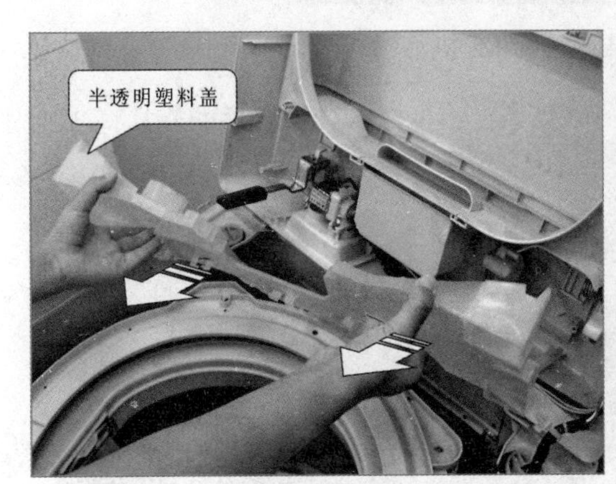

图 2-12 取下半透明塑料盖

取下半透明塑料盖之后，就可以看到安全门开关、进水电磁阀（进水口）和水位开关（水位调节钮）了，如图 2-13 所示。

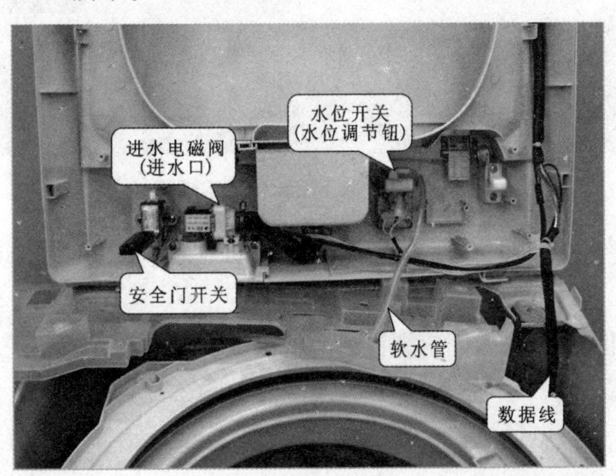

图 2-13 安全门开关、进水电磁阀、水位开关的位置

图 2–14 所示为进水电磁阀与出水盒的实物外形，水源由进水口进入，通过进水电磁阀进行控制将水源送入出水盒中，最后经出水盒送入盛水桶内。

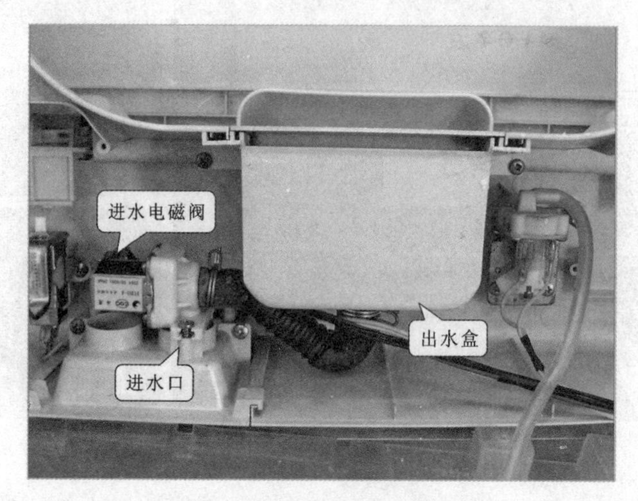

图 2–14　进水电磁阀和出水盒

出水盒由 2 个固定螺钉进行固定，如图 2–15 所示，拆卸时，使用合适的旋具将 2 个固定螺钉分别拧下。

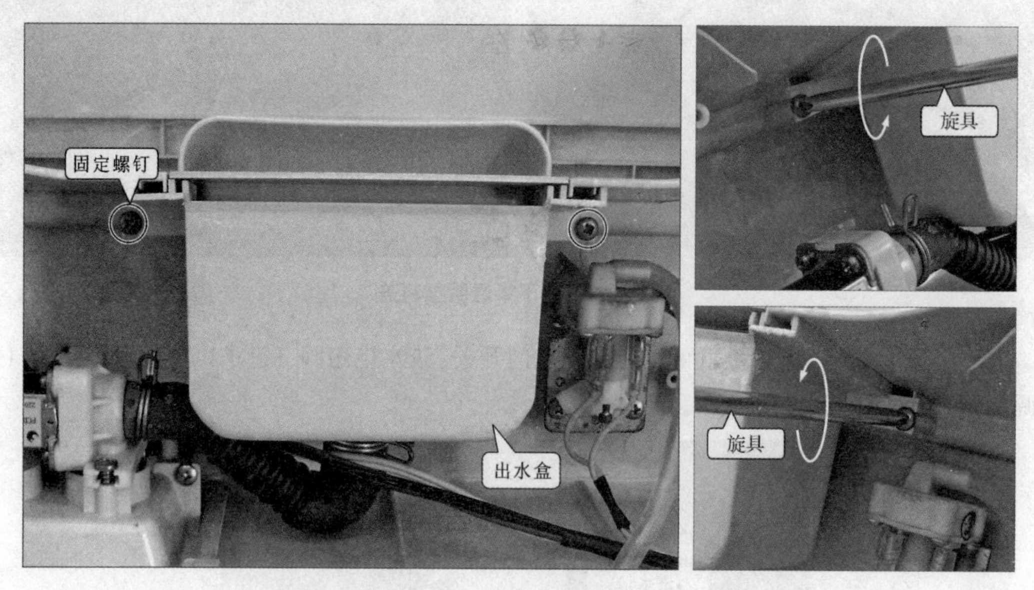

图 2–15　取下出水盒固定螺钉

进水电磁阀也是由 2 个螺钉进行固定的，如图 2–16 所示。同样使用合适的旋具分别将 2 个固定螺钉拧下。

拧下进水电磁阀和出水盒的固定螺钉后，就可以将进水电磁阀和进水盒一同从围框上取下，如图 2–17 所示。

进水电磁阀有 2 个供电插头，通过连接引线进行连接，拆卸时应将连接引线的连接插头拔下，如图 2–18 所示。

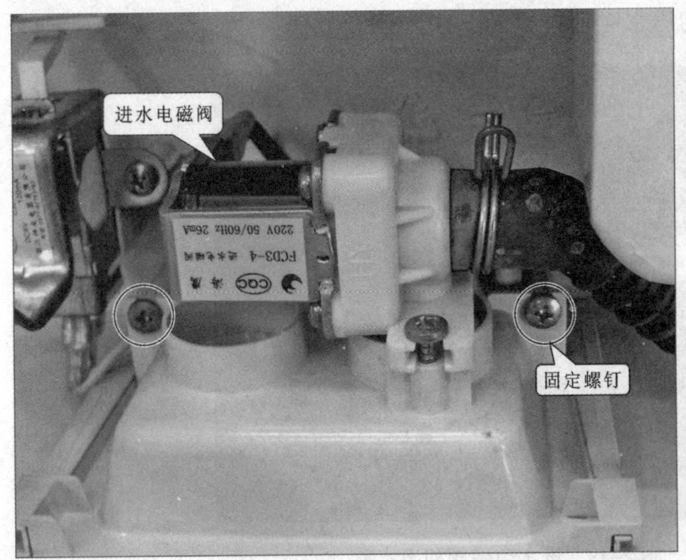

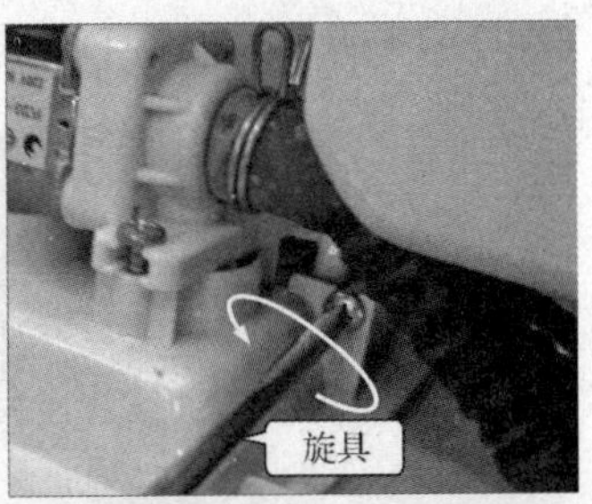

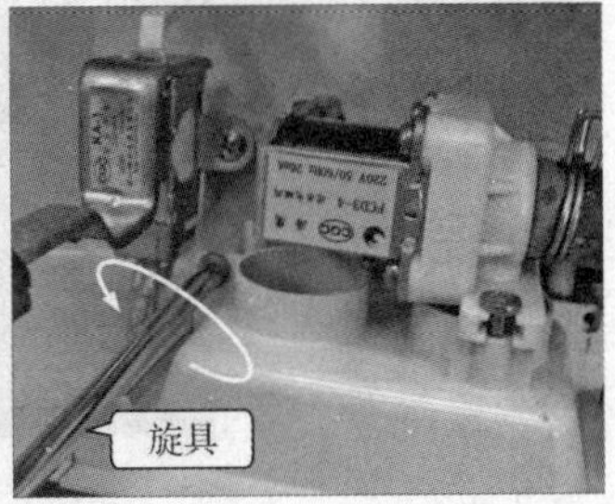

图 2-16　取下进水电磁阀固定螺钉

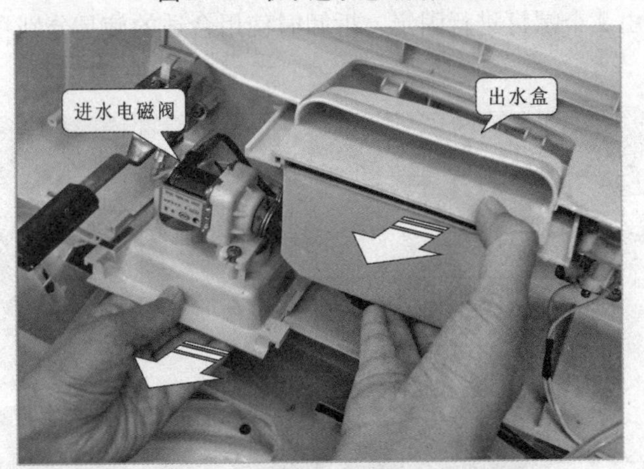

图 2-17　取下进水电磁阀和出水盒

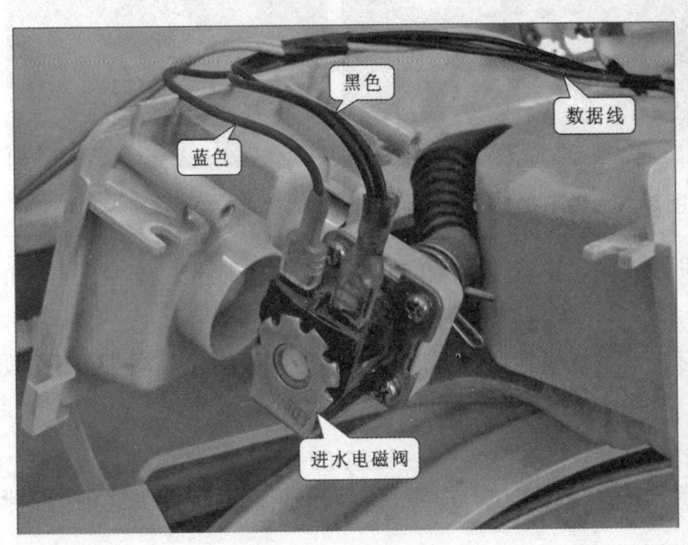

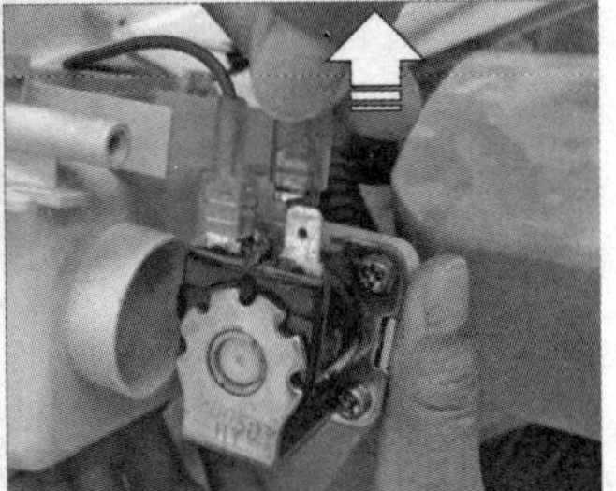

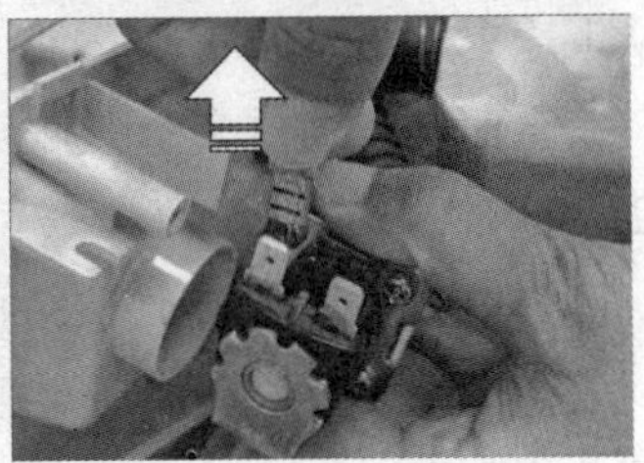

图 2-18　拔下进水电磁阀连接插头

图 2-19 所示为拆卸下来的进水电磁阀和出水盒。

图 2-19　进水电磁阀和出水盒

安全门开关是由 2 个螺钉进行固定，拆卸时使用合适的旋具分别将 2 个固定螺钉拧下，如图 2-20 所示。

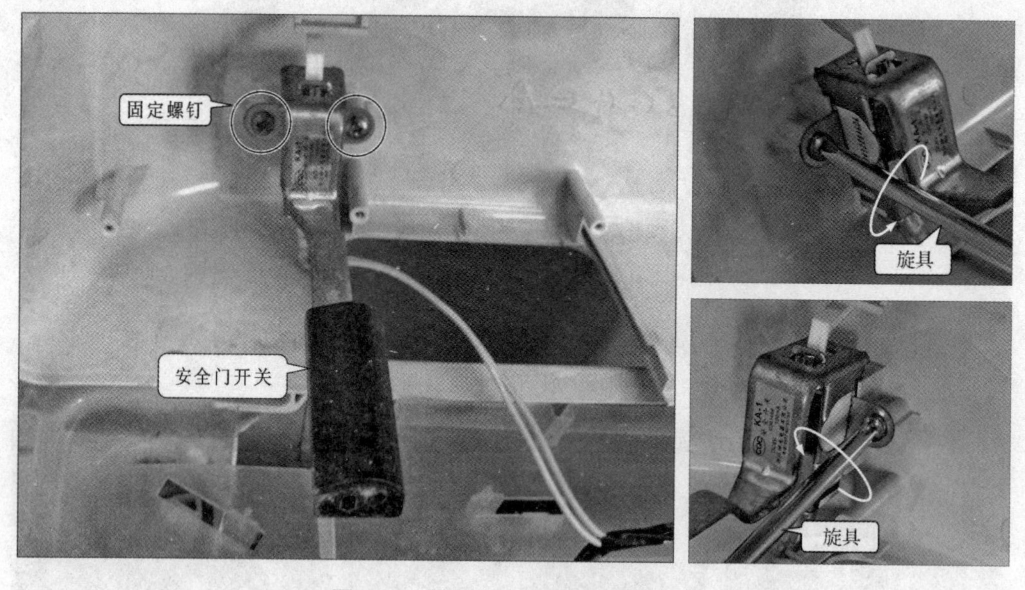

图 2-20　拧下安全门开关固定螺钉

安全门开关与上盖之间有机械关联，在取下安全门开关的时候，应先将安全门开关的动块从上盖中取出，如图 2-21 所示。

安全门开关通过 2 个引脚与连接引线相连，拆卸时应将连接引线的连接插头拔下，如图 2-22 所示。

图 2-23 所示为拆卸下来的安全门开关。

安全门开关拆卸完成后，接下来需要对水位开关进行拆卸，拆卸水位开关之前应先将水位调节钮取下，如图 2-24 所示。

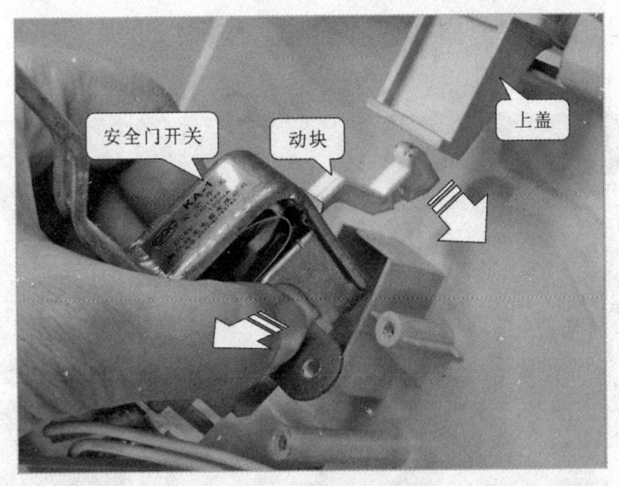

图 2-21　取下安全门开关

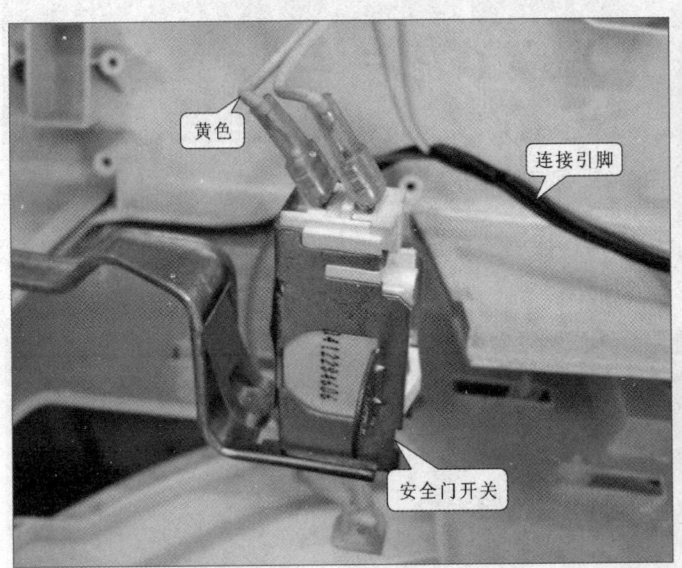

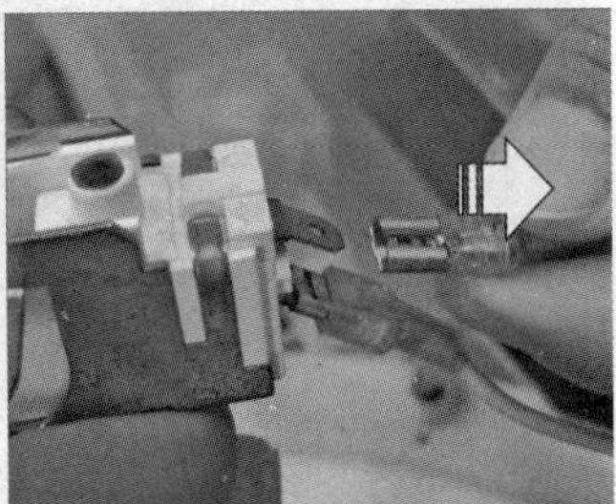

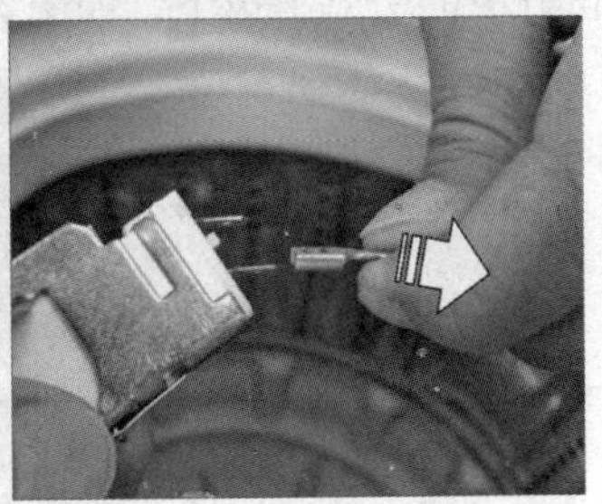

图 2-22　拔下安全门开关连接插头

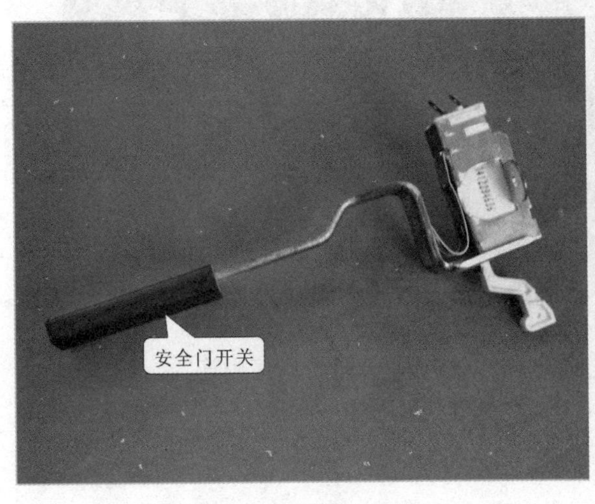

图 2-23　安全门开关

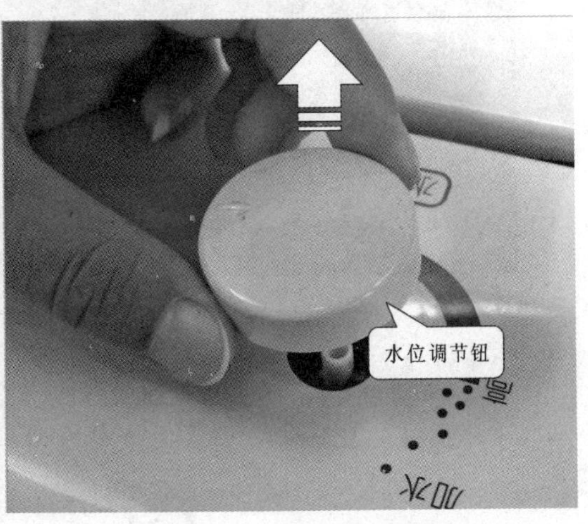

图 2-24　取下水位调节钮

水位开关是由 2 个螺钉进行固定的，拆卸时，使用合适的旋具将 2 个固定螺钉分别拧下，如图 2–25 所示。

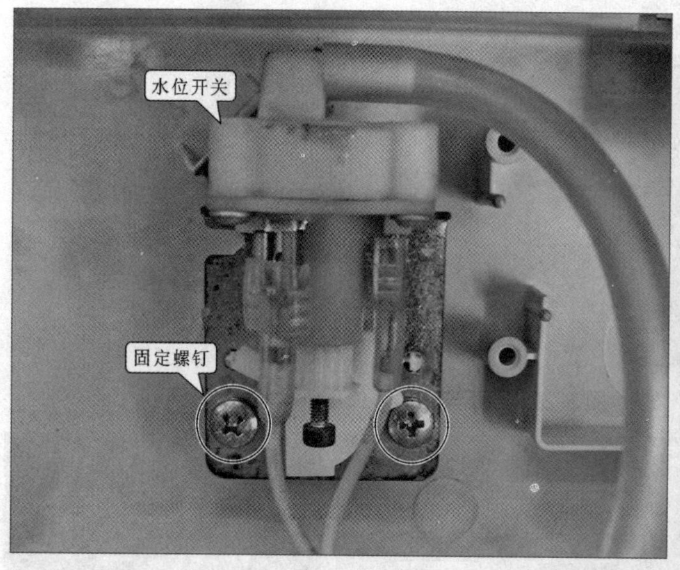

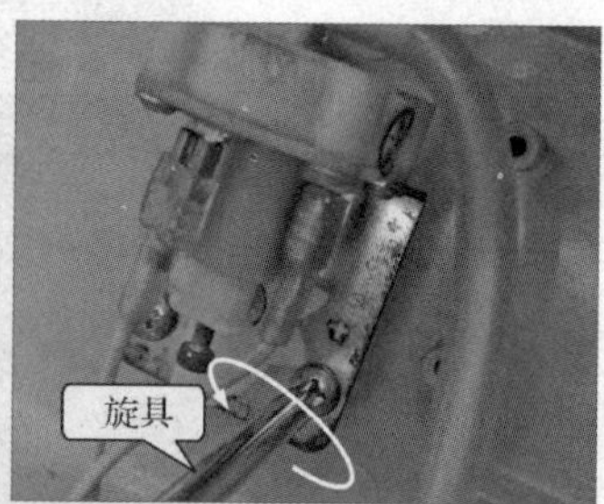

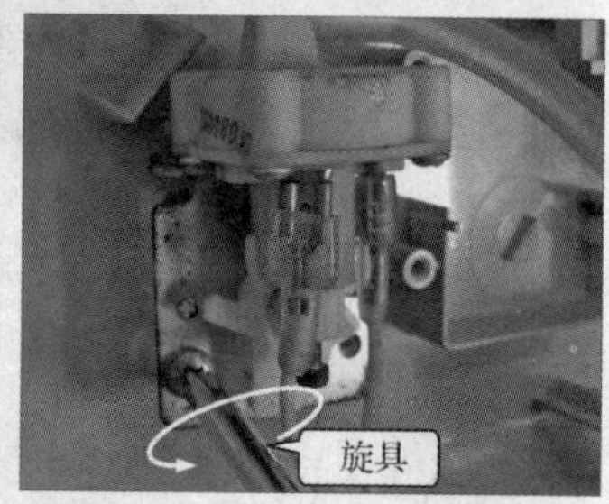

图 2-25　取下水位开关固定螺钉

水位开关同样也是通过 2 个引脚与连接引线相连的，拆卸时应将连接引线的连接插头从水位开关的引脚上拔下，如图 2–26 所示。

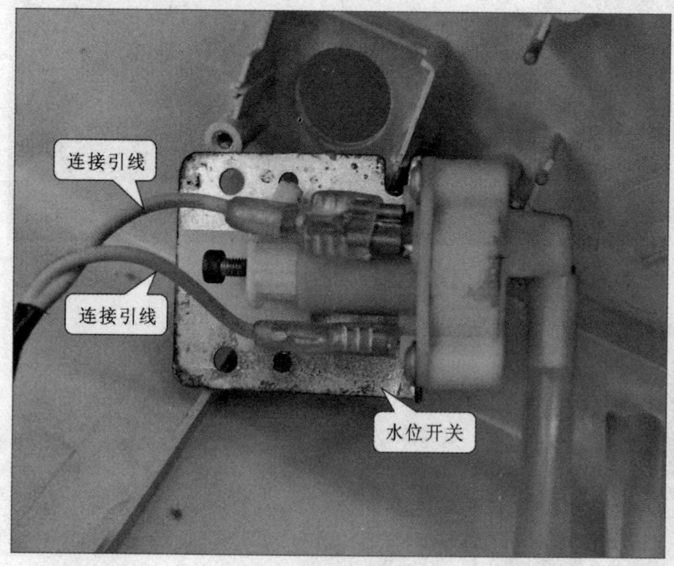

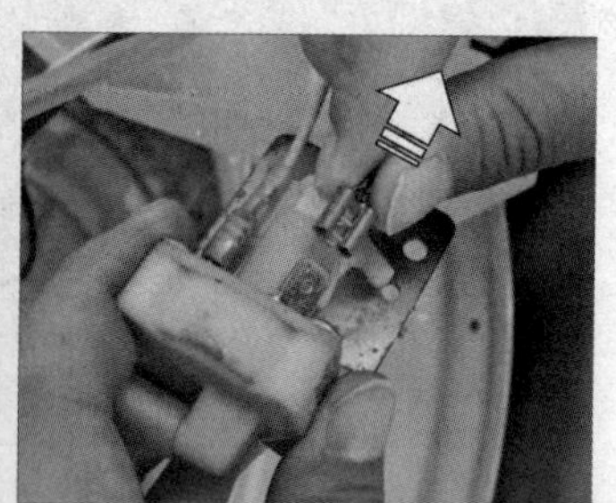

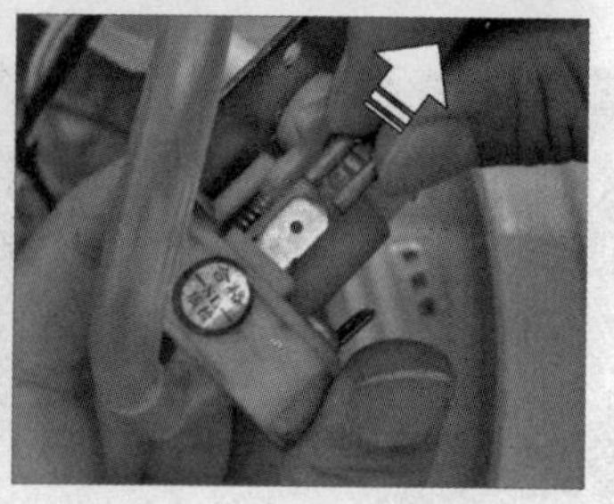

图 2-26　拔下水位开关连接插头

图 2–27 所示为拆卸下来的水位开关，它通过软水管与盛水桶的气室相连。

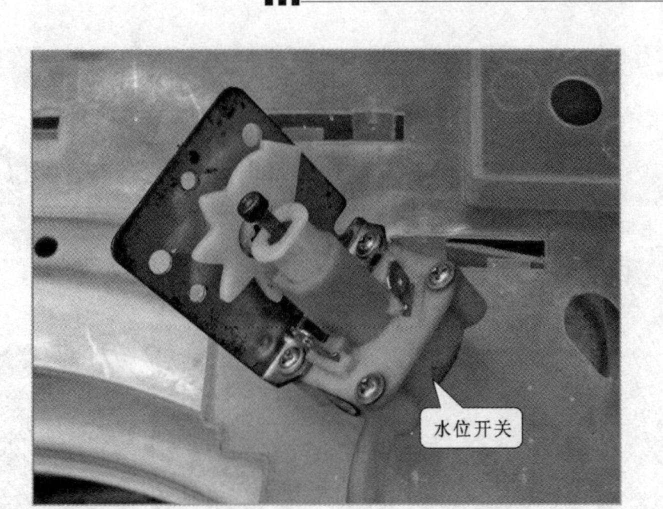

图 2-27 水位开关

（3）操作控制面板的拆卸方法

操作控制面板（电脑式程序控制器）位于围框的前半部分，如图 2−28 所示。

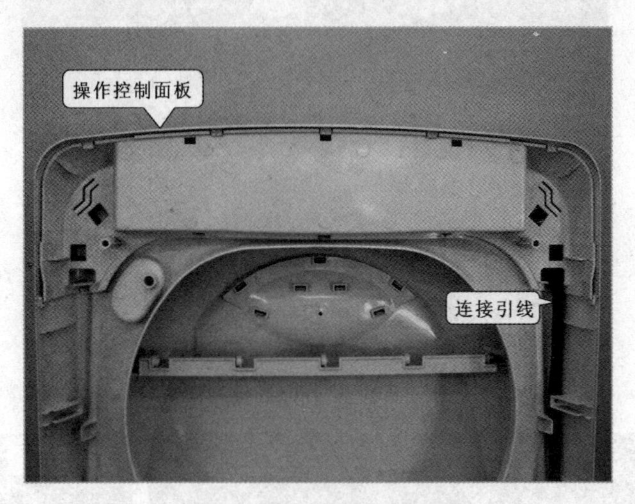

图 2-28 操作控制面板

操作控制面板是由多个卡扣进行固定的，拆卸时需要使用一字旋具将固定卡扣一一撬开，如图 2−29 所示。

打开操作控制面板之后，就可以看到操作控制电路板，如图 2−30 所示。

操作控制电路板由 5 个螺钉进行固定，拆卸时使用合适的旋具将 5 个固定螺钉分别取下，如图 2−31 所示。

操作控制电路板的固定螺钉取下后，即可将该电路板从操作控制面板上取下，如图 2−32 所示，由于是洗衣机电路，该电路在整个电路板上浇筑了一层防水橡胶防水。

图 2−33 所示为拆卸下来的操作控制电路板。

操作控制电路板通过多个接口与连接引线相连，拆卸时需要将其一一拧下，如图 2−34 所示。

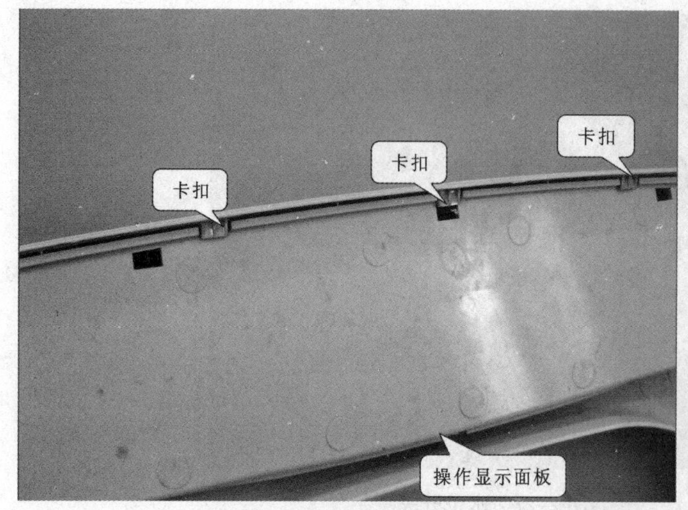

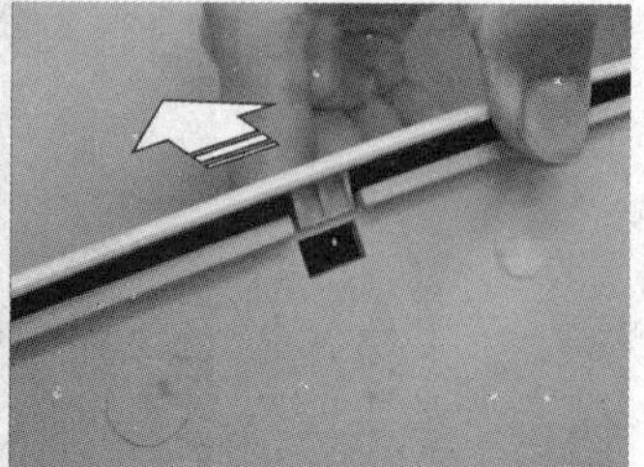

图 2-29　撬开操作控制面板卡扣

图 2-30　打开操作控制面板

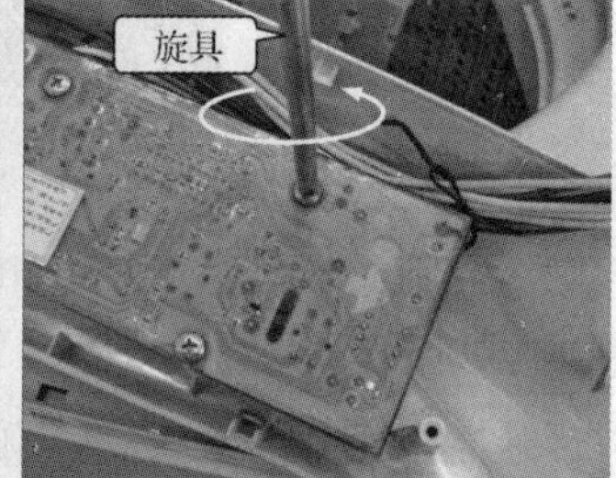

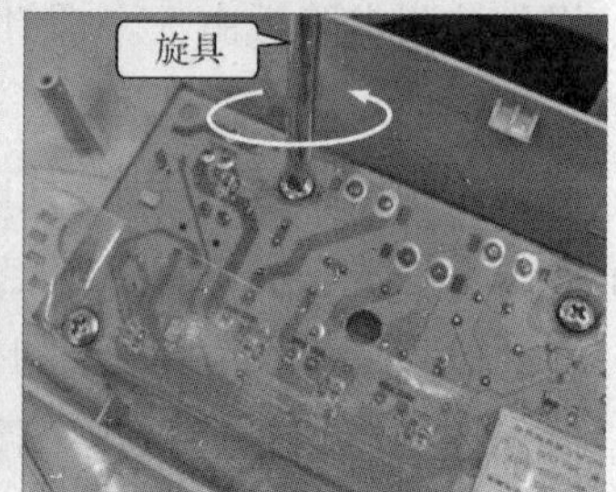

图 2-31　取下操作显示电路固定螺钉

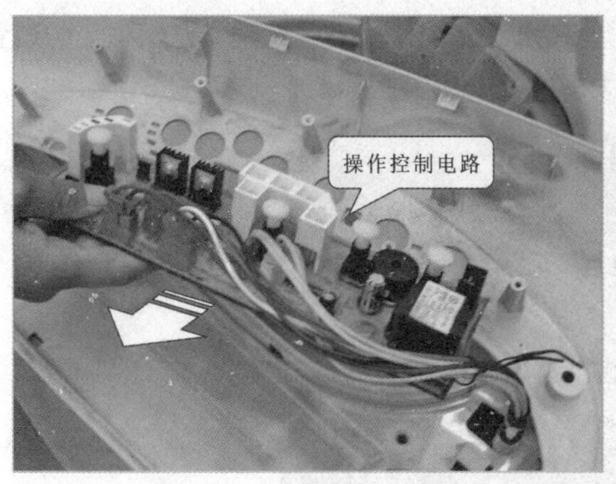

图 2-32　取下操作控制电路

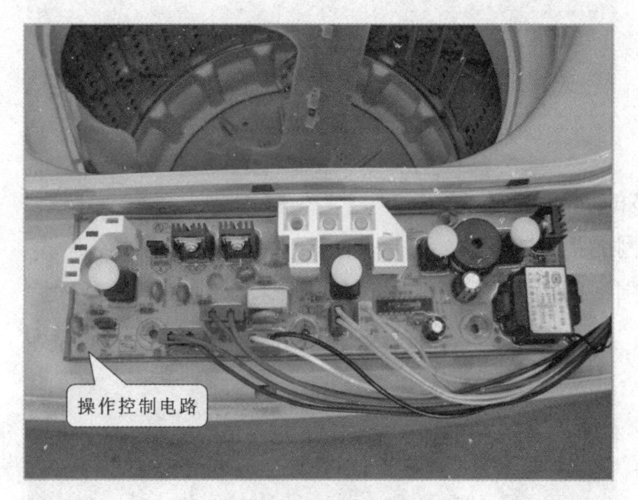

图 2-33　操作显示电路

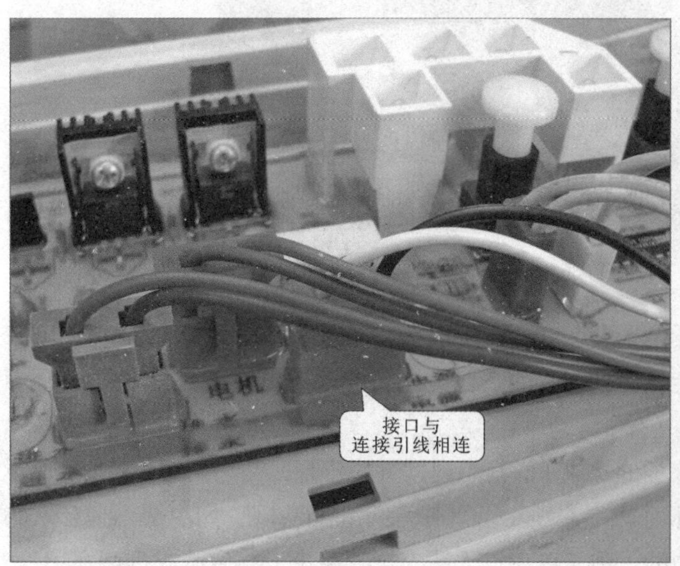

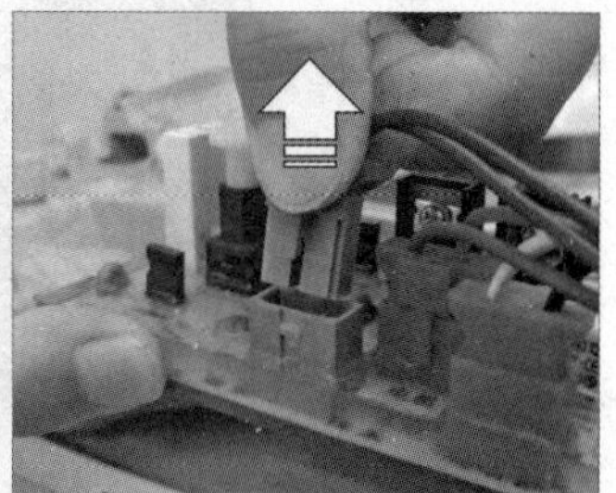

图 2-34　取下操作显示电路连接引线

操作显示电路板、进水电磁阀、安全门开关、水位开关这些安装在洗衣机围框上的装置全都拆卸下来后，即可将围框从整机上取下，如图 2–35 所示。

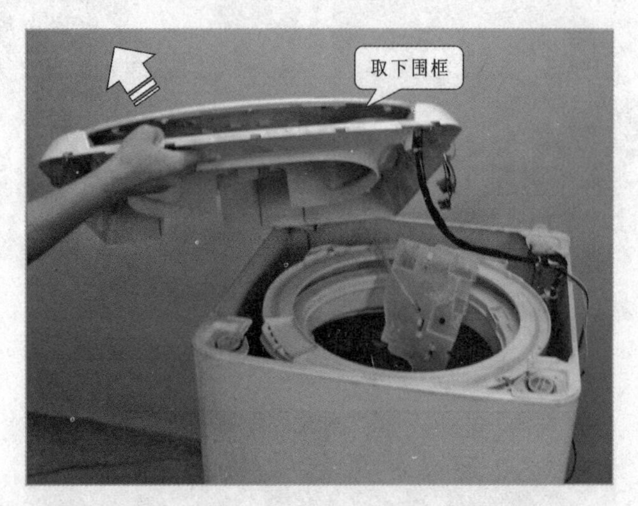

图 2–35　取下围框

2. 洗衣机箱体的拆卸方法

(1) 桶圈和滤网的拆卸方法

取下洗衣机的围框即可看到洗衣机的内部结构，如图 2–36 所示。

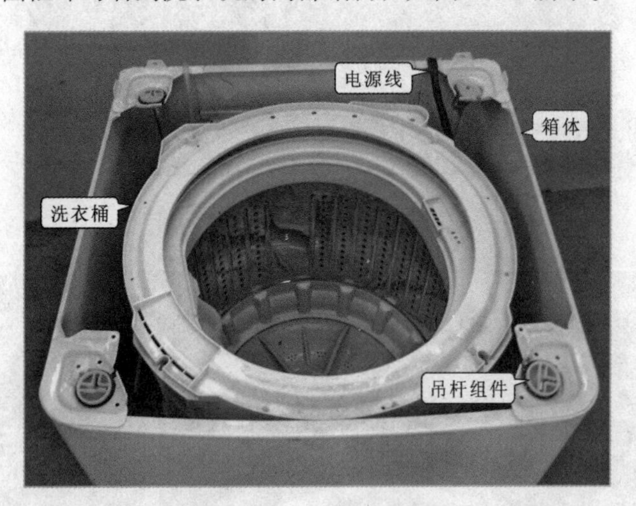

图 2–36　洗衣机内部结构

洗衣桶是将脱水桶和盛水桶两个套装在一起组成的，桶圈固定在洗衣桶上面，如图 2–37 所示。桶圈由 4 个螺钉进行固定，拆卸时使用旋具分别将 4 个螺钉拧下，拧下螺钉后，即可将桶圈从洗衣桶上取下。

取下桶圈后就可以看到洗衣桶的构成了，其中内桶（脱水桶）带有网眼，外筒（盛水桶）带有气室。洗衣桶的内桶（脱水桶）上有一个可以任意拆卸的滤网，如图 2–38 所示，进行洗衣时，该滤网可以滤除洗涤物的污物，以免进入洗衣机管路中，导致洗衣机堵塞。

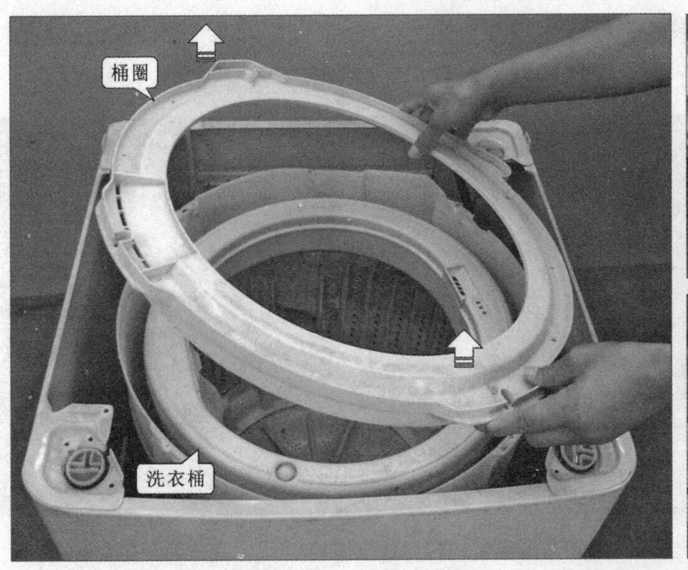

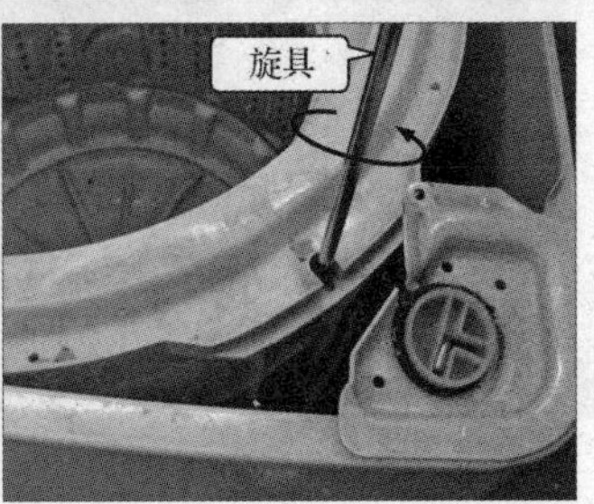

图 2-37　取下桶圈

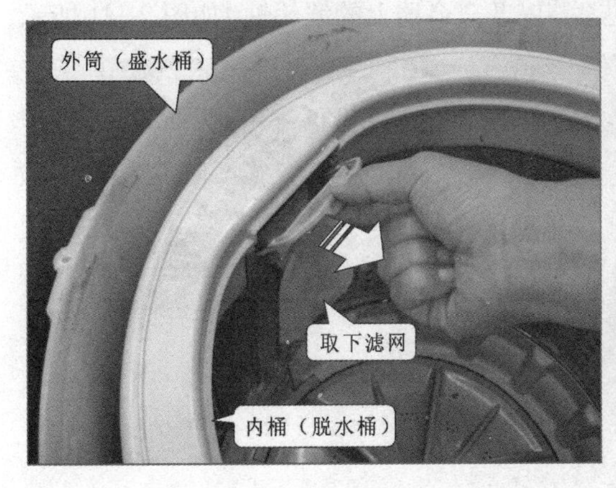

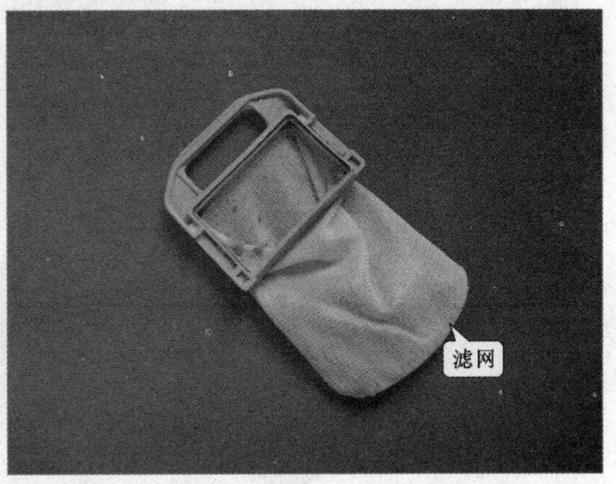

图 2-38　取下滤网

(2) 波轮的拆卸方法

洗衣桶中的波轮是由螺钉固定的，在固定螺钉上还有一个塑料帽，拆卸时应先使用较小的一字旋具将塑料帽撬开，此时便可看到里面的固定螺钉，如图 2-39 所示。

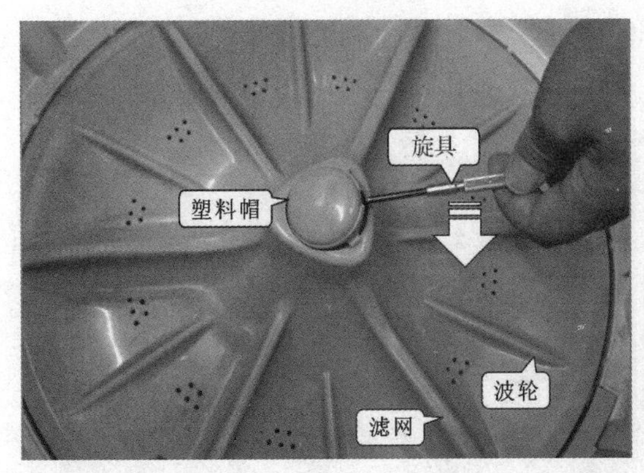

图 2-39　波轮塑料帽

为了防止在取下波轮固定螺钉的过程中波轮一起转动，在拆卸时需要用手按住波轮，然后使用旋具将固定波轮的螺钉拧下，此时，可将波轮取下，如图 2–40 所示。

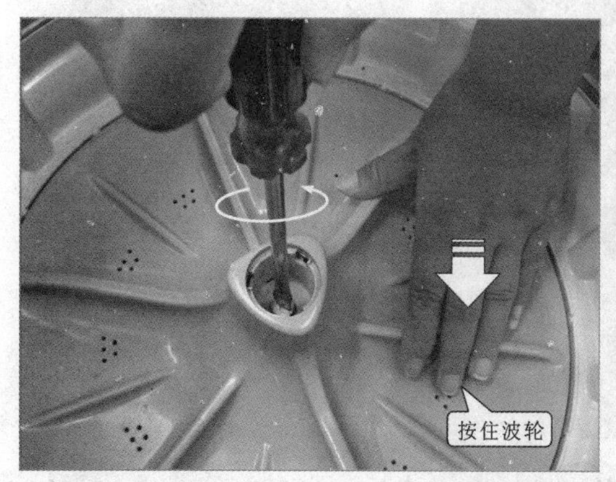

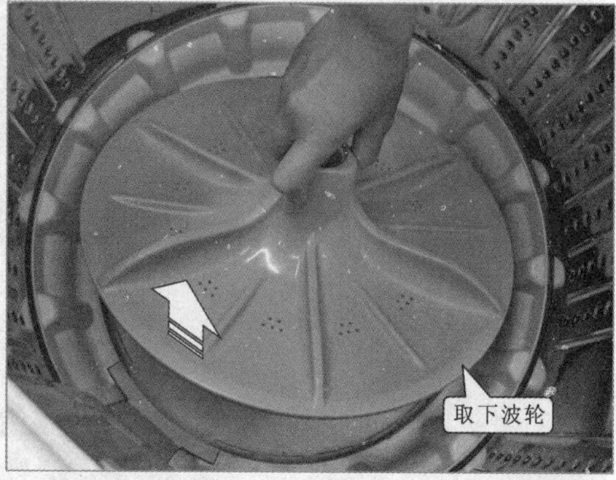

图 2–40　拆卸波轮固定螺钉并取下波轮

取下波轮后，可以看到安装在波轮底下的法兰，以及离合器上的波轮轴，如图 2–41 所示。

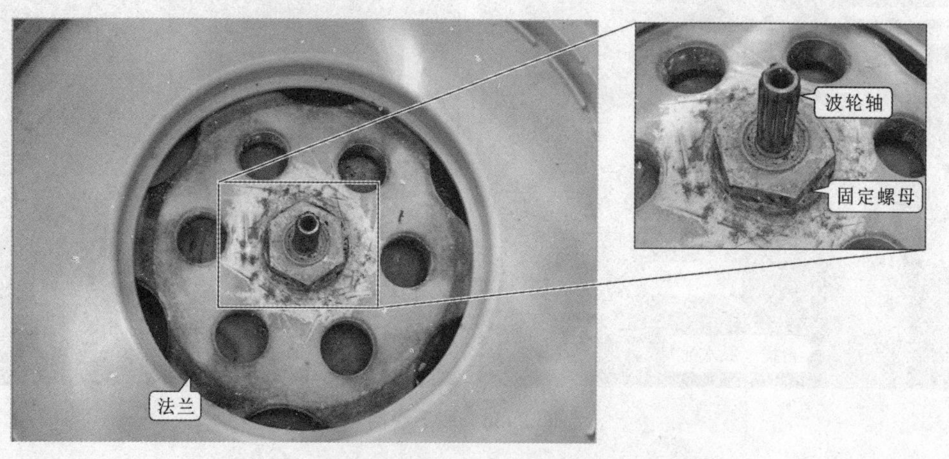

图 2–41　波轮底下的法兰以及离合器上的波轮轴

将固定脱水桶和盛水桶的螺母取下来，即可将脱水桶从盛水桶中分离出来。图 2–42 所示为波轮式洗衣机的盛水桶和脱水桶。

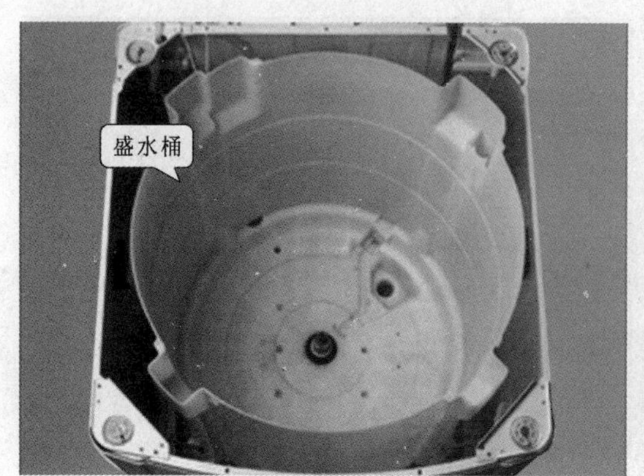

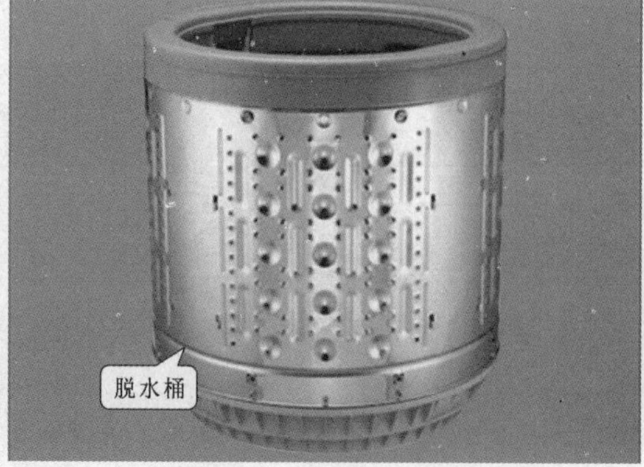

图 2–42　波轮式洗衣机的盛水桶和脱水桶

盛水桶的四周各有一个吊杆组件，如图 2–43 所示，吊杆组件通过挂头和外桶（盛水桶）吊耳固定洗衣桶。

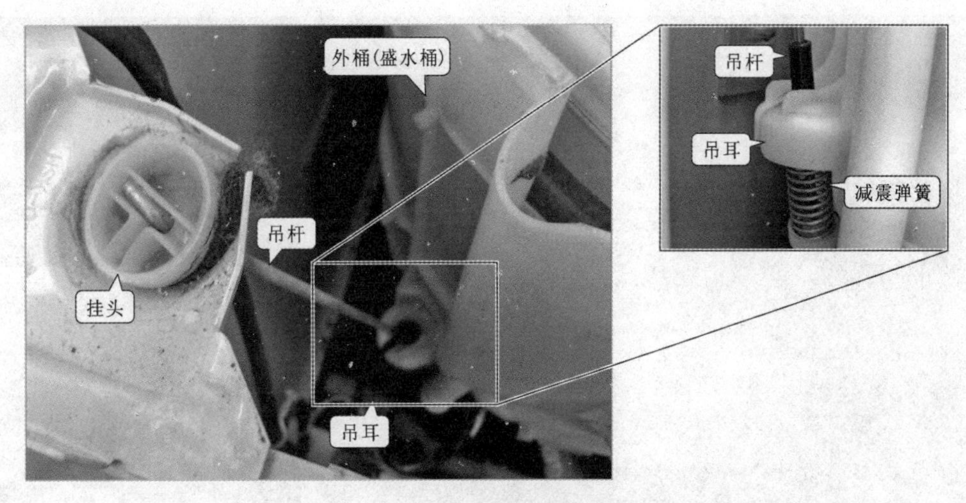

图 2–43　吊杆组件

取下吊杆组件的方法非常简单，先将吊杆挂头从箱体上取下来，然后将吊杆组件从外桶（盛水桶）吊耳上取下，如图 2–44 所示。

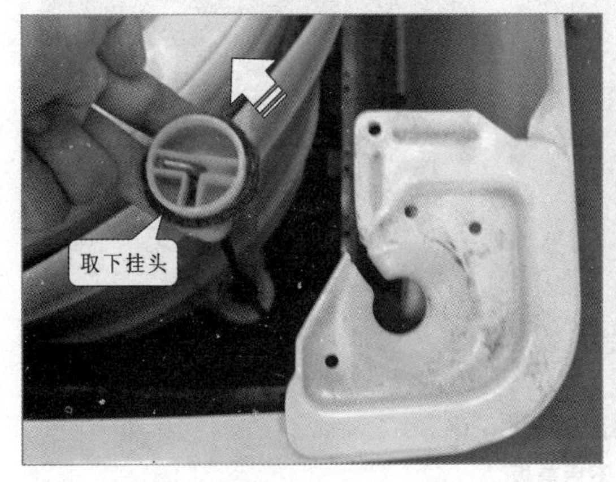

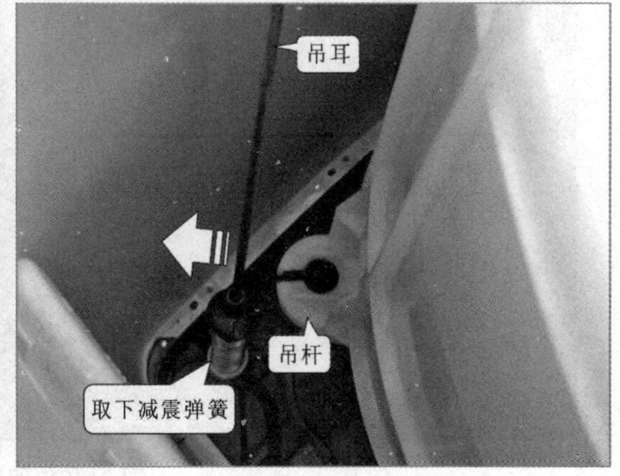

图 2–44　取下吊杆组件

（3）后盖的拆卸方法

由于洗衣桶是通过吊杆组件悬挂在箱体上的，而洗衣桶下面就是电动机、离合器以及排水系统，为了防止这些部件全部落地、发生损伤，4 个吊杆组件不要同时取下，或是将洗衣机整个翻转，确定电动机、离合器等部件不会受到损伤后，再取下全部的吊杆组件。

洗衣机背面有个后盖板，是由 4 个螺钉进行固定的，拆卸时可使用合适的旋具将其分别拧下，如图 2–45 所示。

取下后盖板的固定螺钉后，应先将后盖板向上提起，使其与箱体之间的固定槽分离，即可轻松取下后盖板，如图 2–46 所示。

取下后盖板后可以看到波轮式洗衣机的电动机和离合器安装固定在洗衣桶的下面，吊杆组件将洗衣桶、电动机和离合器吊装在洗衣机箱体内，因此，拆卸吊装组件时，不要将4个吊杆全部取下，如图2-47所示。

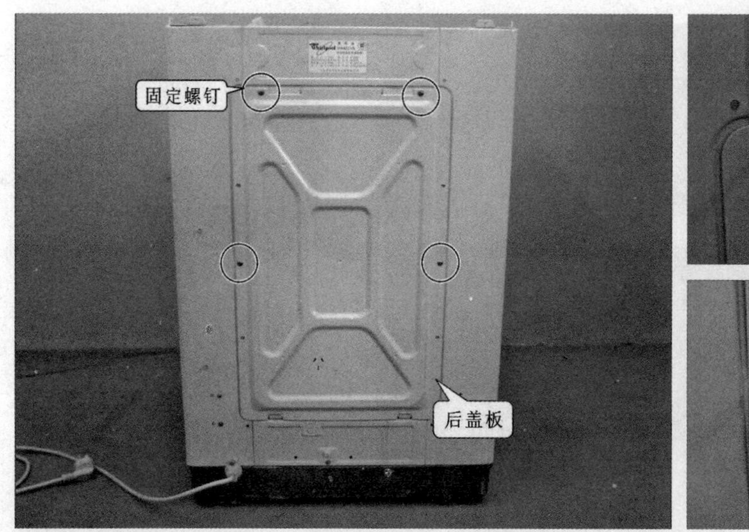

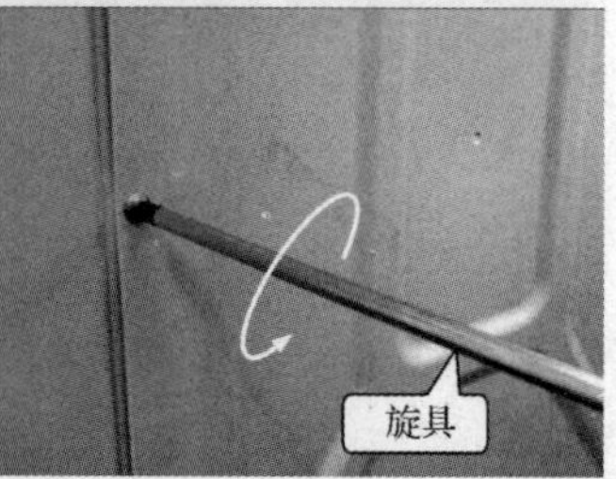

图2-45　取下后盖板固定螺钉

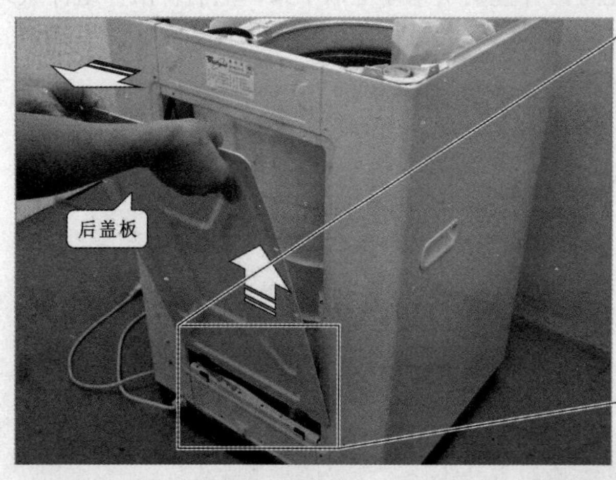

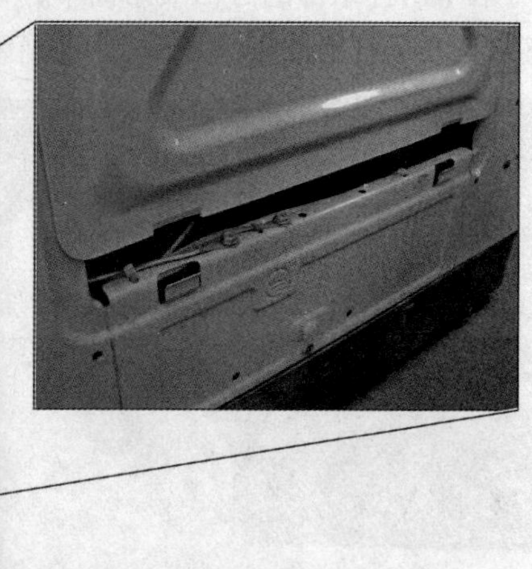

图2-46　取下后盖板

图2-47　电动机和离合器的位置

在进行底板、箱体内部组件的拆洗时，需要将洗衣机整机翻转过来，如图 2-48 所示。

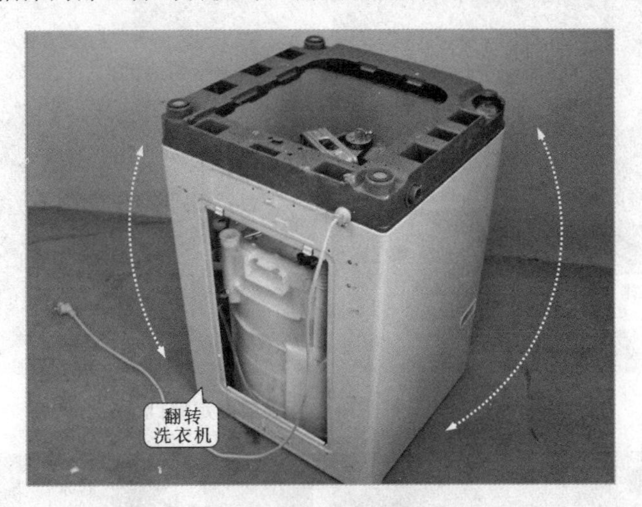

图 2-48 翻转洗衣机

(4) 底板的拆卸方法

洗衣机底板是由 12 个固定螺钉进行固定的，拆卸时使用旋具分别将 12 个固定螺钉拧下，如图 2-49 所示。

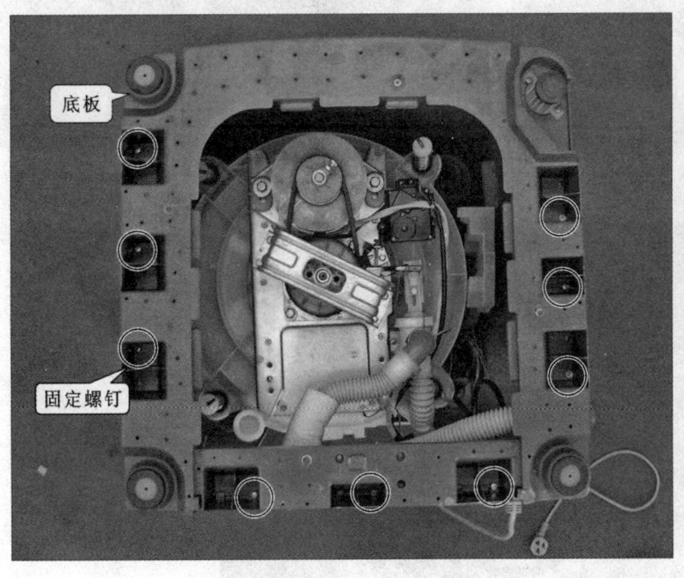

图 2-49 取下底板固定螺钉

洗衣机排水管出口，由 1 个固定螺钉固定在地板上，使用旋具将固定螺钉拧下，如图 2-50 所示。

拧下排水管出口的固定螺钉后，就可以将排水管出口从底板上取下来，如图 2-51 所示。

与底板有关联的零部件全部取下后，即可将底板从箱体上取下，如图 2-52 所示。

图 2-50　拧下排水管出口固定螺钉

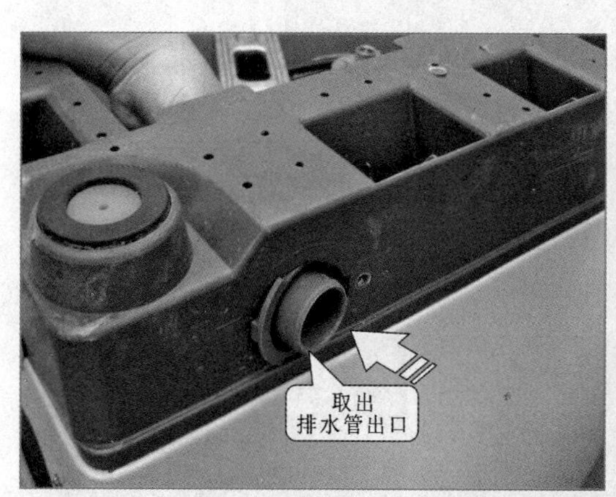

图 2-51　取下排水管出口

图 2-52　取下底板

(5) 箱体内部组件的拆卸方法

翻转过来的洗衣机吊杆组件已无支撑作用，因此可以将吊杆组件全部拆卸下来，如图 2–53 所示，首先将挂头从箱体上取下，然后再将吊杆组件从吊耳上取下。

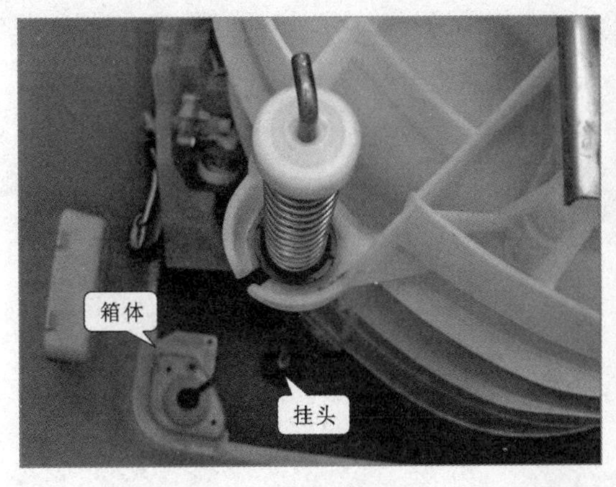

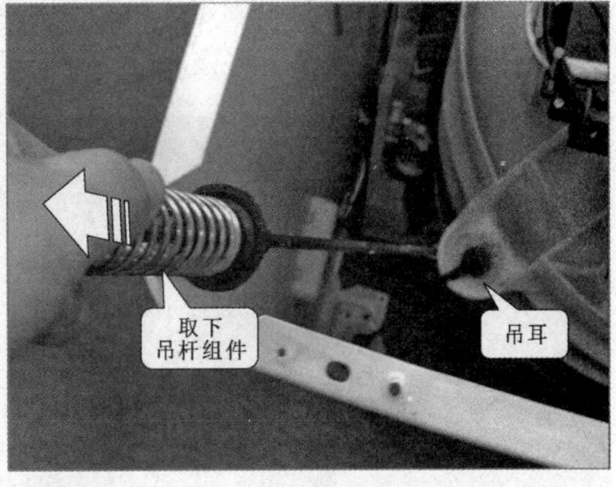

图 2-53　取下吊杆组件

如图 2-54 所示为拆卸下来的吊杆组件，从图中可看到波轮式洗衣机的吊杆组件主要由挂头、吊杆、减震弹簧和阻尼碗及阻尼筒构成。

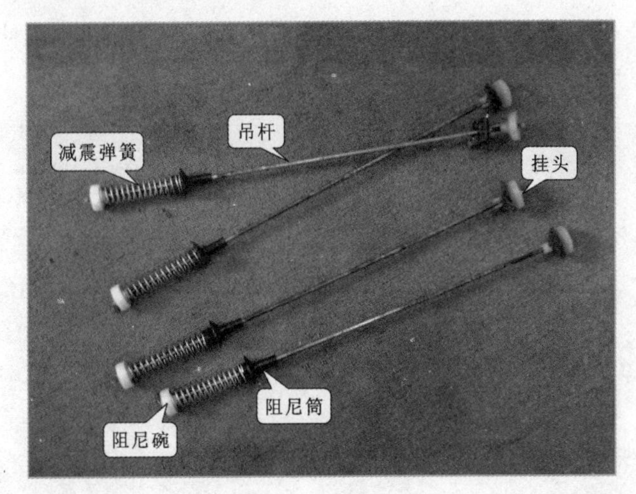

图 2-54　吊杆组件

洗衣机的电源线是由 1 个固定螺钉固定在箱体上的，拆卸时使用合适的旋具将其取下即可将电源线取下，如图 2-55 所示。

图 2-55　取下电源线

电动机启动电容器通过固定卡扣进行固定，而卡扣是通过 1 个固定螺钉固定在洗衣机的箱体上，拆卸时，使用旋具将该固定螺钉拧下，便可将启动电容器取下，如图 2–56 所示。

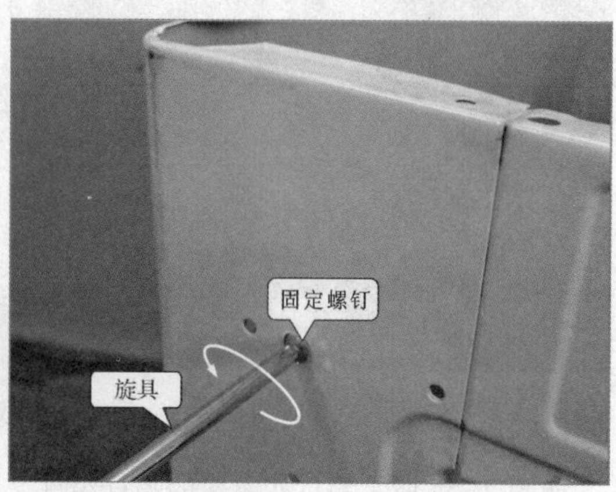

图 2–56　取下电动机启动电容

洗衣机的接地线是由 2 个固定螺钉固定在洗衣机的箱体上，拆卸时使用旋具分别将 2 个接地螺钉拧下，拧下后便可将接地线取下，如图 2–57 所示。

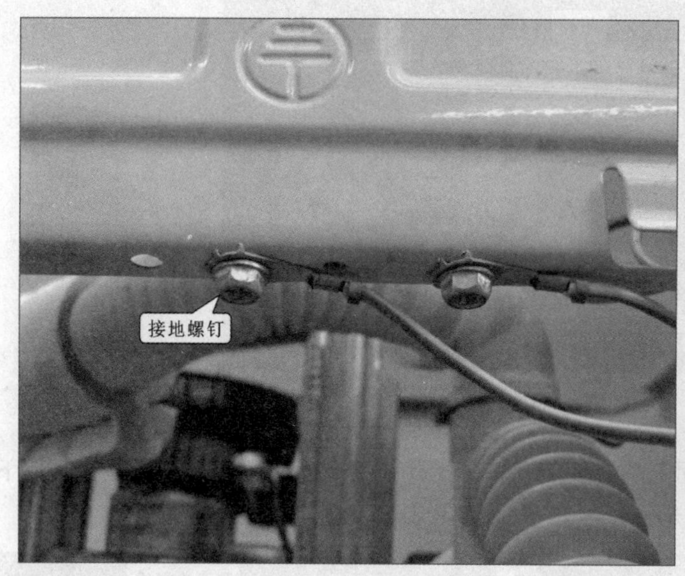

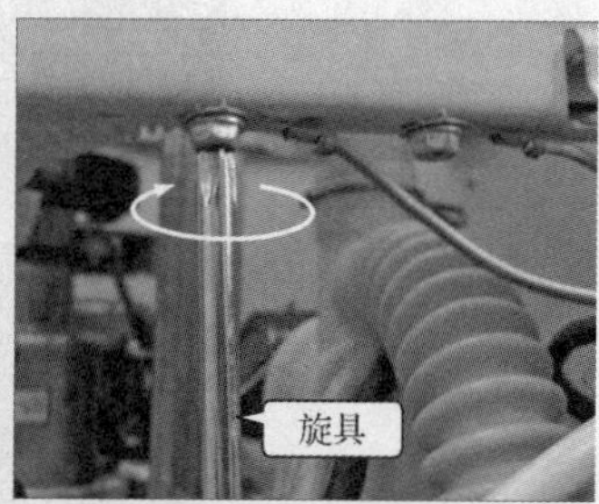

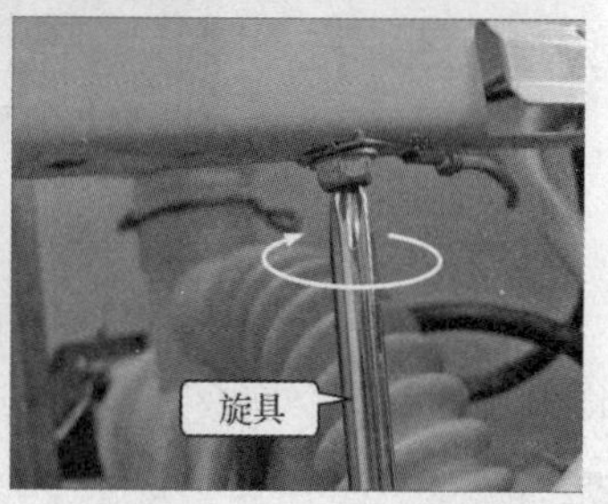

图 2–57　取下接地螺钉

洗衣机的各种连接线都是通过线束固定在箱体上的，拆卸时将线束取下，便可将这些连接线从洗衣机上拆卸下来，如图 2–58 所示。

有些线束需要使用偏口钳子将其剪断后才可拆卸下来，如图 2–59 所示。不论是哪种线束拆卸方法，在对洗衣机进行安装时，必须按照原样将其固定好，否则会造成断线、磨损或异音等后果。

洗衣机的连接导线放置在一个防水线盒中，如图 2–60 所示，将连接导线从线盒中取出来，此时所有与箱体关联的零部件都拆卸完毕。

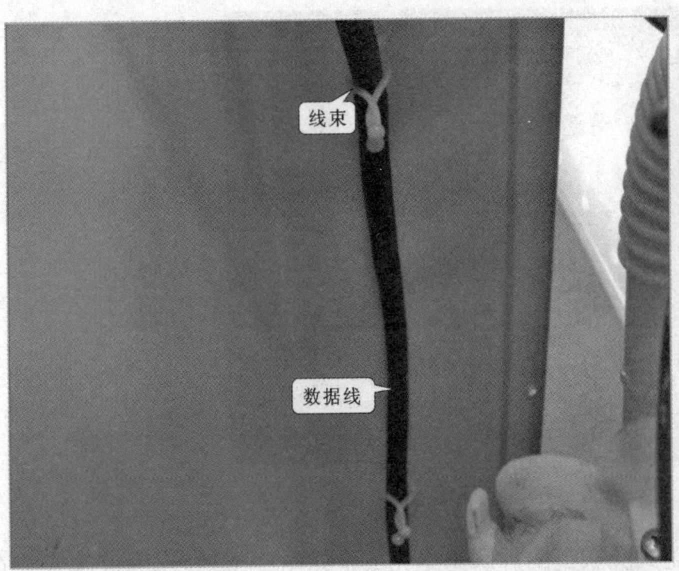

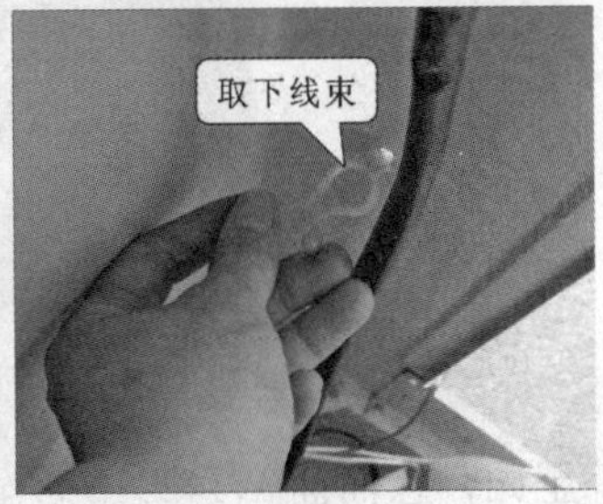

图 2-58 手动拆卸线束

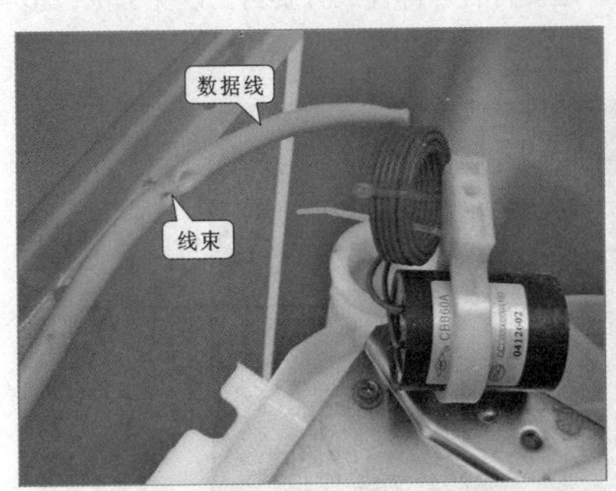

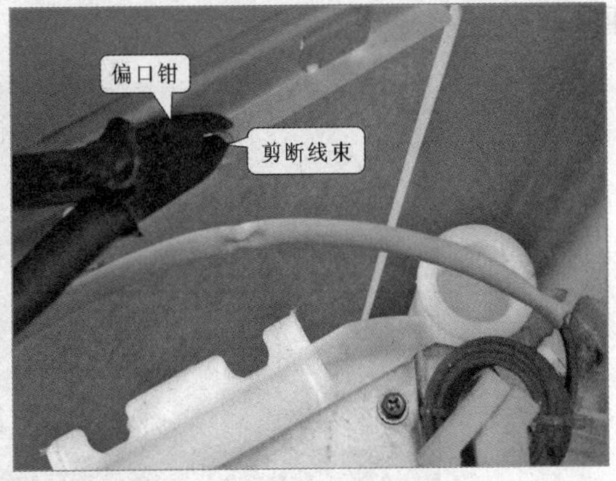

图 2-59 偏口钳子拆卸线束

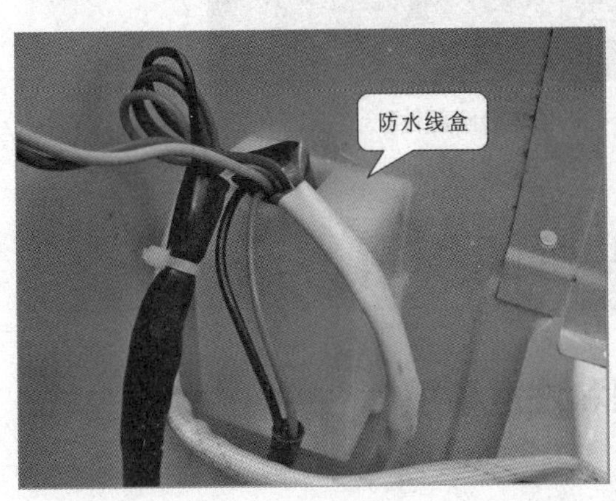

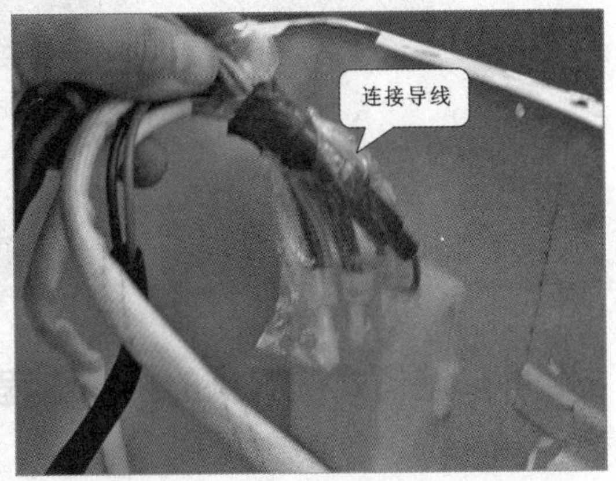

图 2-60 取出连接引线

（6）箱体的拆卸方法

确定洗衣机箱体没有关联部件后，将箱体向上掀起，即可取下，如图 2-61 所示。

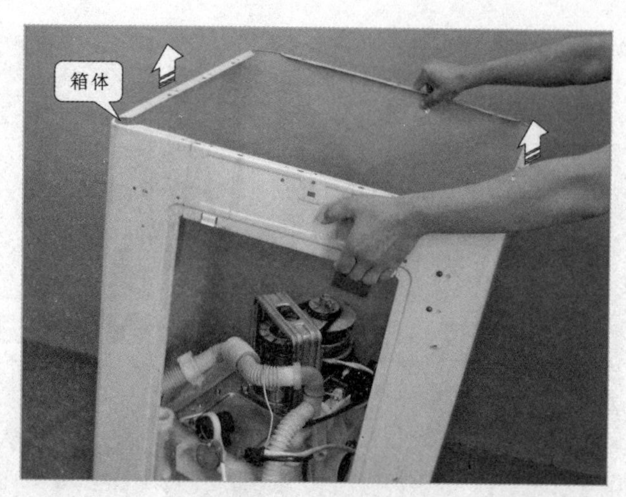

图 2-61 取下箱体

至此，惠而浦 WI4231S 波轮式洗衣机的拆卸基本完成，如图 2-62 所示为波轮式洗衣机箱体及各个分解部件。箱体整个拆卸完以后，一定要将各零部件放置妥当，以免丢失，影响重装。

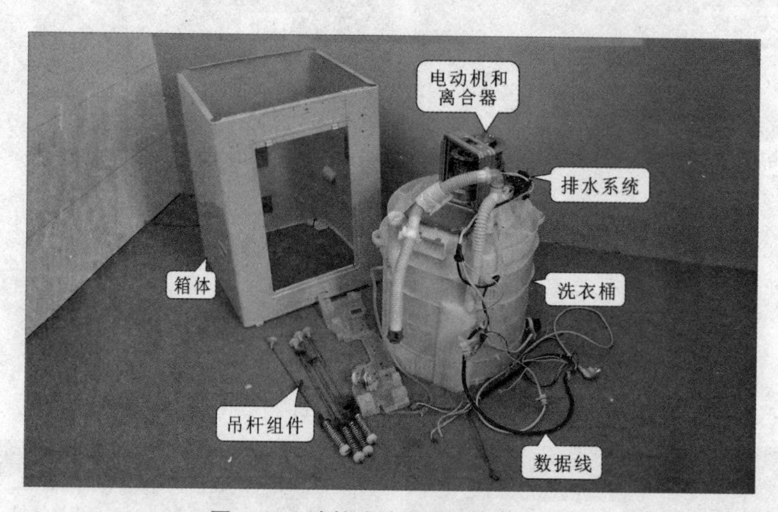

图 2-62 波轮式洗衣机箱体分解部件

2.2 滚筒式洗衣机的拆解方法

2.2.1 滚筒式洗衣机的拆解流程和注意事项

1. 滚筒式洗衣机的拆卸流程

滚筒式洗衣机主要由不同功能的部件组成，这些部件都固定在滚筒式洗衣机的箱体上，在对滚筒洗衣机拆卸前，应结合滚筒洗衣机的结构，分析拆卸流程，确定拆卸方案，如图 2-63 所示为典型滚筒洗衣机的拆卸流程。

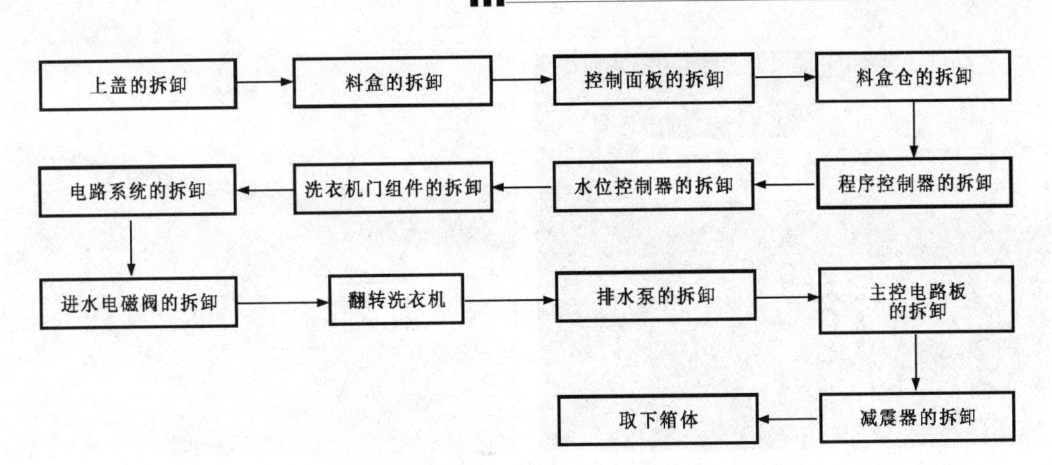

图 2–63 典型滚筒洗衣机的拆卸流程

可以看出，滚筒洗衣机的拆卸总体分为直立拆卸和翻转拆卸两部分，不同型号的滚筒洗衣机拆卸细节也有所不同，实际操作时可根据相应滚筒洗衣机的结构图进行调整。

2. 滚筒式洗衣机的拆卸注意事项

(1) 拆卸滚筒式洗衣机前，应确保断电

在拆卸洗衣机前，应首先切断电源，并静置 1 分钟左右再拆卸，以确保内部高压电容放电完成。另外，洗衣机在拆装和检测过程中，应严格按照操作步骤进行，确保洗衣机部件的完好，同时应注意拆装检测人员的人身安全，如图 2–64 所示。

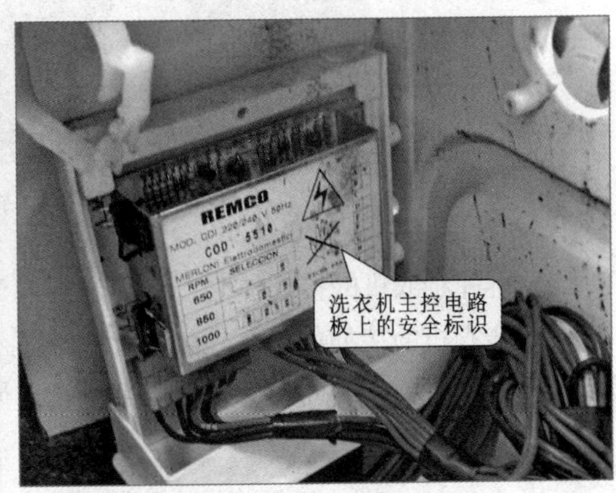

图 2–64 拆卸洗衣机时应注意安全

(2) 拆卸洗衣机时，应选择合适的旋具

洗衣机的背面通常有几个固定螺钉用于固定外壳，在拆卸这些螺钉时应选择合适的旋具，如图 2–65 所示。

另外，洗衣机的按钮或旋钮通常为塑料材质，有的还有表面喷漆，在使用旋具撬动按钮或旋钮时，注意不要损伤按钮或旋钮的表面。

(3) 拆卸洗衣机时，应注意防震和外壳保护

拆装维修洗衣机时，应缓慢放下并在下方放置防护垫，以防外壳被划伤以及内部元器件受到震动而损坏，如图 2–66 所示。

图 2-65　螺钉与所对应的旋具

图 2-66　轻移轻放洗衣机

(4) 拆卸洗衣机的接插件时，要记清插件连接位置

拆卸洗衣机的接插件时，应记清连接位置和连接关系，以免在重装时连接错误，最好根据插件及导线的颜色或外观特征做详细记录，如图 2-67 所示。

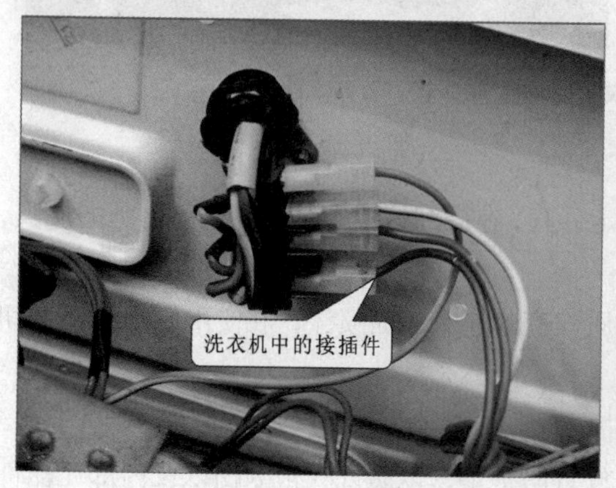

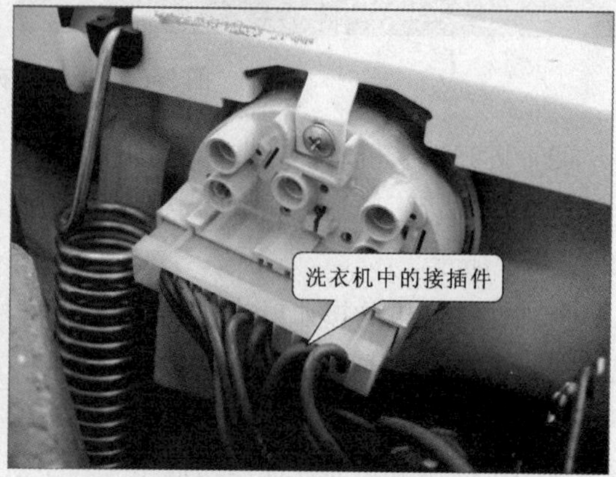

图 2-67　洗衣机电路中的接插件及导线

2.2.2 滚筒式洗衣机的拆解操作

下面以海尔克琳 XQG50–AL600TXBS 型滚筒洗衣机为例介绍滚筒式洗衣机的拆卸。

1. 上盖与后盖的拆卸

滚筒式洗衣机的上盖与后盖用于封闭洗衣机内部部件，防止异物进入滚筒洗衣机内部损坏洗衣机，同时避免人体接触洗衣机内电路造成的触电危险，还可使洗衣机更加坚固、美观。

(1) 上盖的拆卸

对洗衣机上盖进行拆卸时，首先找到洗衣机上盖的固定螺钉，并选择适合的旋具拧下固定螺钉，如图 2–68 所示。

图 2–68　取下上盖的固定螺钉

取下上盖后，即可看到洗衣机的内部部件，如图 2–69 所示。

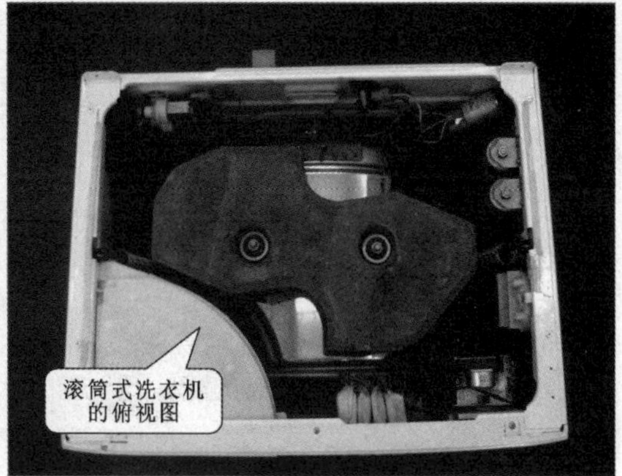

图 2–69　上盖的拆卸

(2) 后盖的拆卸

对洗衣机的后盖进行拆卸时，同样选用合适的旋具拧下后盖盖板的固定螺钉，并取下后盖盖板，如图 2–70 所示。

图 2-70　后盖的拆卸

2. 料盒的拆卸

滚筒式洗衣机的料盒用于盛放洗衣粉、洗衣液、柔顺剂、软化剂等洗涤剂。拆卸料盒时，可首先打开料盒挡板，沿料盒安装导轨轻轻拖拽，即可将料盒取下，如图 2−71 所示。

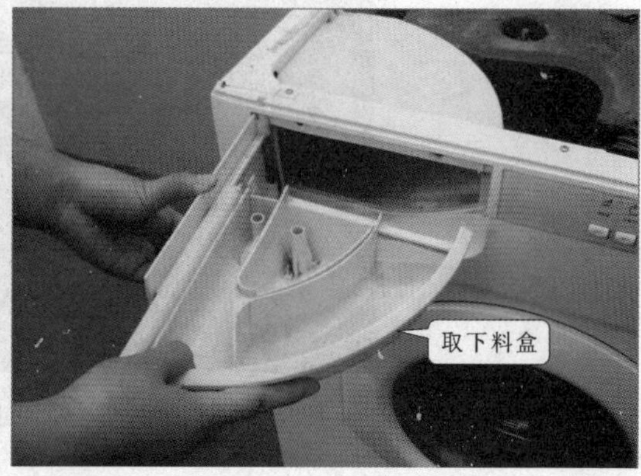

图 2-71　取下料盒

3. 控制面板的拆卸

控制面板用于输入人工指令，进而控制洗衣机的工作状态。对控制面板进行拆卸主要包括控制按钮、控制旋钮和操作面板的拆卸。

(1) 控制按钮和控制旋钮的拆卸

对控制按钮和控制旋钮进行拆卸时，首先拔下按钮和旋钮，如图 2−72 所示。

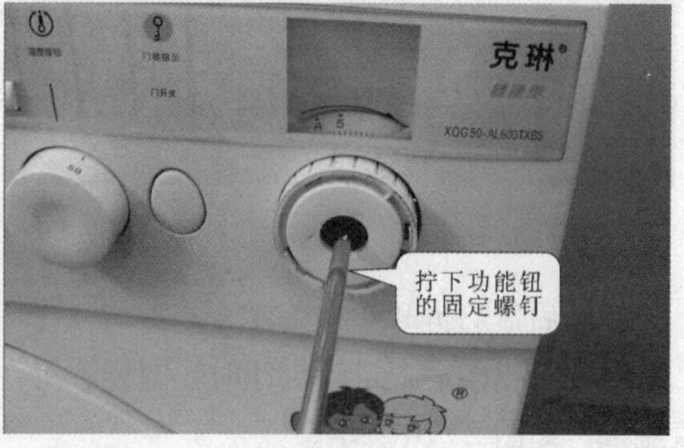

(1)

图 2-72　拔下按钮和旋钮

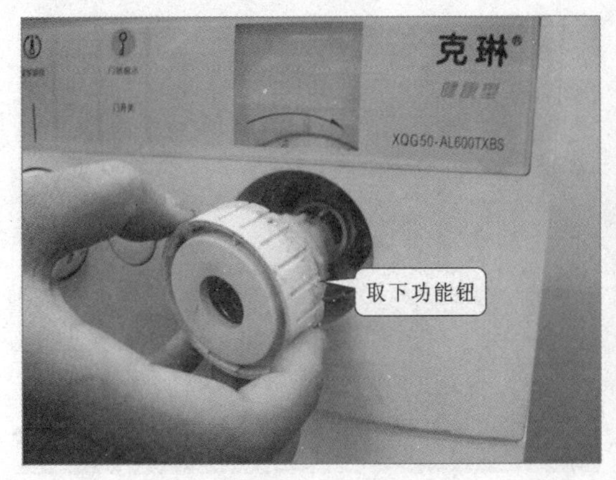

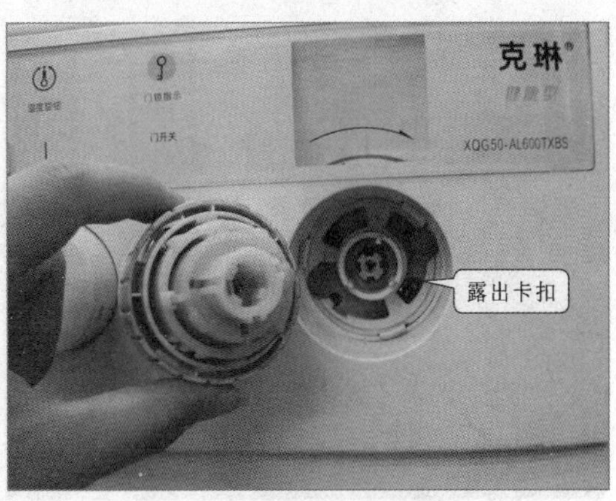

（2）

（3）

续图 2-72　拔下按钮和旋钮

对于不能直接拔下的按钮或旋钮，可借助旋具轻轻撬动后取下，如图 2-73 所示。

（2）操作面板的拆卸

对操作面板进行拆卸前，应首先查看操作面板的固定方式。通常操作面板由固定螺钉和卡扣进行固定。首先使用合适的旋具拧下操作面板与料盒仓间的固定螺钉，如图 2-74 所示。

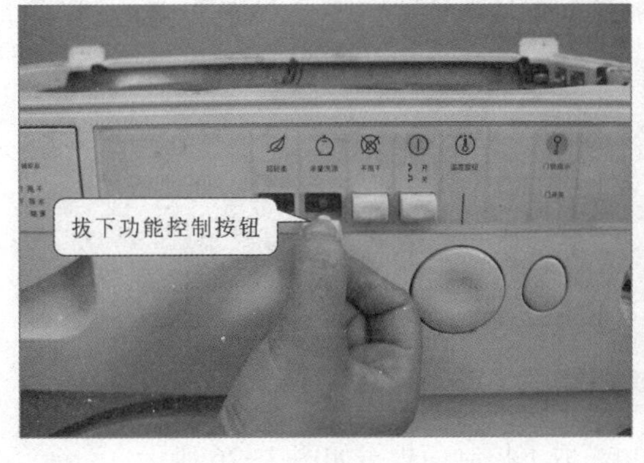

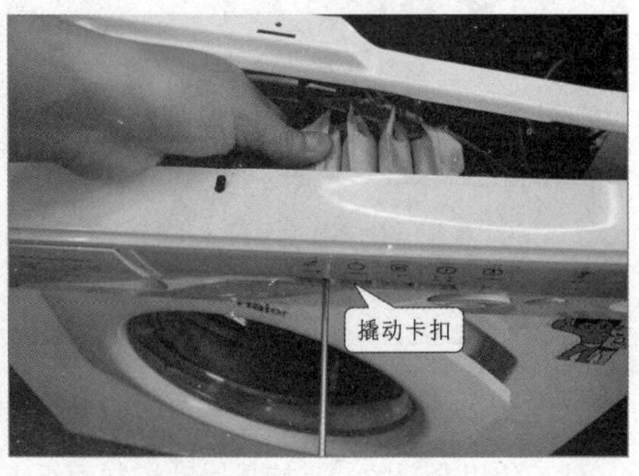

（1）

图 2-73　撬下按钮或旋钮

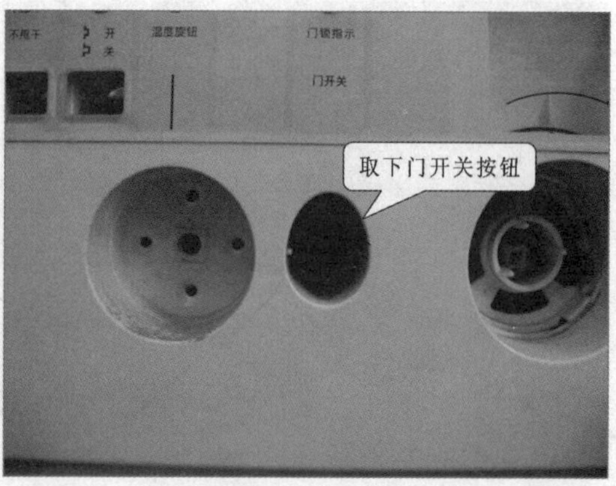

（2）

续图 2-73 撬下按钮或旋钮

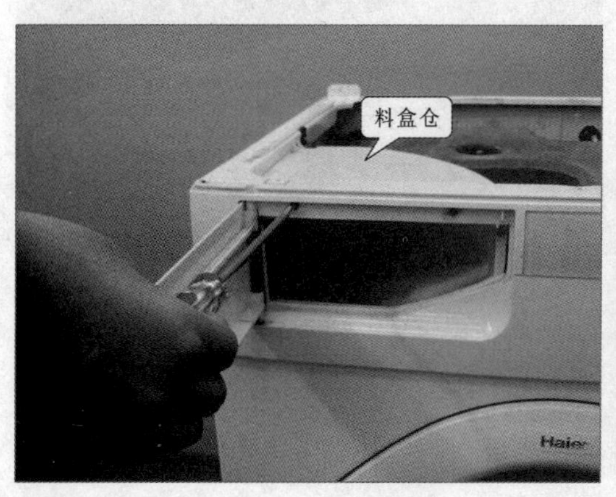

图 2-74 拧下操作面板的固定螺钉

接着检查按钮和旋钮下是否有固定螺钉，使用旋具将其拧下，如图 2-75 所示。

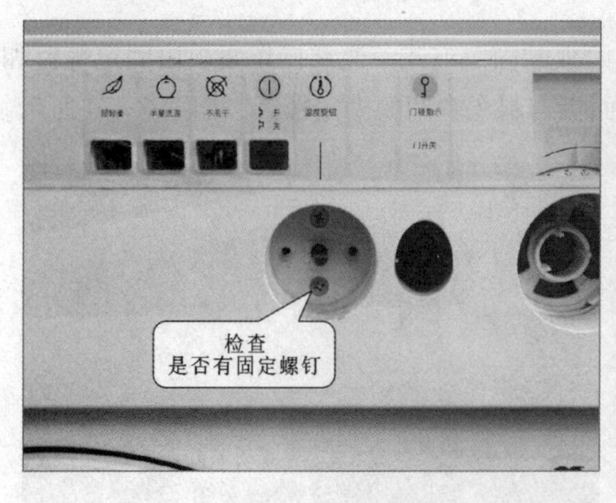

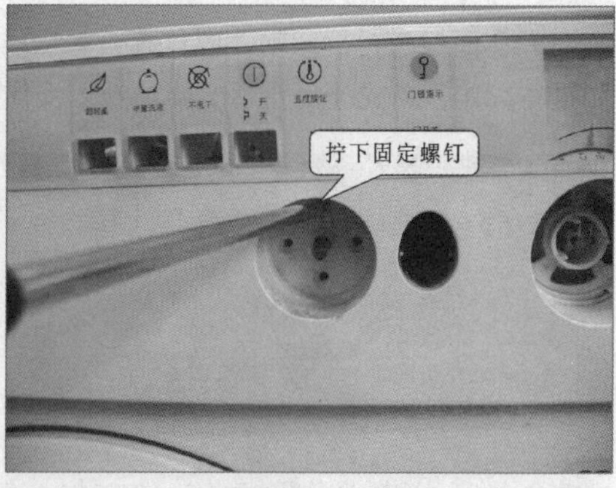

图 2-75 拧下按钮或旋钮下的固定螺钉

然后使用合适的一字旋具撬动控制面板卡扣，取下控制面板，如图 2-76 所示。

在取下控制面板时，注意控制面板与滚筒洗衣机内部部件的连接，应首先拔开连接的接插件，再取下控制面板，如图 2–77 所示。

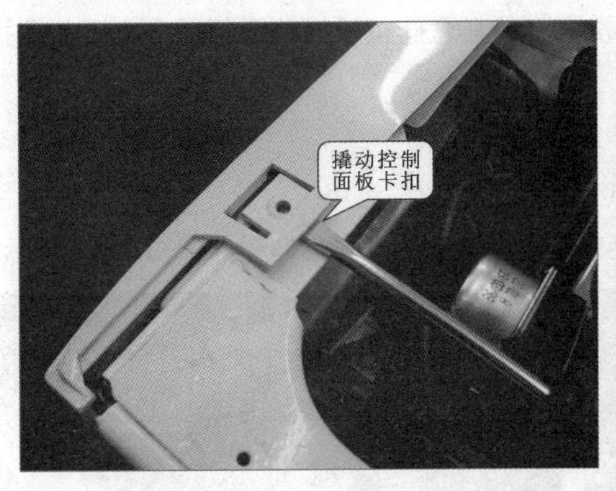

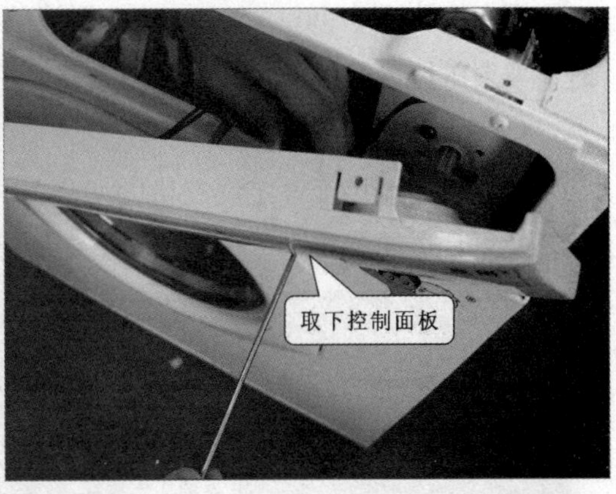

图 2–76 取下控制面板

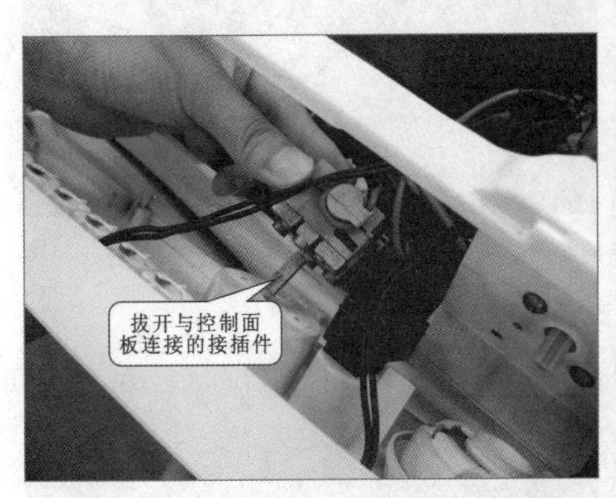

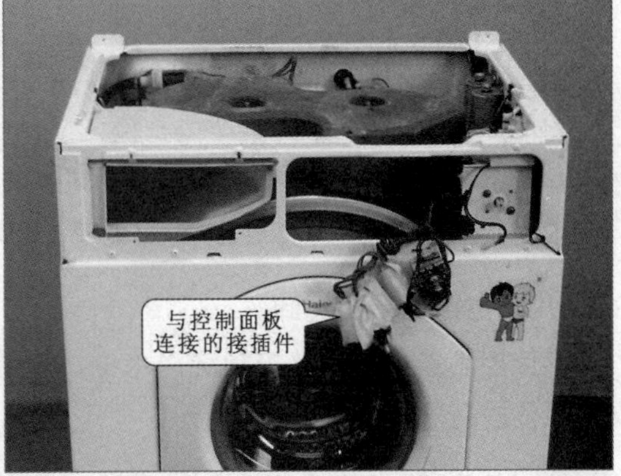

图 2–77 断开与控制面板连接的接插件

4. 料盒仓的拆卸

控制面板拆卸完毕后，便可拧下料盒仓的固定螺钉，并将其取下，如图 2–78 所示。

图 2–78 料盒仓的拆卸

【要点提示】

海尔克琳 XQG50-AL600TXBS 型滚筒洗衣机的料盒仓位于操作面板后方，因此在拆卸时需要取下控制面板后才能拆卸料盒仓。

5. 程序控制器的拆卸

程序控制器用于设定洗衣机的洗涤方式，实现不同的洗涤功能，对程序控制器进行拆卸时，使用合适的旋具取下程序控制器的固定螺钉，即可取下程序控制器，如图 2-79 所示。

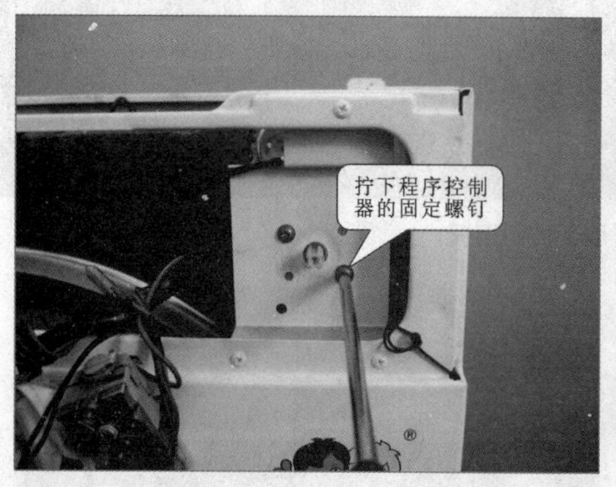

图 2-79　程序控制器的拆卸

6. 水位控制器的拆卸

水位控制器用于调整控制洗涤水位，使用合适的旋具取下水位控制器的固定螺钉，即可取下水位控制器，如图 2-80 所示。

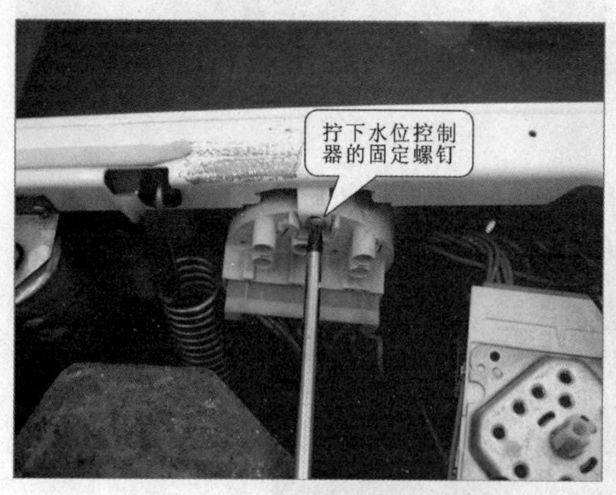

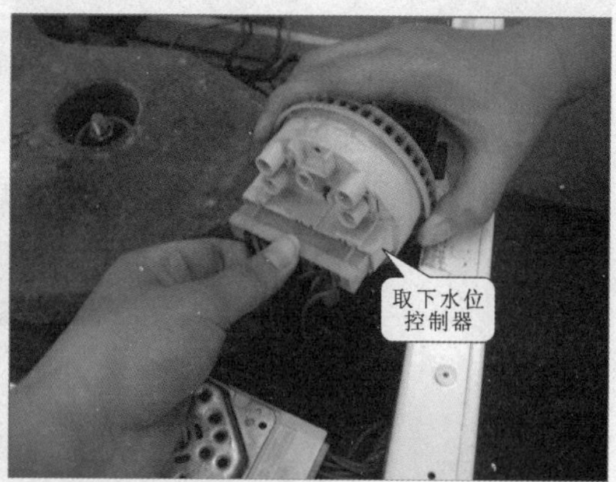

图 2-80　水位控制器的拆卸

7. 电路系统的拆卸

电路系统用于为洗衣机供电，对电路系统进行拆卸主要包括高压电容器和电源线的拆卸。

（1）电容器的拆卸

对电容器进行拆卸时，使用合适的旋具取下电容器的固定螺钉，即可取下电容器，如图 2-81 所示。

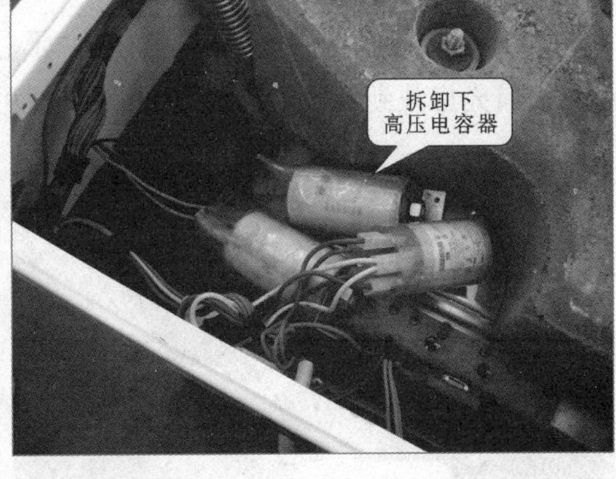

图 2-81　高压电容器的拆卸

(2) 电源线的拆卸

对电源线进行拆卸时，首先拧下电源线与外壳间的固定螺钉，然后拔开电源线的接插件，如图 2−82 所示。

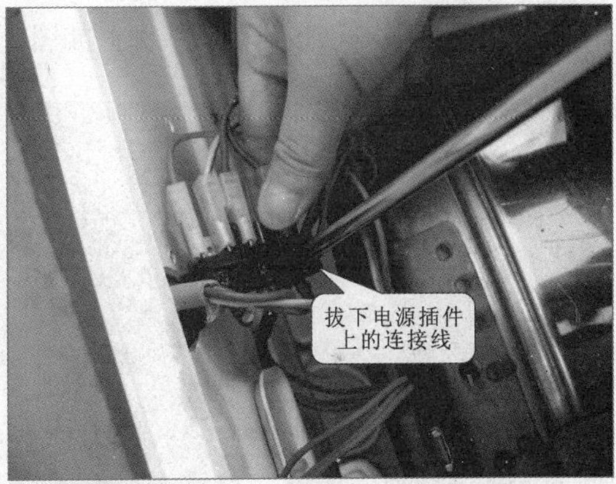

图 2-82　电源线的拆卸

接下来拆下电源线接插件，即可取出电源线，如图 2−83 所示。

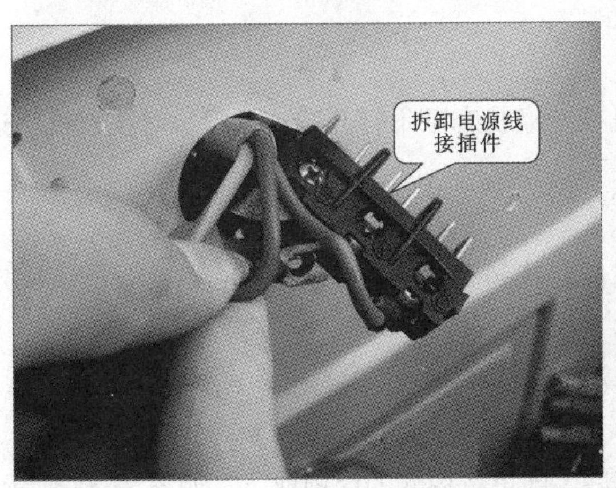

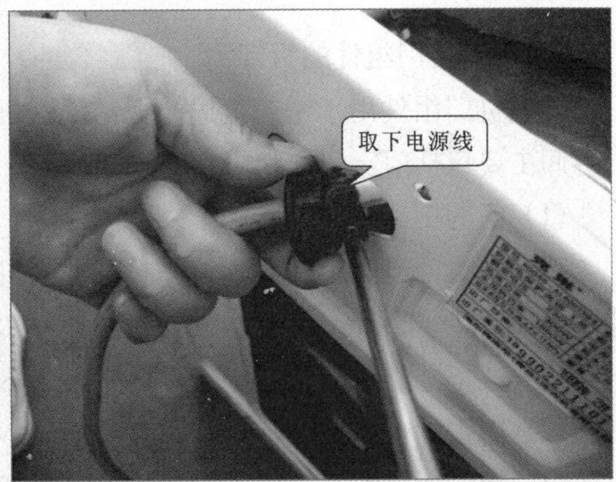

图 2-83　取下电源线

8. **进水电磁阀的拆卸**

进水电磁阀是指采用电磁控制的方式对洗衣机进水进行控制的阀门。对进水电磁阀进行拆卸时，首先应找到其固定螺钉的位置，并使用合适的旋具将固定螺钉拧下，如图 2−84 所示。

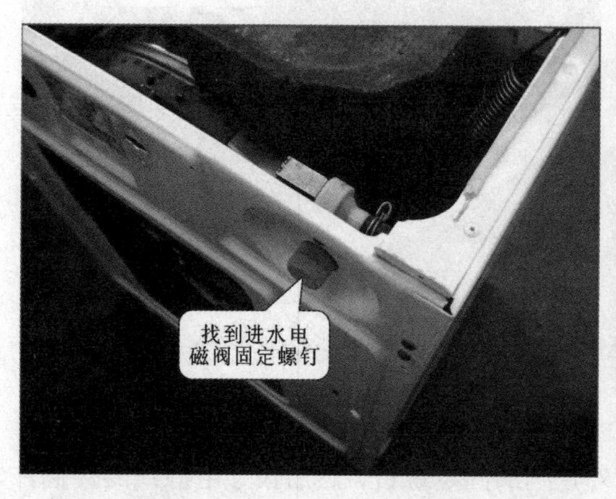

图 2-84　拧下进水电磁阀的固定螺钉

接着取下进水电磁阀并打开线束，如图 2−85 所示。

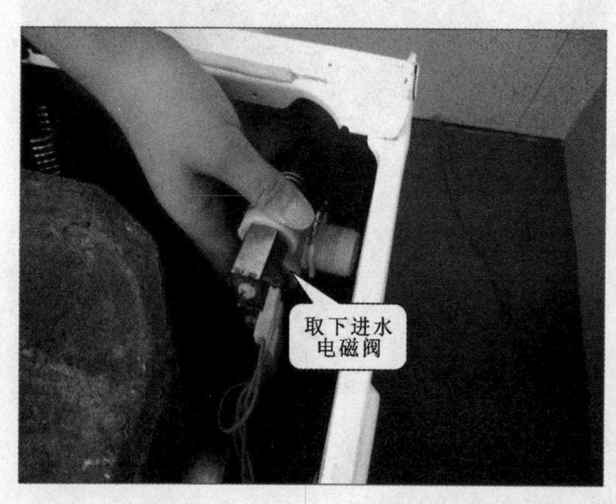

图 2-85　取下电磁阀并打开线束

9. **洗衣机门组件的拆卸**

洗衣机门组件用于密封滚筒，保证洗衣机在洗涤状态下不打开洗衣机门。对洗衣机门进行拆卸主要包括门、门锁和门封的拆卸。

（1）门的拆卸

对洗衣机门进行拆卸时，首先打开洗衣机门，找到固定螺钉，使用适合的旋具拧下固定螺钉，如图 2−86 所示。

接着取下洗衣机门和固定铁片，如图 2−87 所示。

（2）门锁的拆卸

对门锁进行拆卸时，拧下门锁的固定螺钉后，即可将内侧的门锁取下，如图 2−88 所示。

(3) 门封的拆卸

图 2-86　门的拆卸

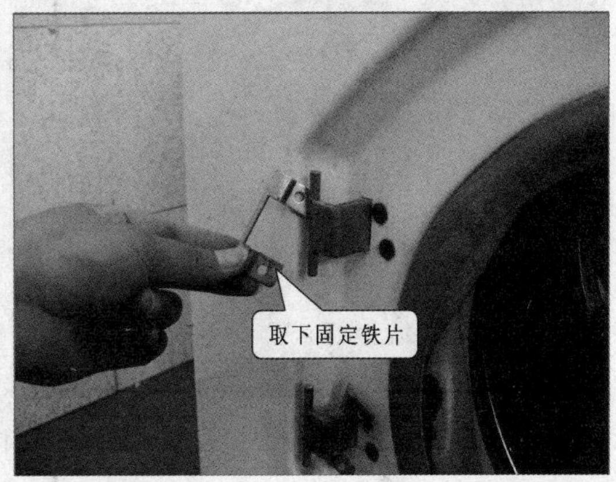

图 2-87　取下洗衣机门

图 2-88　门锁的拆卸

对门封进行拆卸时，同样应首先拧下门封的固定螺钉，然后松开门封门夹组件的挂钩，如图 2-89 所示。

接着取下门夹组件，向外拉门封使其松动，取下门封，如图 2-90 所示。

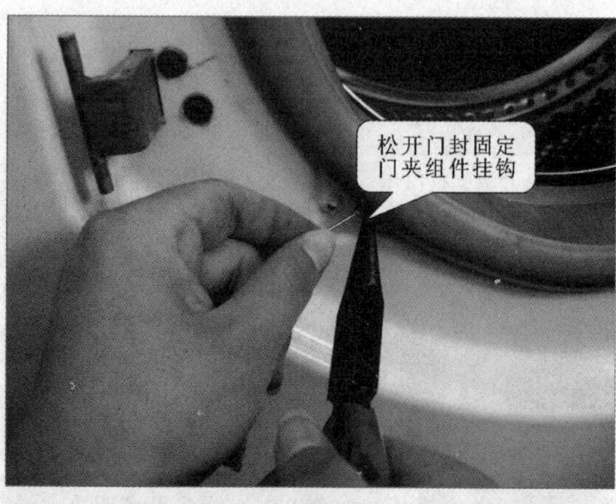

图 2-89 拧下固定螺钉并松开门夹组件挂钩

图 2-90 门封的拆卸

10. 滚筒式洗衣机的翻转

拆卸至此，滚筒式洗衣机直立拆卸部分完成，接下来需要将洗衣机翻转，使其底部朝上，拆卸洗衣机滚筒下方的部件以及滚筒等部分。图 2–91 所示为翻转后的滚筒洗衣机。

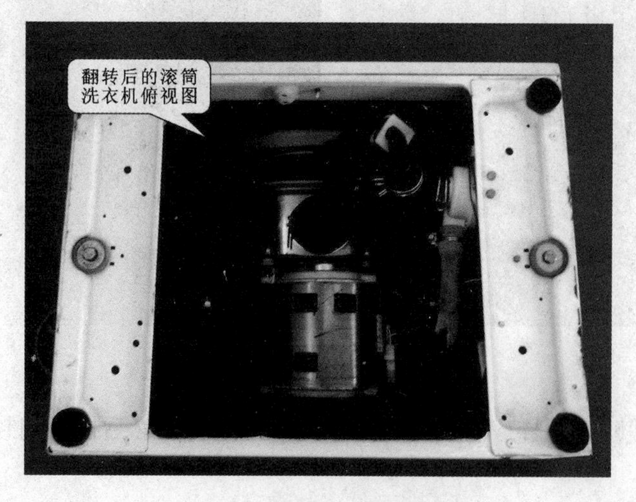

图 2-91 翻转后的滚筒洗衣机

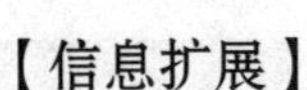

【信息扩展】

有的滚筒洗衣机安装有防踢板，对滚筒洗衣机进行翻转后，应对防踢板进行拆卸。

11. 排水泵的拆卸

排水泵用于控制滚筒洗衣机的排水和脱水。对排水泵进行拆卸时，首先拧下排水泵的固定螺栓，如图 2–92 所示。

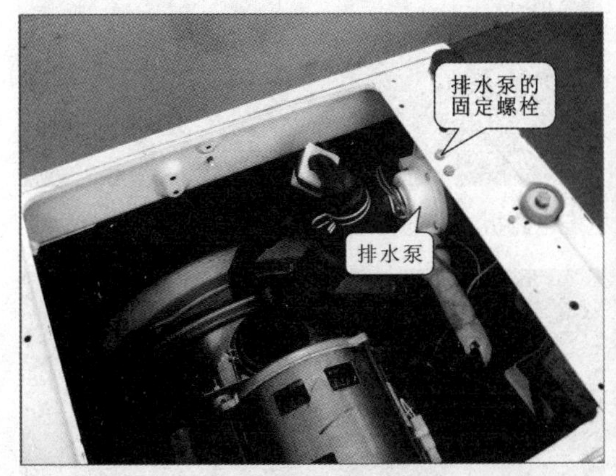

图 2–92 拧下排水泵的固定螺栓

然后将排水泵及其接地线取下，如图 2–93 所示。

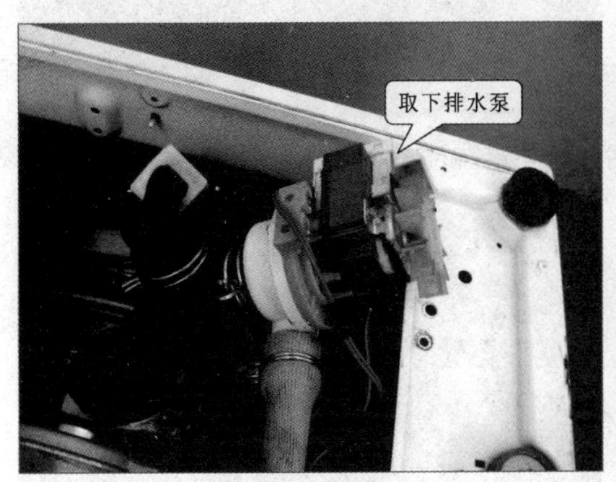

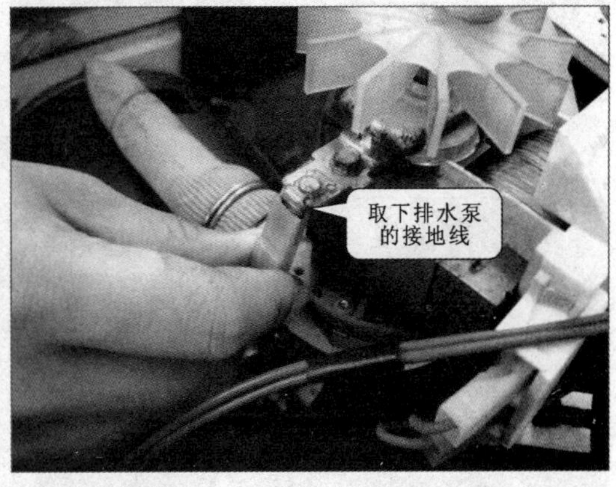

图 2–93 取下排水泵及接地线

12. 主控电路板的拆卸

主控电路板是洗衣机的控制核心，用于控制洗衣机的洗涤、脱水、排水操作，对主控电路板进行拆卸时，使用合适的旋具拧下固定螺钉即可，如图 2–94 所示。

13. 减震器的拆卸

减震器能在滚筒洗衣机洗涤高速旋转过程中，减小振动，增强滚筒洗衣机的使用寿命。对减震器进行拆卸时，可首先使用两个活扳手拧下固定螺栓和螺母，如图 2–95 所示。

取下减震器及吊装弹簧，如图 2–96 所示。

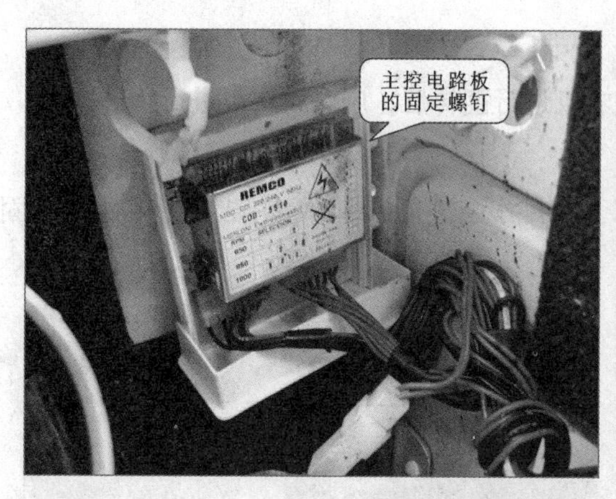

图 2-94 滚筒式洗衣机主控电路板的拆卸方法

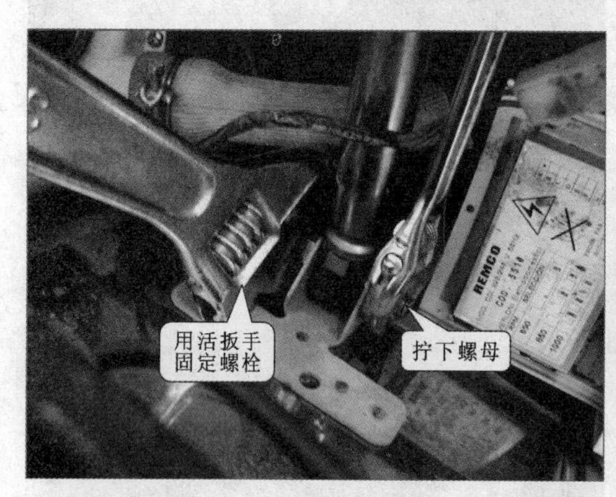

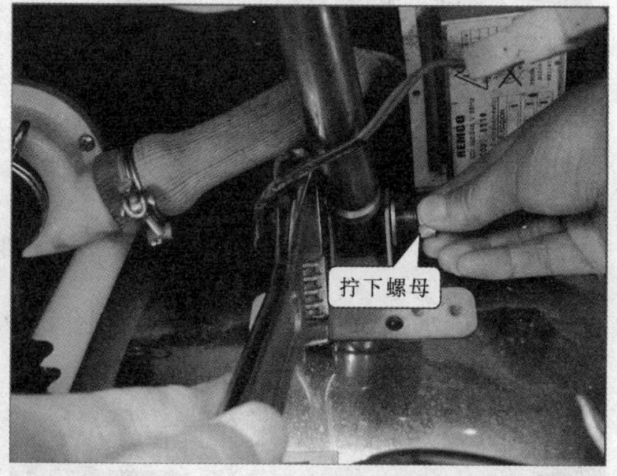

图 2-95 用活扳手拧下固定螺栓和螺母

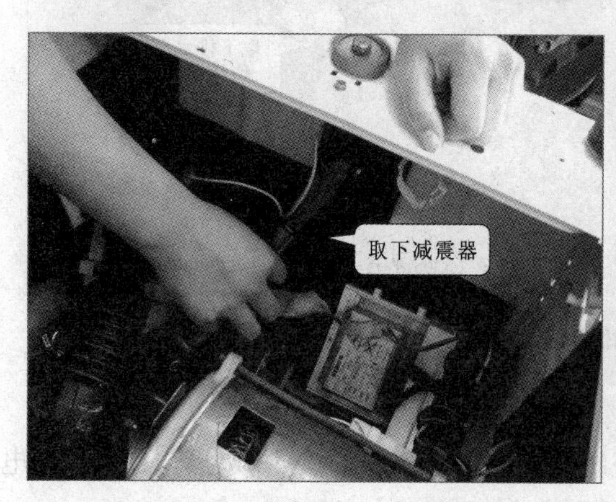

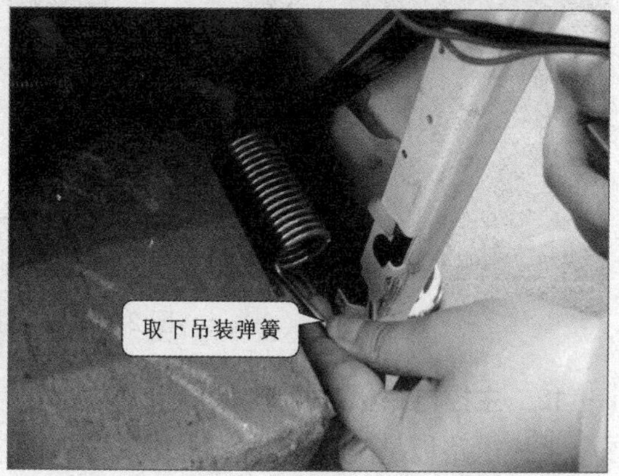

图 2-96 取下减震器及吊装弹簧

14. 取下箱体

箱体用于支撑洗衣机内部部件，避免人体接触洗衣机内机械部件造成人身伤害，同时使洗衣机坚固、美观。当检查洗衣机内部部件均与箱体脱离关系时，向上提起箱体，即可看到滚筒洗衣机的主体部件，如图 2–97 所示。

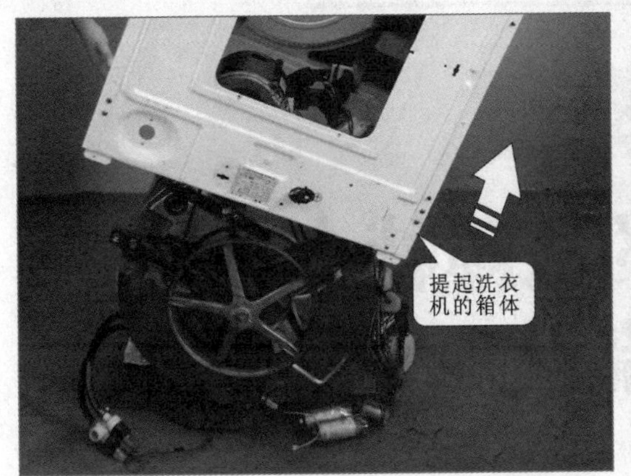

图 2-97　**取下箱体**

第3章

全自动洗衣机的故障特点和检修流程

3.1 进水异常的故障特点和检修流程

3.1.1 不进水的故障特点和检修流程

1. 不进水的故障特点

不进水的故障主要表现为：接通洗衣机电源，电源指示灯亮，设定工作模式后按下启动按钮，洗衣机不能通过进水系统将水源送入洗衣机内。该故障可能是由于进水电磁阀或控制电路板发生故障引起的。图 3–1 所示为洗衣机不进水的典型故障表现。

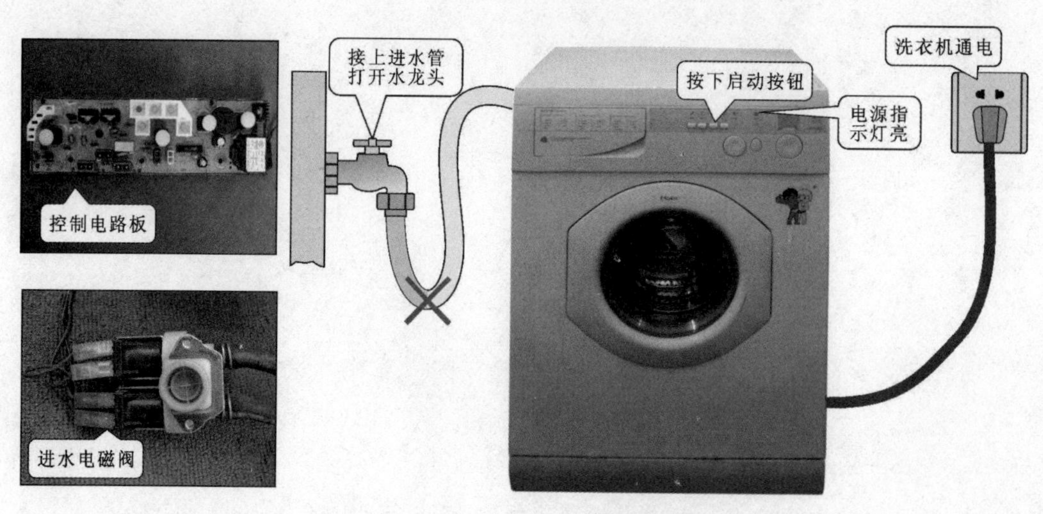

图 3–1　洗衣机不进水的典型故障表现

【要点提示】

洗衣机电源指示灯亮，说明洗衣机的电源供电基本正常。洗衣机不能进水，则多为进水管或进水电磁阀进水口堵塞、进水电磁阀损坏、程序控制器或控制电路板控制失常等引起的。

2. 不进水故障的检修流程

洗衣机出现不进水的故障时，首先要排除外部水源以及电源供电的因素，然后重点对进水管、进水电磁阀以及进水电磁阀的供电条件等进行检查。将万用表红、黑表笔分别搭在进水电磁阀的供电端，检测供电电压，查看程序控制器和控制电路板。图 3–2 所示为洗衣机不进水故障的基本检修流程。

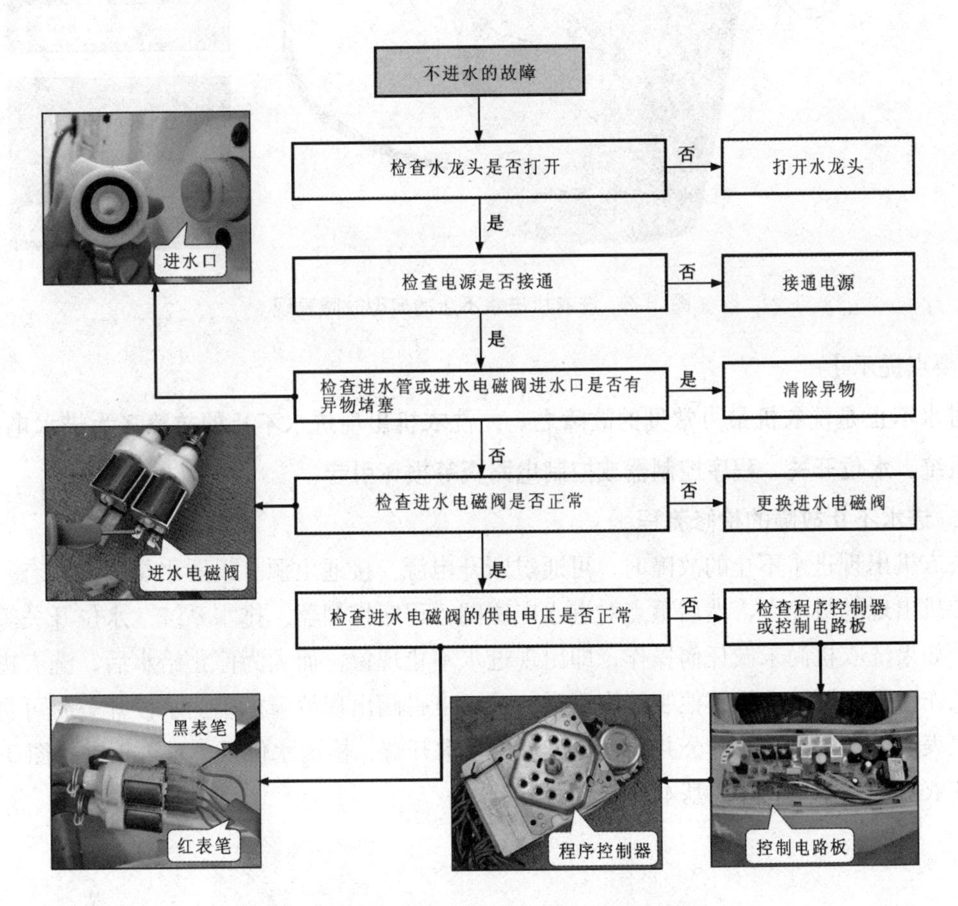

图 3–2　洗衣机不进水故障的检修流程

3.1.2 进水不止的故障特点和检修流程

1. 进水不止的故障特点

进水不止的故障主要表现为：为洗衣机接上进水管并打开水龙头，洗衣机通电启动后，通过进水系统加注水源时，待到达预定水位后，不能停止进水。该故障可能是由于控制电路、进水电磁阀、水位开关发生故障引起的。图 3–3 所示为洗衣机进水不止的典型故障表现。

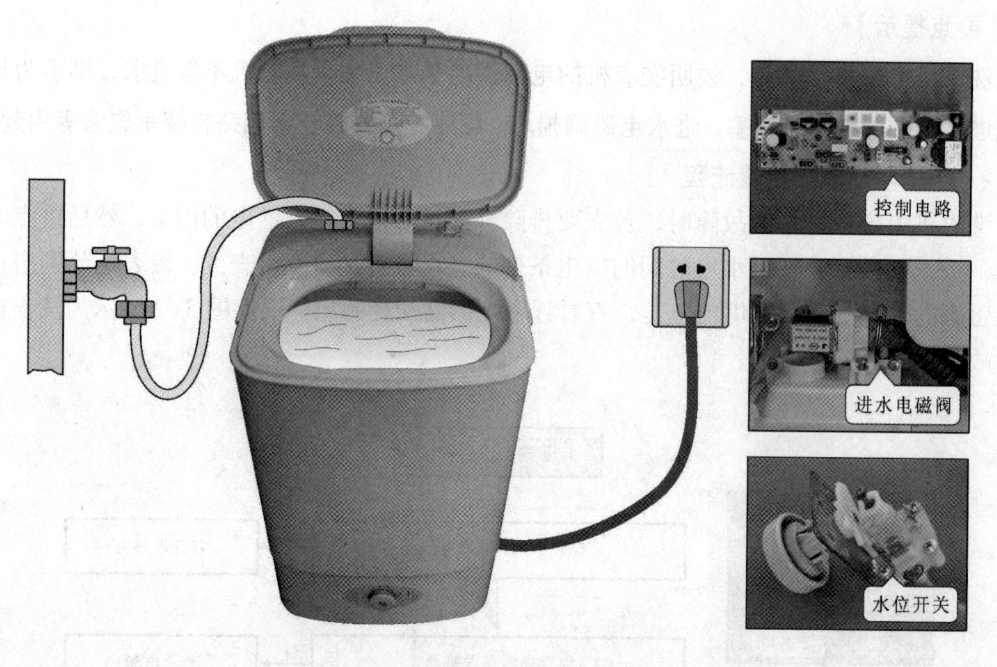

图 3-3 洗衣机进水不止的典型故障表现

【要点提示】

进水不止是洗衣机最为常见的故障之一，洗衣机出现进水不止的故障多为进水电磁阀、排水系统、水位开关、程序控制器或控制电路板等损坏引起。

2. 进水不止故障的检修流程

洗衣机出现进水不止的故障时，可通过断开电源、接通电源、设置水位三种状态基本确定洗衣机出现的故障点，然后重点对进水电磁阀、程序控制器、排水系统、水位开关等进行检查。如果洗衣机尚未做任何操作，即出现进水不止现象，而人为停止给水后，洗衣机可以正常工作，则说明洗衣机其他装置均正常，进水电磁阀出现故障。检测水位开关时可将万用表的黑表笔搭在水位开关的公共端，红表笔搭在常开端，检测水位开关是否正常。图 3–4 所示为洗衣机进水不止故障的基本检修流程。

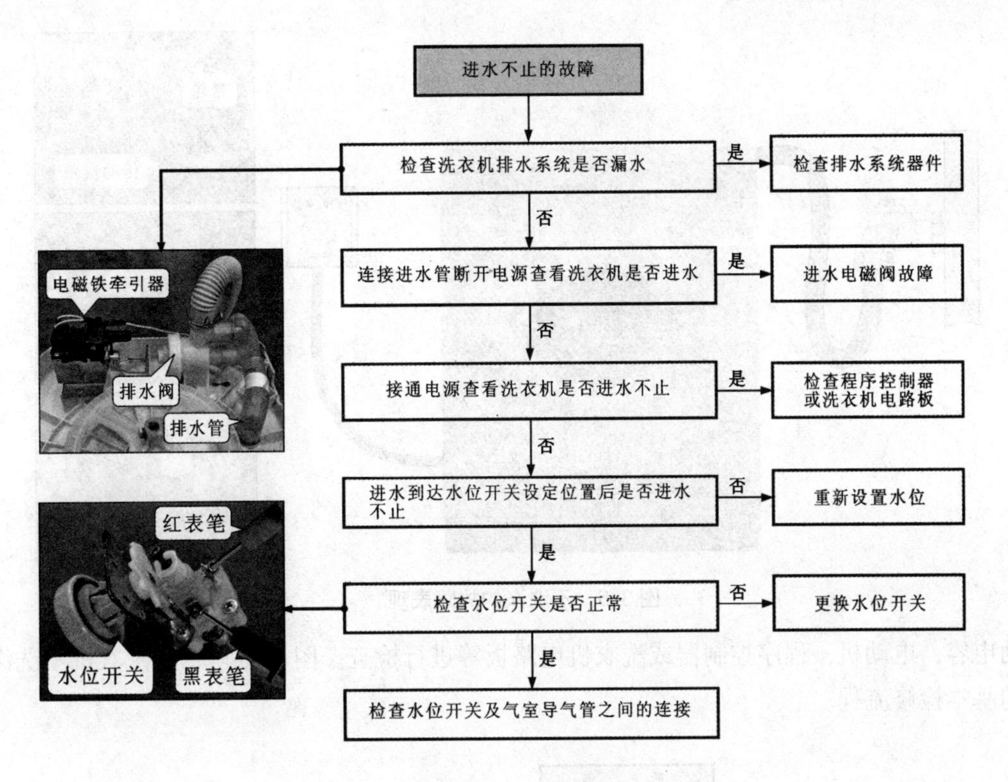

图 3-4 洗衣机进水不止故障的检修流程

3.2 洗涤 / 脱水异常的故障特点和检修流程

3.2.1 不洗涤的故障特点和检修流程

1. 不洗涤的故障特点

不洗涤的故障主要表现为：启动洗衣机，进水到位后，洗衣桶不转，不能实现洗涤衣物的功能。该故障可能是由于传动皮带、带轮、电动机或控制电路板发生故障引起的。图 3-5 所示为洗衣机不洗涤的典型故障表现。

【要点提示】

不洗涤也是洗衣机最为常见的故障之一，洗衣机进水正常且能自动控制水位，说明进水系统基本正常；而洗衣机不能进入洗涤工作，则故障多由于洗衣机门处于打开状态或关闭不严、门开关损坏、洗衣机带轮、传动皮带异常、电动机启动电容损坏、电动机本身或供电异常、程序控制器或控制电路板异常等引起。

2. 不洗涤故障的检修流程

洗衣机出现不洗涤的故障时，应先检查洗衣机门关闭是否正常，洗衣机门打开或关闭不严，洗衣机均不能进入洗涤状态。排除该因素后，再逐一对门开关、洗衣机带轮、传动皮带、

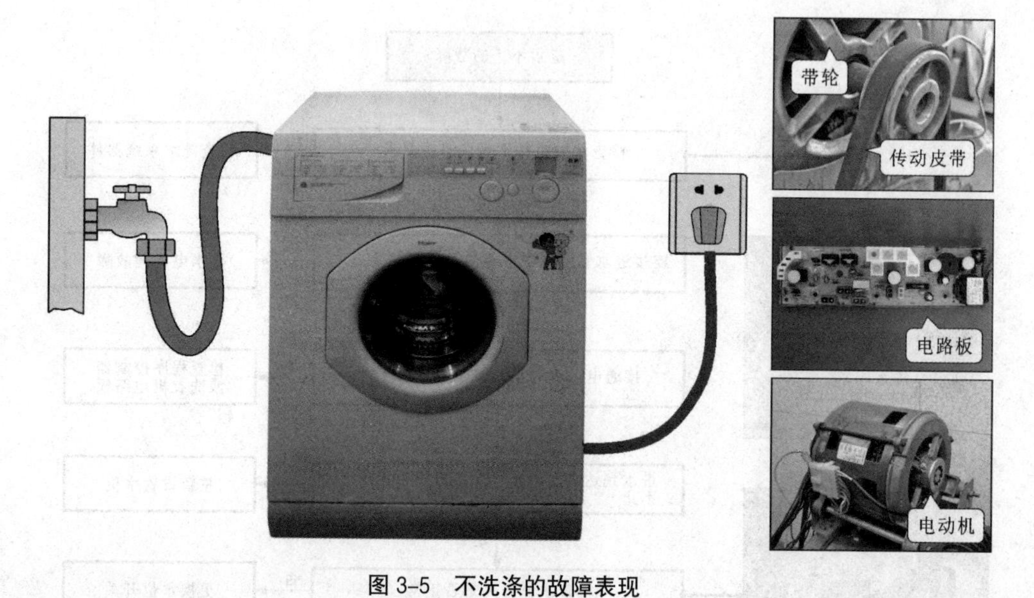

图 3-5　不洗涤的故障表现

启动电容、电动机、程序控制器或洗衣机电路板等进行检查。图 3–6 所示为洗衣机不洗涤故障的基本检修流程。

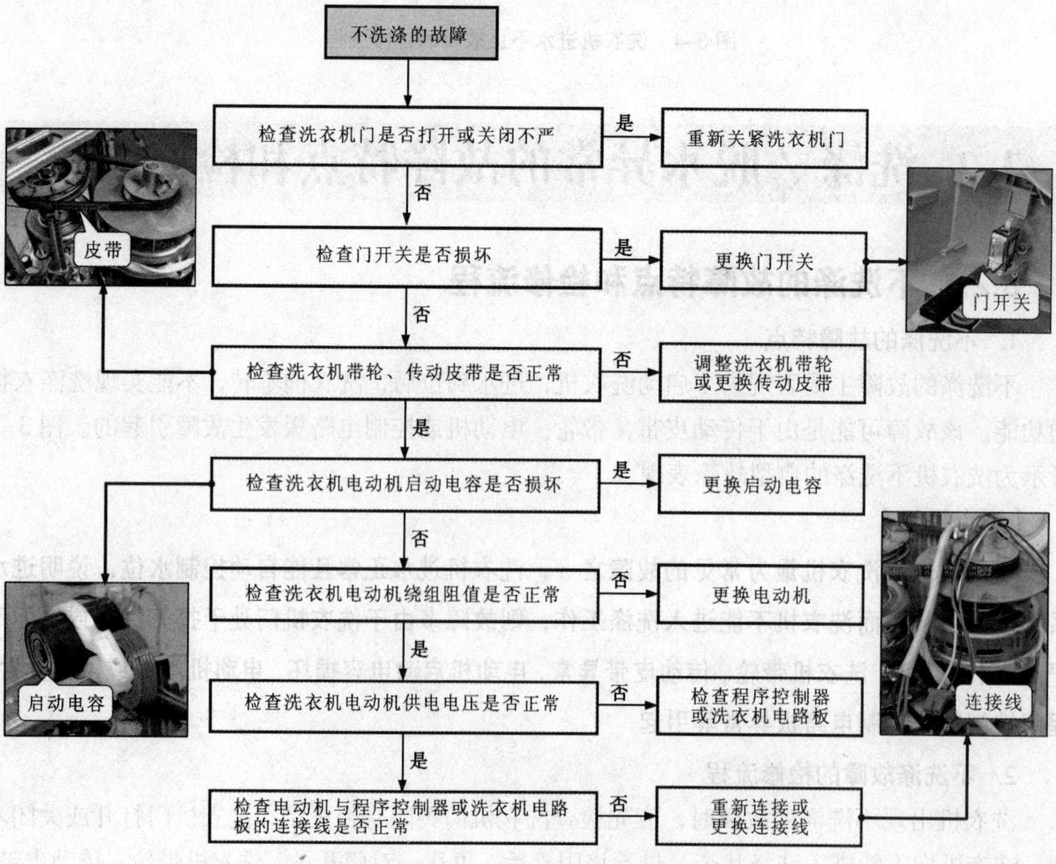

不洗涤的故障

检查洗衣机门是否打开或关闭不严 —是→ 重新关紧洗衣机门

否

检查门开关是否损坏 —是→ 更换门开关（门开关）

否

检查洗衣机带轮、传动皮带是否正常 —否→ 调整洗衣机带轮或更换传动皮带（皮带）

是

检查洗衣机电动机启动电容是否损坏 —是→ 更换启动电容（启动电容）

否

检查洗衣机电动机绕组阻值是否正常 —否→ 更换电动机

是

检查洗衣机电动机供电电压是否正常 —否→ 检查程序控制器或洗衣机电路板

是

检查电动机与程序控制器或洗衣机电路板的连接线是否正常 —否→ 重新连接或更换连接线（连接线）

图 3–6　洗衣机不洗涤故障的检修流程

3.2.2 不脱水的故障特点和检修流程

1. 不脱水的故障特点

不脱水的故障主要表现为：接通电源后，洗衣机能够正常洗涤衣物，但在排水完成后，洗衣机不能进行脱水操作。该故障可能是由于控制电路板、水位开关以及电动机发生故障引起的。图 3–7 所示为洗衣机不脱水的典型故障表现。

图 3–7　洗衣机不脱水的典型故障表现

2. 不脱水故障的检修流程

当洗衣机出现不脱水的故障时，应重点检查牵引器、离合器以及程序控制器是否正常；当滚筒式洗衣机出现不脱水的故障时，应重点检查水位开关、洗衣机电动机以及程序控制器是否正常。程序控制器中，控制电动机脱水状态的触点没有接通也会引起洗衣机不脱水的故障。图 3–8 所示为洗衣机不脱水故障的基本检修流程。

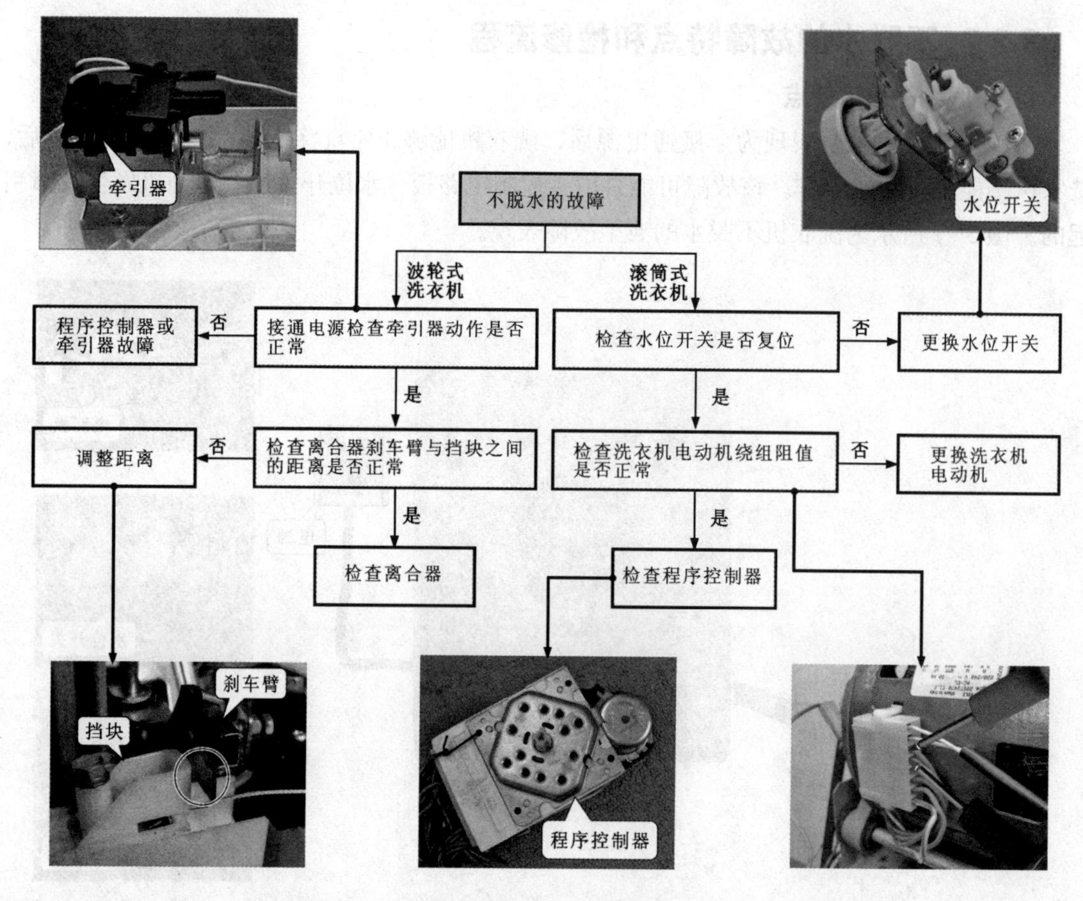

图 3-8　洗衣机不脱水故障的检修流程

3.3 排水异常的故障特点和检修流程

3.3.1 不排水的故障特点和检修流程

1. 不排水的故障特点

不排水的故障主要表现为：开机后洗衣机的进水、洗涤均正常，但洗涤完成后，不能通过排水系统排水。该故障可能是由牵引器发生故障引起的。图 3-9 所示为洗衣机不排水的典型故障表现。

【信息扩展】

洗衣机进水、洗涤均正常，说明洗衣机的进水、洗涤系统基本正常；洗衣机不排水则多为排水系统出现故障，如波轮式洗衣机的排水系统堵塞、排水系统中的牵引器动作异常、牵引器供电异常、排水系统中的排水阀动作异常等；又如滚筒式洗衣机排水管或排水泵进水口有异物堵塞、排水泵叶轮堵塞、连接线松动、排水泵供电或排水泵电动机异常等。

2. 不排水故障的检修流程

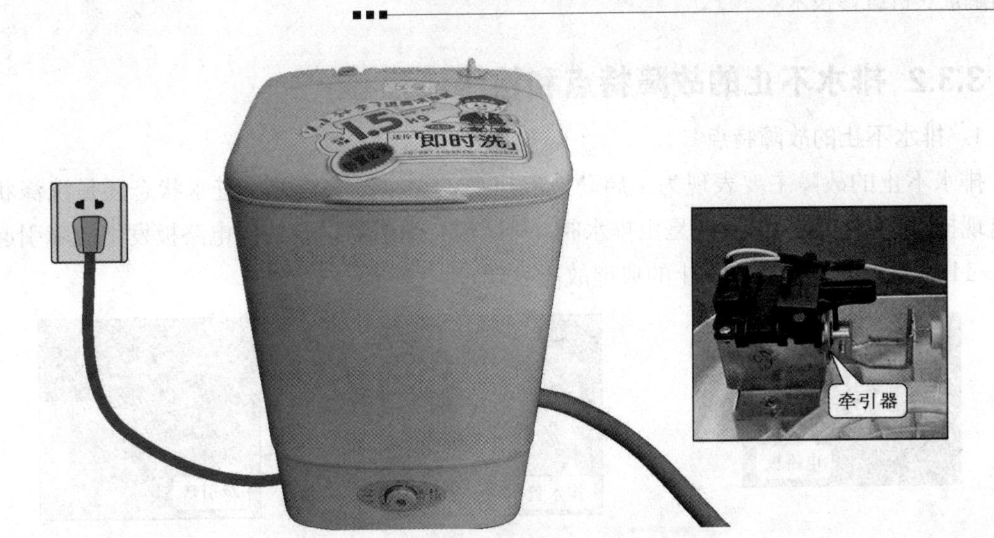

图 3-9 洗衣机不排水的典型故障表现

洗衣机出现不排水的故障时，首先应排除排水管、排水阀或排水泵进水口有异物堵死的因素，然后重点检查洗衣机排水系统中的各器件。检查排水泵时，可将万用表的红、黑表笔搭在排水泵的两个连接端上，检测供电电压是否正常。图 3-10 所示为洗衣机不排水故障的基本检修流程。

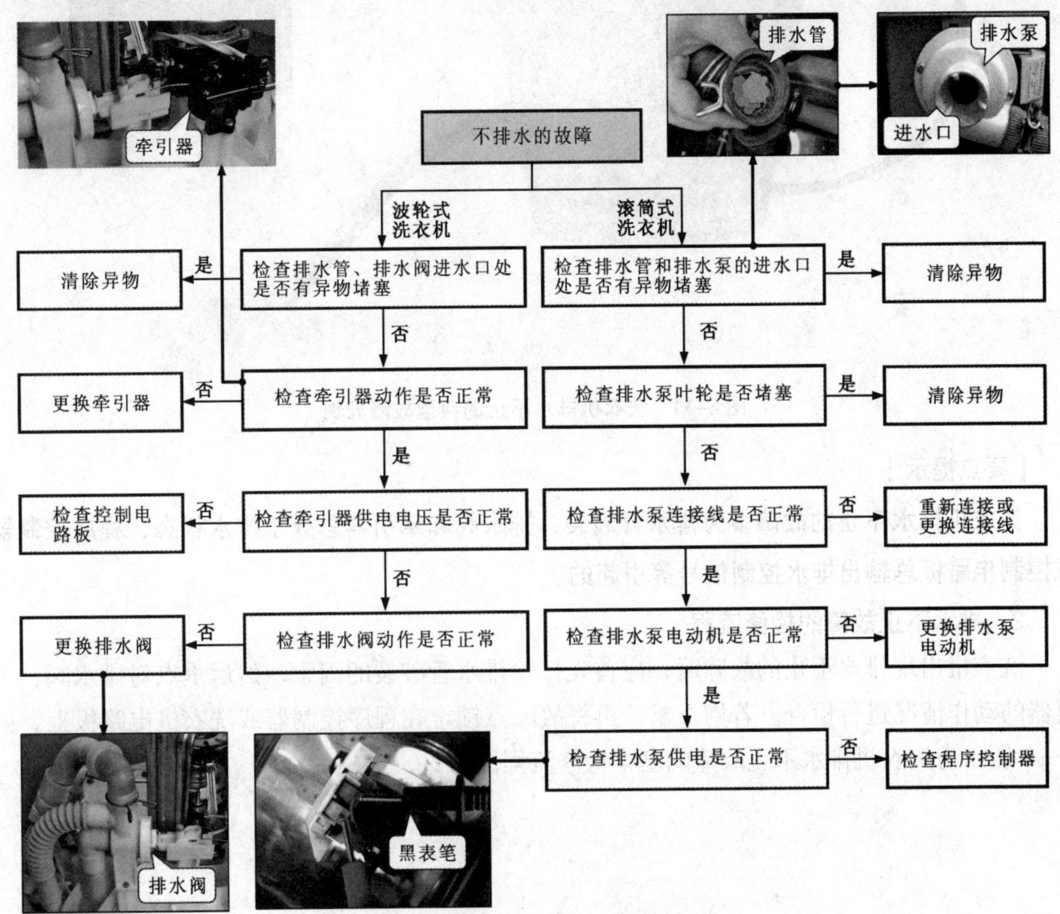

图 3-10 洗衣机不排水故障的检修流程

3.3.2 排水不止的故障特点和检修流程

1. 排水不止的故障特点

排水不止的故障主要表现为：启动洗衣机后，无论洗衣机处于进水状态还是洗涤状态，均出现排水现象。该故障可能是由排水阀、排水管、牵引器以及控制电路板发生故障引起的。图 3-11 所示为洗衣机排水不止的典型故障表现。

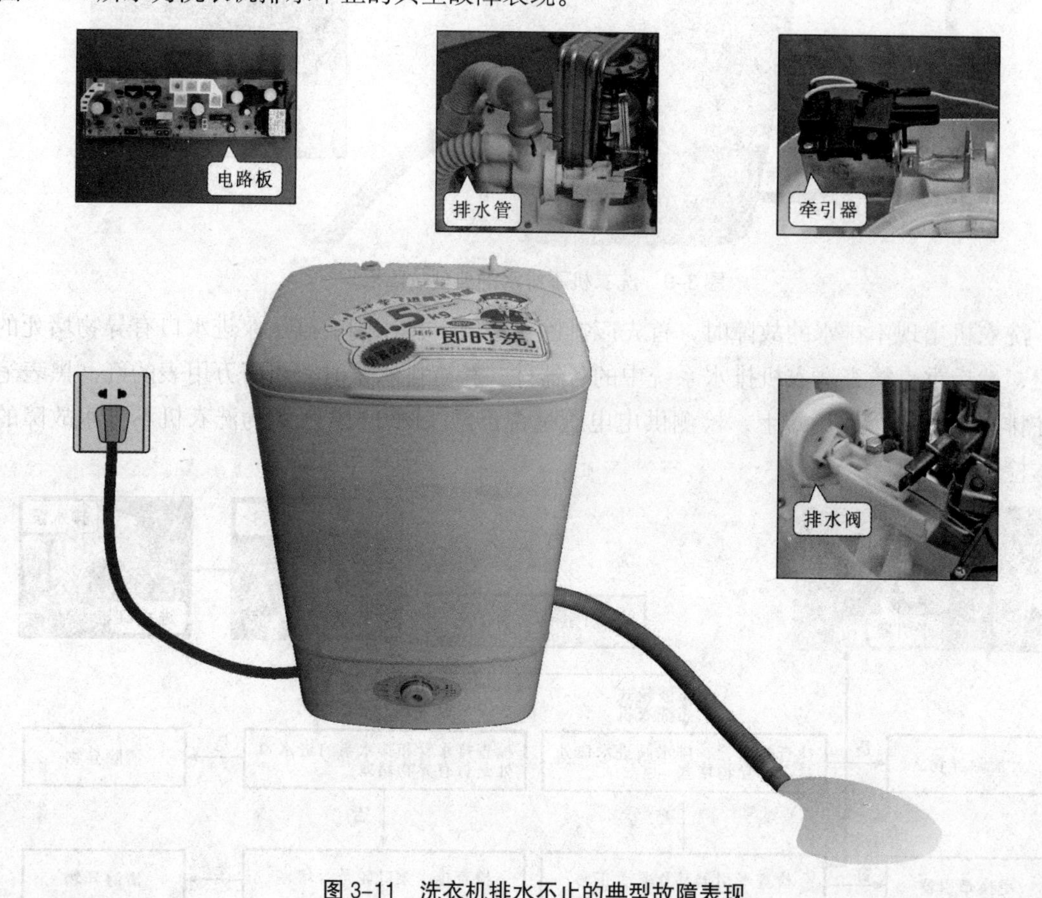

图 3-11 洗衣机排水不止的典型故障表现

【要点提示】

洗衣机排水不止的故障多为排水管破裂、排水阀和牵引器总处于排水状态、程序控制器或控制电路板总输出排水控制信号等引起的。

2. 排水不止故障的检修流程

洗衣机出现排水不止的故障时，应首先排除排水管破裂的因素，然后重点对排水阀、牵引器的动作情况进行检查。若均正常，再将故障点锁定在程序控制器或洗衣机电路板上。图 3-12 所示为洗衣机排水不止故障的基本检修流程。

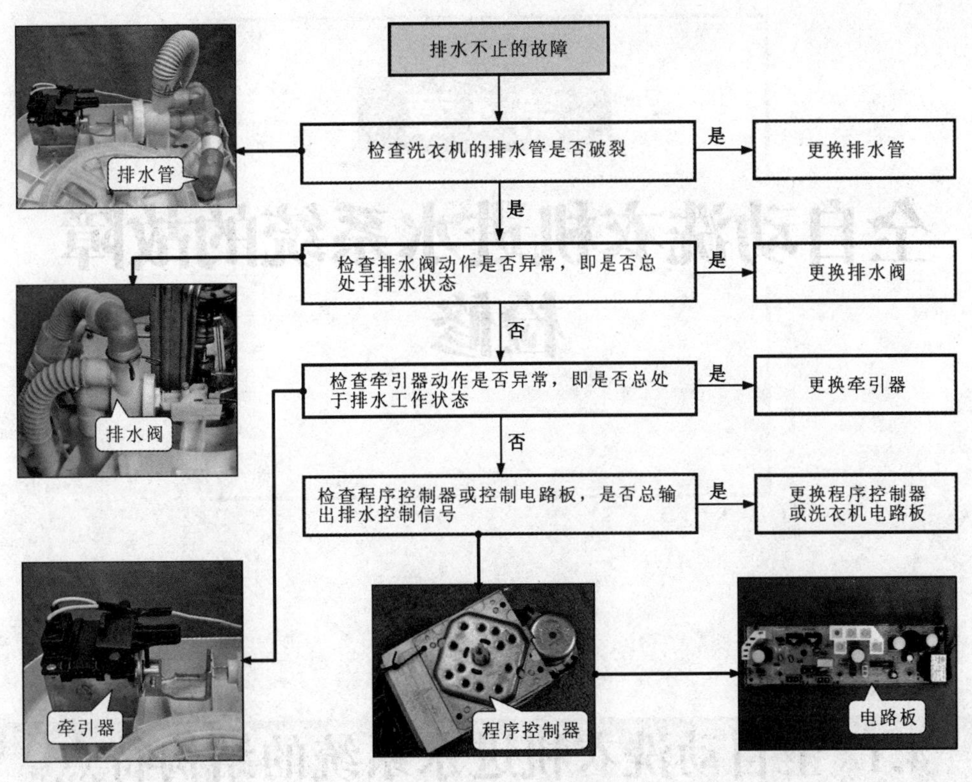

图 3-12　洗衣机排水不止故障的检修流程

第4章

全自动洗衣机进水系统的故障检修

4.1 全自动洗衣机进水系统的结构特点

4.1.1 波轮式洗衣机进水系统的结构特点

波轮式洗衣机进水系统的主要部件包括进水电磁阀和水位开关，如图 4－1 所示。进水电磁阀用来对洗衣机的进水进行控制，而水位开关则对进水量进行检测。

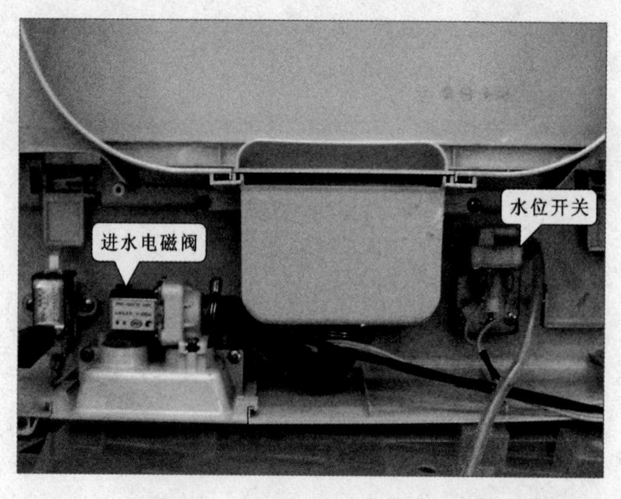

图 4－1　波轮式洗衣机的进水系统

1. 波轮式洗衣机的进水电磁阀

进水电磁阀是控制洗衣机进水的部件，位于洗衣机上部，安装在进水口处，如图 4－2

所示。进水电磁阀通常采用电磁力原理对内部阀门的开启／闭合进行控制。

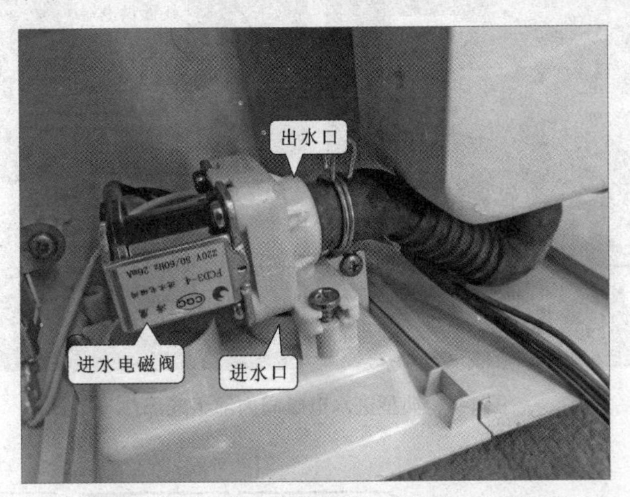

图 4-2　波轮式洗衣机中进水电磁阀实物外形

【信息扩展】

波轮式洗衣机进水系统中采用的进水电磁阀有两种形式，一种为直体式进水电磁阀，另一种为弯体式进水电磁阀，这两种进水电磁阀的外形如图 4-3 所示。不同的波轮式洗衣机主要根据自身内部空间，来选择进水电磁阀的形式。

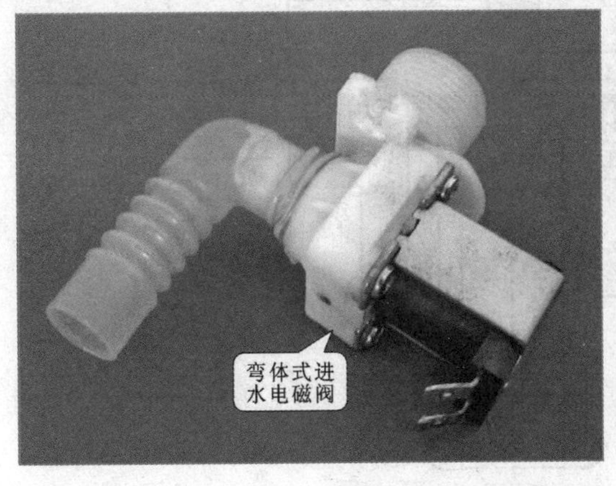

图 4-3　波轮式洗衣机中常见的进水电磁阀

图 4-4 所示为典型进水电磁阀内部组成部件。从图中可以看出，进水电磁阀内部主要由橡胶阀、塑料盘、铁心、滑道、小弹簧、进水阀、过滤网以及线圈等构成。

图 4-5 所示为典型弯体式进水电磁阀的内部结构剖面图。从图中可以看到进水电磁阀各主要部件的安装位置及关系。进水电磁阀的线圈和金属构架制成一体并封死，防止线圈遇水短路。橡胶阀和塑料盘与出水口管道紧密接触，将塑料阀座内部分成了上下两个空间。上面的空间用来控制橡胶阀和塑料盘，可称为控制腔；下面的空间与进水口相通，可称为进水腔。

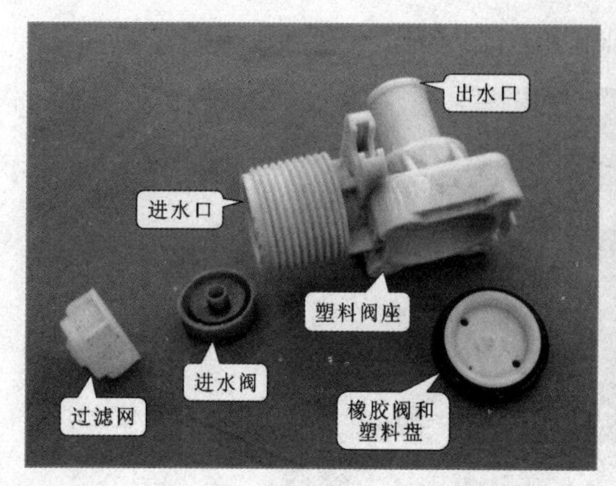

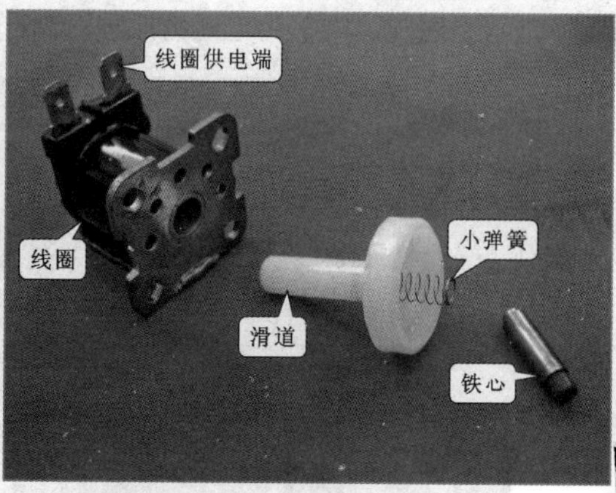

图 4-4 典型进水电磁阀内部组成部件

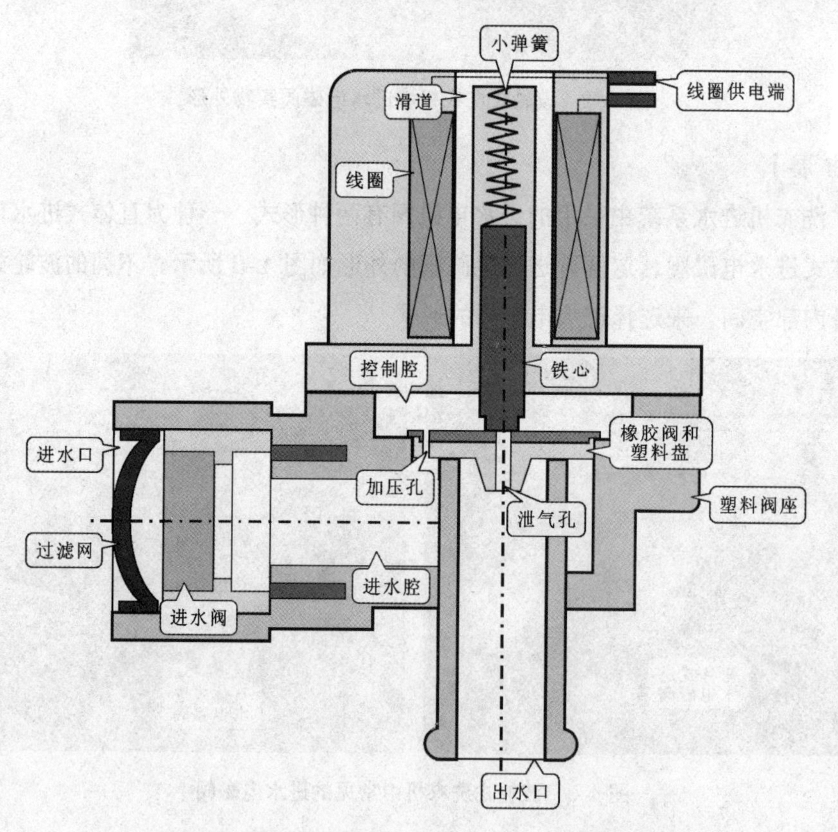

图 4-5 典型弯体式进水电磁阀的内部结构剖面图

2. 波轮洗衣机的水位开关

水位开关是对水位高低进行检测的部件，在波轮式洗衣机中常见的为单水位开关，如图 4-6 所示。单水位开关只能对单一水位进行检测，即在开始进水之前，先将单水位开关设定在某一水位高度上，当水位达到该设定值后，进水电磁阀关闭，停止供水。

单水位开关通常安装在波轮式洗衣机的围框内，它通过水位调节旋钮控制洗衣桶水位的高低，单水位开关通过一根导气管与洗衣桶上的气室相连，形成水压传递系统，通过水压和气压的变化，对水位进行检测，图 4-7 所示为单水位开关、导气管和气室。

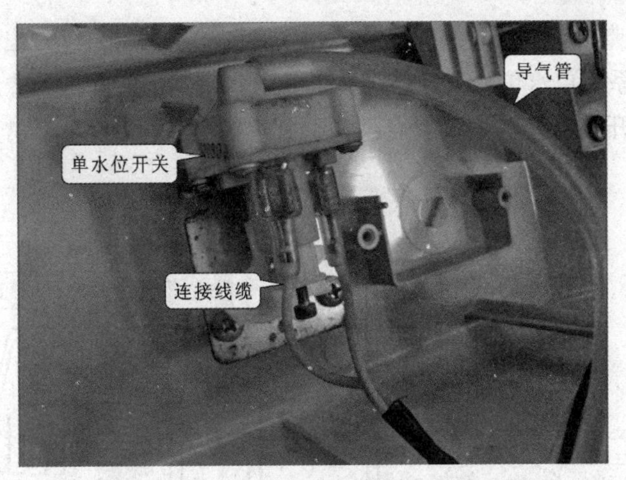

图 4-6　波轮式洗衣机中的单水位开关

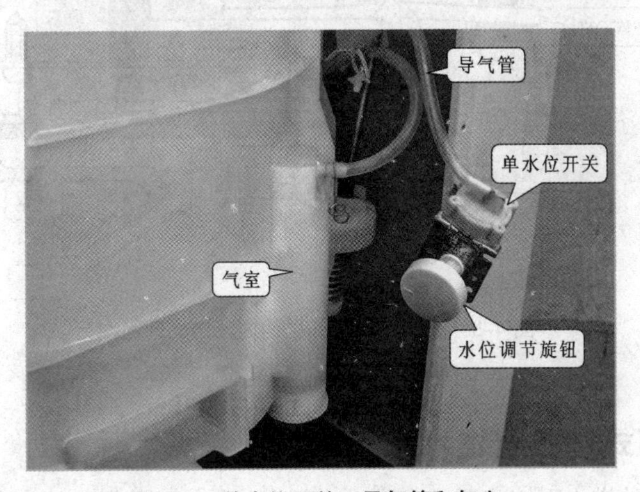

图 4-7　单水位开关、导气管和气室

图 4-8 所示为典型单水位开关内部组成部件。从图中可以看出，单水位开关内部主要由凸轮、顶芯、调节螺钉、压力弹簧、塑料盘和橡胶模、常开端、常闭端和小弹簧等部分组成。

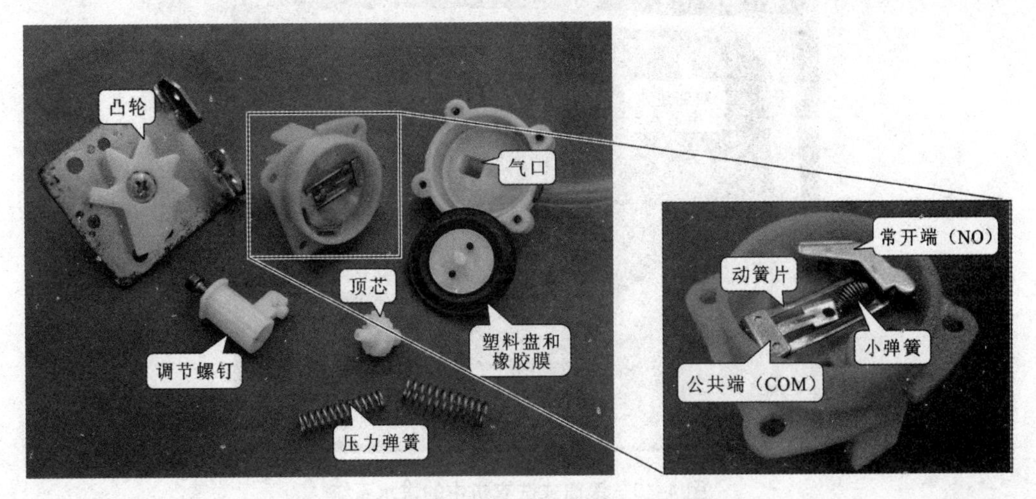

图 4-8　典型单水位开关拆开后的内部结构图

图 4–9 所示为典型单水位开关的内部结构剖面图。从图中可以看出单水位开关各主要部件的安装位置及关系。单水位开关气口连接导气管，气口与塑料盘和橡胶模之间的空间称为气室。通常单水位开关中只有一组触点，其中公共端用 COM 表示，常开端用 NO 表示，常闭端用 NC 表示。

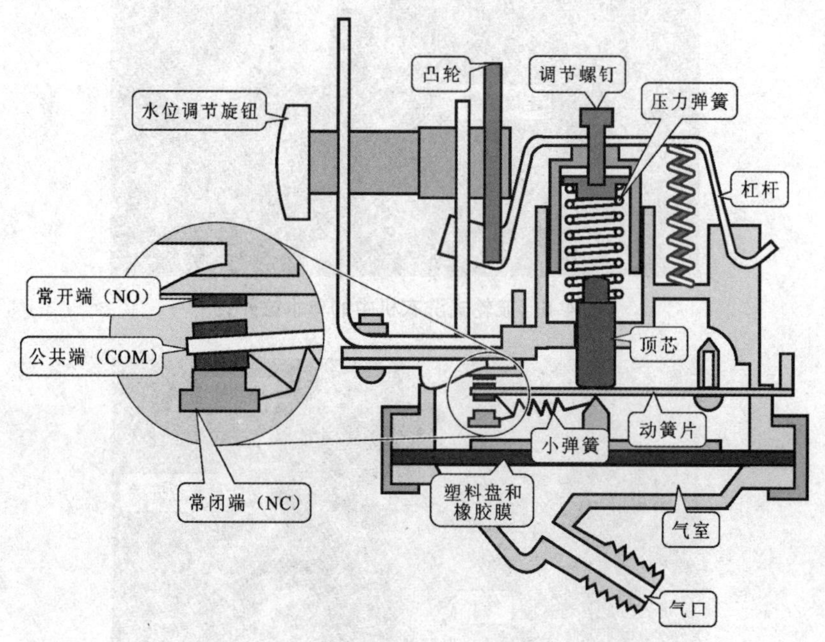

图 4–9　典型单水位开关的内部结构剖面图

4.1.2 滚筒式洗衣机进水系统的结构特点

滚筒式洗衣机的进水系统主要是由进水电磁阀和水位开关组成的，由于滚筒式洗衣机自动程度较高，并且功能较多，因此使用的部件结构也与波轮式洗衣机有所区别，图 4–10 所示为滚筒式洗衣机中的进水系统。

图 4–10　滚筒式洗衣机中的进水系统

该滚筒式洗衣机中采用双路进水电磁阀，在对进水进行控制的基础上，通过控制两个阀门的开启闭合来对进水速度进行调节。

滚筒式洗衣机中的水位开关一般为多水位开关，它可以将检测到的水位高度信号传送给控制部分，进而使洗衣机停止进水开始洗涤。此外，多水位开关可同时对多个水位进行检测，但不可对水位高低进行设定。

1. 滚筒式洗衣机的进水电磁阀

滚筒式洗衣机的双路进水电磁阀安装在洗衣机的箱体内部，通过两根连接水管与物料盒、洗衣桶相连，控制滚筒式洗衣机的进水工作。图 4–11 所示为进水电磁阀的实物外形。

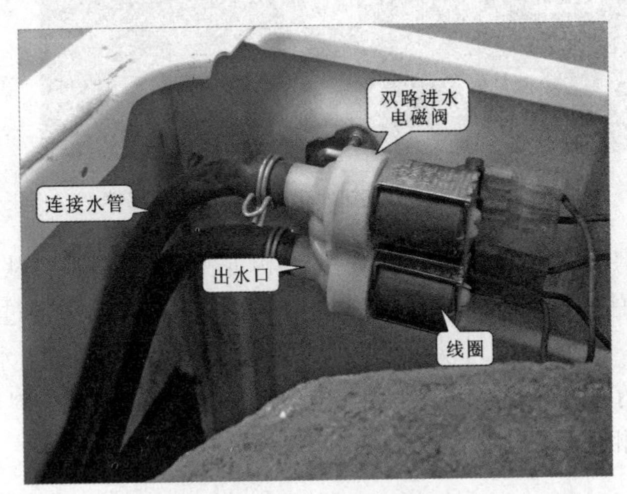

图 4–11　进水电磁阀的实物外形

【信息扩展】

滚筒式洗衣机的进水电磁阀除了采用双路进水电磁阀外，有的机型还采用多路进水电磁阀，图 4–12 所示为多路进水电磁阀的实物外形。

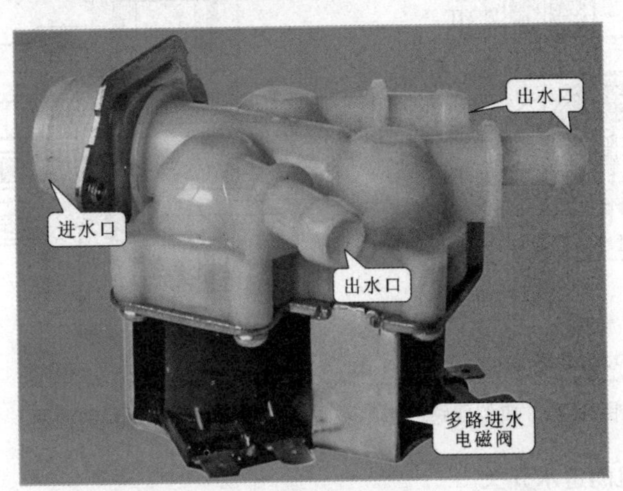

图 4–12　滚筒式洗衣机中的多路进水电磁阀

图 4–13 所示为典型双路进水电磁阀内部组成部件。从图中可以看出，双路进水电磁阀

内部主要由线圈、线圈供电端、过滤网、橡胶垫、阀垫等部分构成。

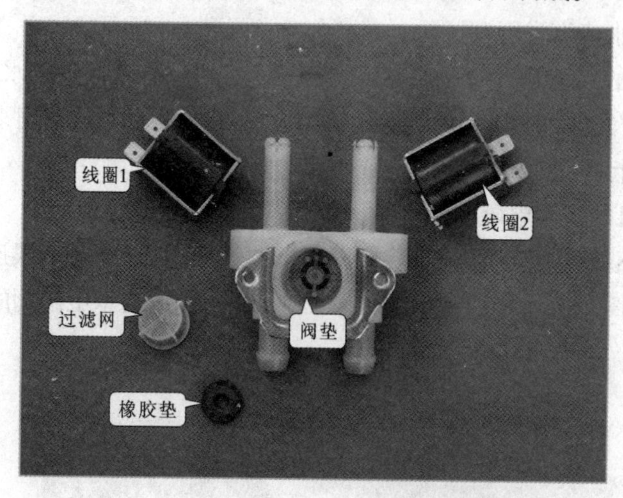

图 4-13　典型双路进水电磁阀内部组成部件

图 4-14 所示为典型双路进水电磁阀的内部结构正视图和侧视图。从图中可以看出双路进水电磁阀各主要部件的安装位置及关系。橡胶垫与阀垫紧密接触，通过阀垫上的凸起柱将橡胶垫垫起，并留有一定的空间可以让水流通过。橡胶阀和塑料盘与出水口管道紧密接触，将塑料阀座内部分成了上下两个空间。上面的空间用来控制橡胶阀和塑料盘，可称为控制腔；下面的空间与进水口相通，可称为进水腔。

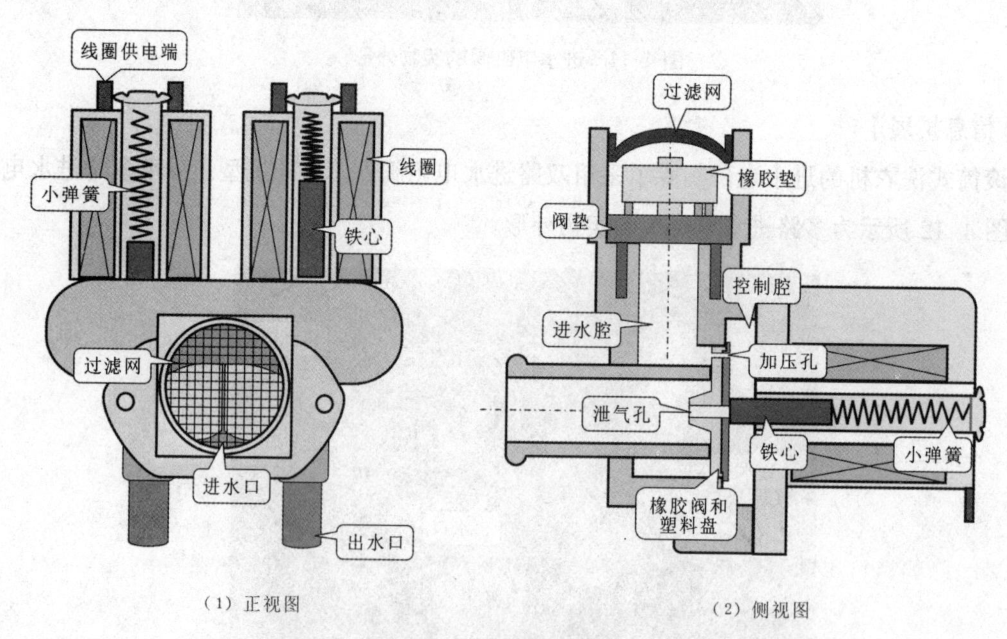

图 4-14　典型双路进水电磁阀的内部结构正视图和侧视图

2. 滚筒式洗衣机的进水开关

滚筒式洗衣机的多水位开关通常安装在洗衣机的箱体内部，根据程序控制器的不同洗涤要求，对滚筒式洗衣机进行高、中、低水位的检测控制。图 4-15 所示为滚筒式洗衣机中的多水位开关。

图4-16所示为典型多水位开关内部组成部件。从图中可以看出，多水位开关主要由上盖、橡胶模、塑料盘、水位开关、控制架等部分构成。

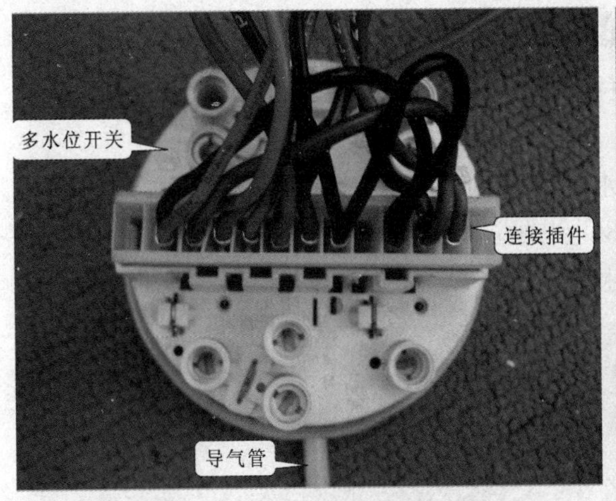

图4-15　滚筒式洗衣机中的多水位开关

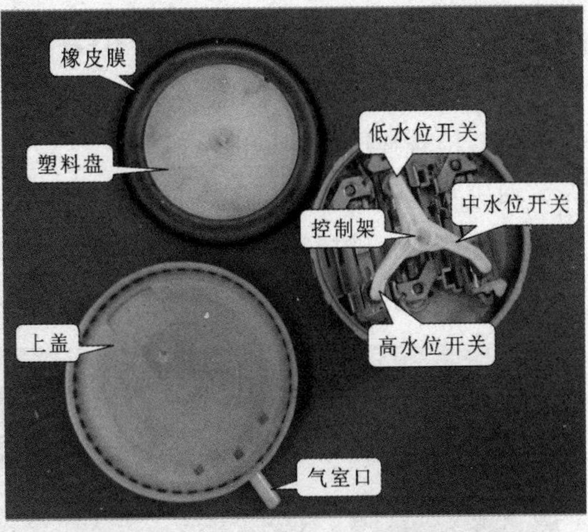

图4-16　多水位开关的内部组成部件

图4-17所示为典型多水位开关的内部结构剖面图。从图中可以看出多水位开关各主要部件的安装位置及关系。多水位开关的水位控制是事先设定好的，若水位检测误差较大，可通过调压螺钉进行调整。

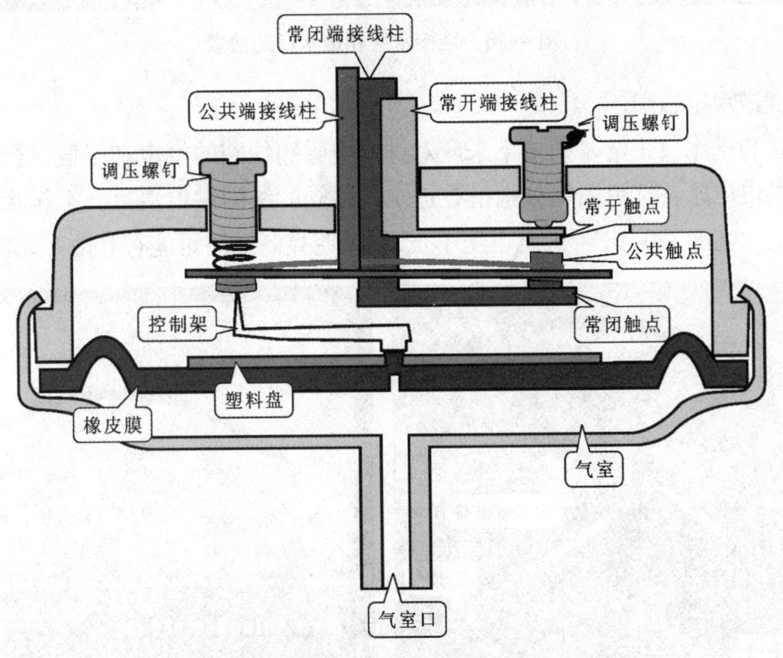

图4-17　典型多水位开关的内部结构剖面图

4.2 全自动洗衣机进水系统的故障检修

4.2.1 波轮式洗衣机进水系统的故障检修

1. 波轮式洗衣机进水电磁阀的检测与更换

（1）检查连接水管和进水口

对进水电磁阀进行检测，首先应对连接水管和进水口进行检查，检查连接水管和进水口是否出现堵塞、破损等现象。进水口的过滤网上若被过多异物堵塞，可使用刷子对进水口进行清洁。然后检查金属卡子是否松脱、连接水管是否破损，如图 4-18 所示。

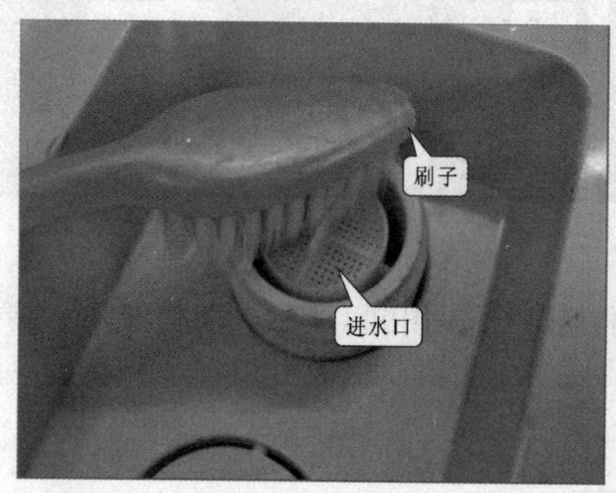

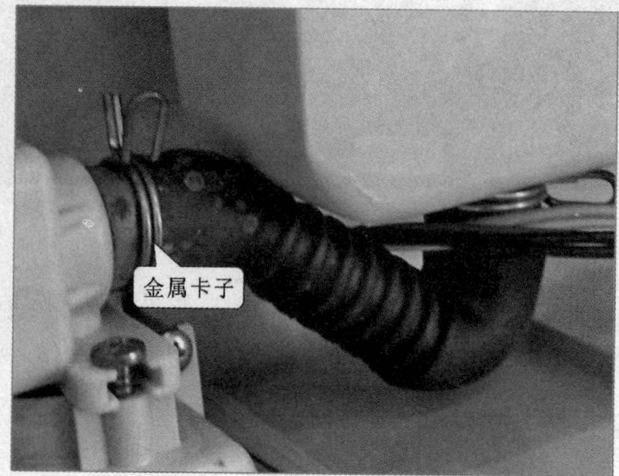

图 4-18　连接水管和进水口的检查

（2）检查进水电磁阀

若进水管和进水口正常，则接下来应对进水电磁阀线圈的供电和阻值进行检测。检测进水电磁阀的供电电压，红黑表笔分别搭在进水电磁阀的线圈供电端上。工作状态下，万用表可测得的电压为交流220 V。若供电电压不正常，说明控制电路可能存在故障，如图 4-19 所示。

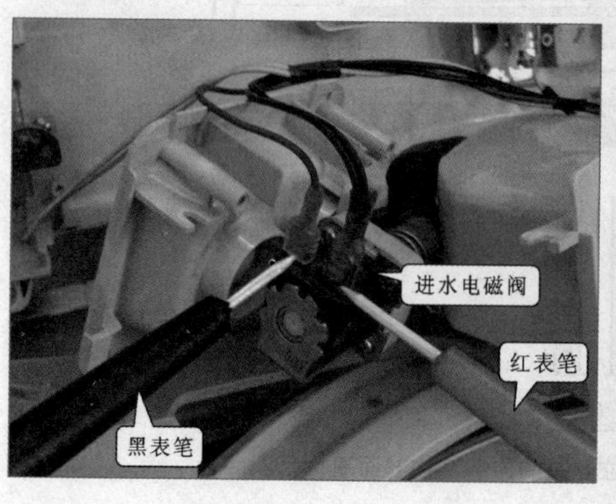

图 4-19　进水电磁阀供电电压的检测

断开电源，检测进水电磁阀线圈的阻值，将红黑表笔分别搭在进水电磁阀的线圈供电端上。正常情况下，万用表测得的阻值为 4.9kΩ。若测得的阻值为无穷大或零，说明进水电磁阀存在故障，需对其进行更换，如图 4-20 所示。

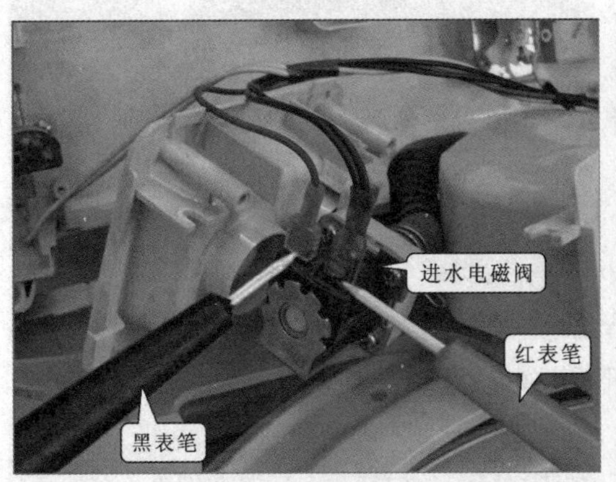

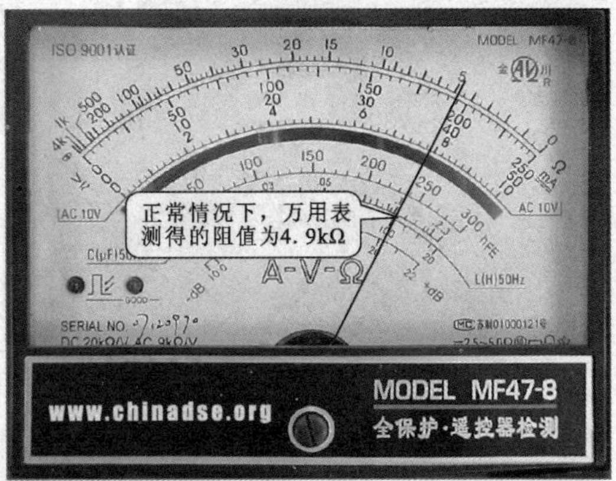

图 4-20 进水电磁阀阻值的检测

【要点提示】

若进水电磁阀的检测结果正常，洗衣机仍不能进水，说明进水电磁阀内部的机械部件可能有损坏或异常情况，可进一步将进水电磁阀拆开，检查内部各部件，如图 4-21 所示。检查进水口和出水口是否被异物堵塞；检查橡胶阀是否老化破损，泄气孔和加压孔是否被堵住；检查弹簧是否不良。若发现损坏的部件，可更换或修复损坏部件即可排除故障。

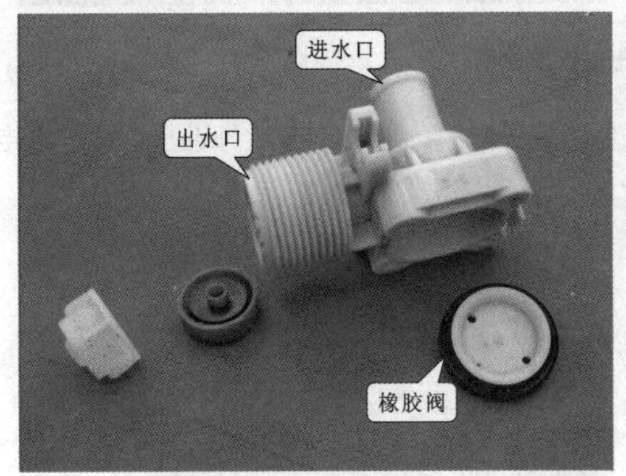

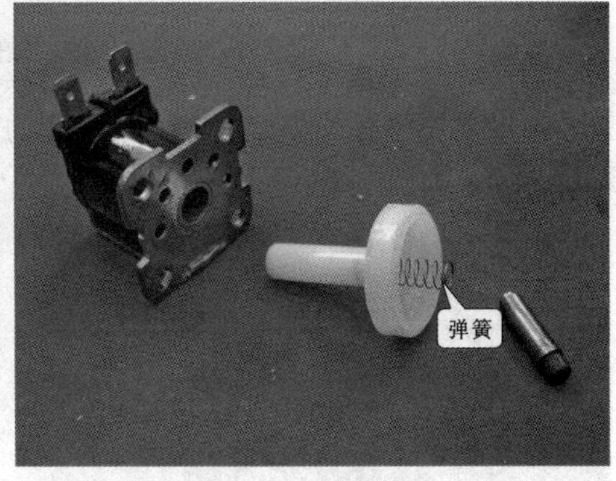

图 4-21 检测进水电磁阀的内部部件

(3) 更换进水电磁阀

当确定进水电磁阀损坏且无法修复时，应当选择同型号、同规格的进水电磁阀对其进行更换。

使用旋具将出水盒上的两颗固定螺钉拧下。进水口挡板也是由两颗螺钉进行固定的，也使用旋具将螺钉拧下，如图 4-22 所示。

将进水电磁阀、出水盒以及进水口挡板一同从围框上抽出。将连接插件拔下，进水电磁阀连同其他部件就可以取下来了，如图 4-23 所示。

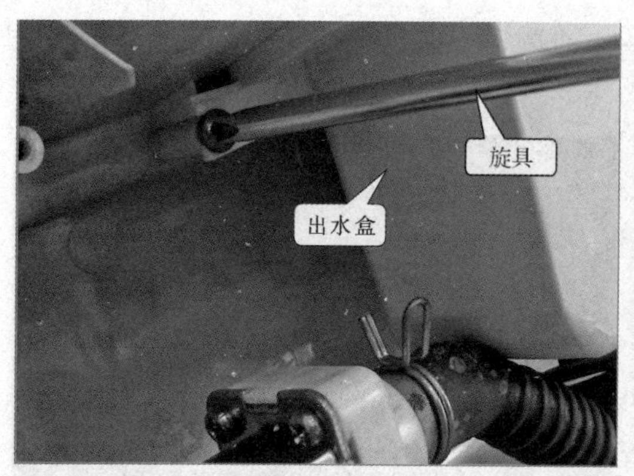

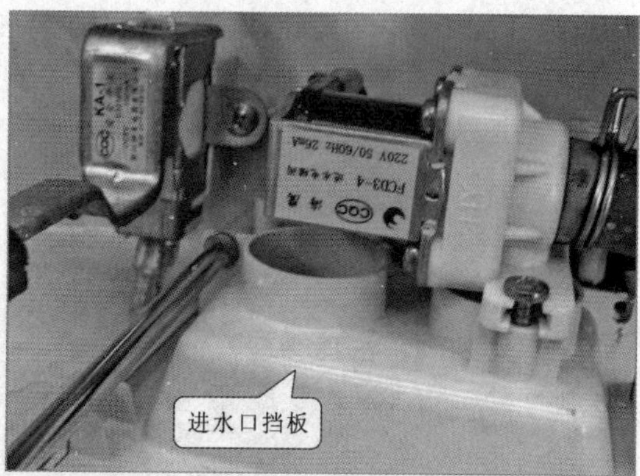

图 4-22　拧下固定螺钉

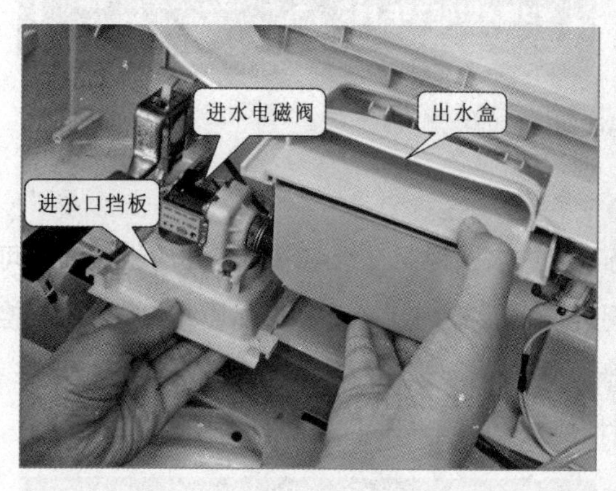

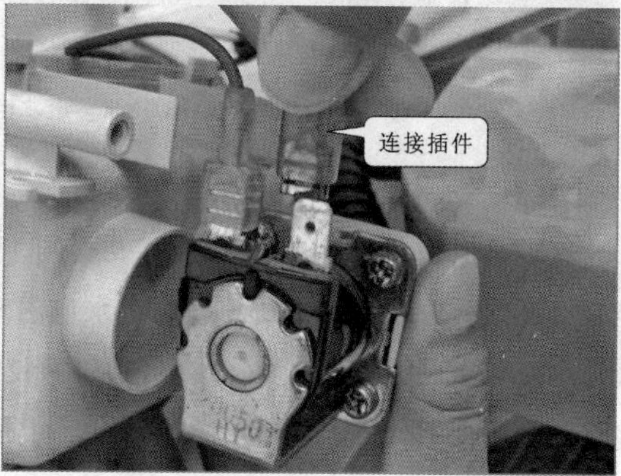

图 4-23　取出进水电磁阀

使用尖嘴钳将进水电磁阀与连接水管上的金属卡子取下，取下卡子后将进水管从进水电磁阀上拔下，如图 4-24 所示。

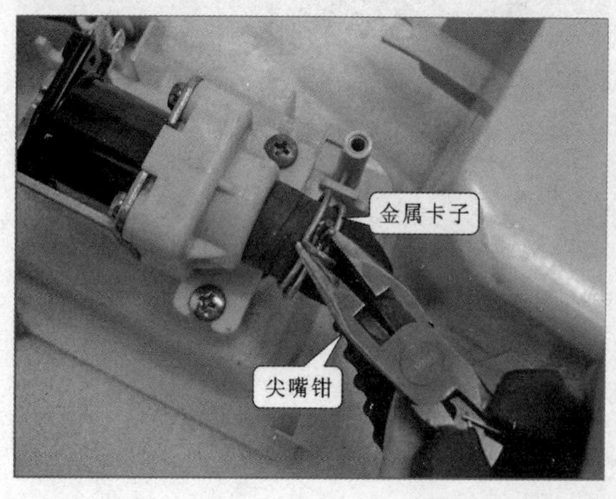

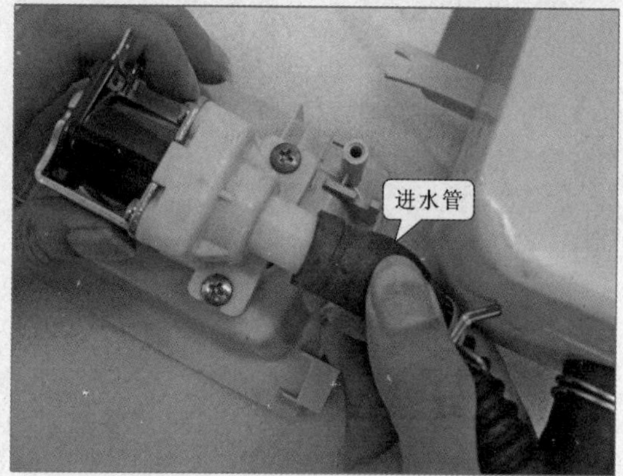

图 4-24　拔下金属卡子和进水管

使用旋具将进水电磁阀上的固定螺钉拧下，将进水电磁阀与进水口挡板分离，损坏的进水电磁阀工作电压为交流 220　V、频率为 50/60Hz、工作电流为 26mA，根据其损坏部件的参数，选择新的进水电磁阀，将新的进水电磁阀的进水口插接到进水口挡板上，并对齐螺钉固定点，如图 4–25 所示。

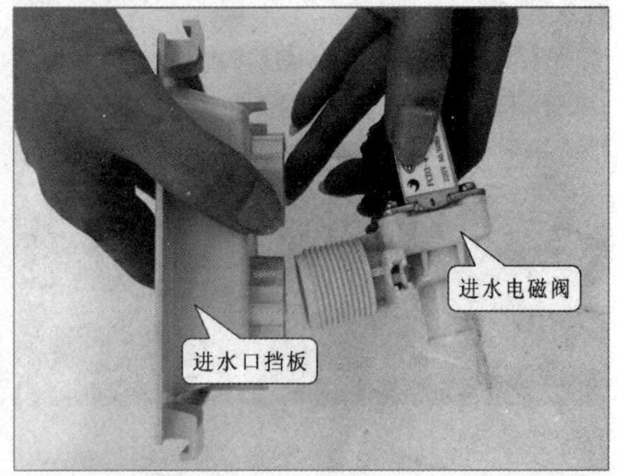

（1）

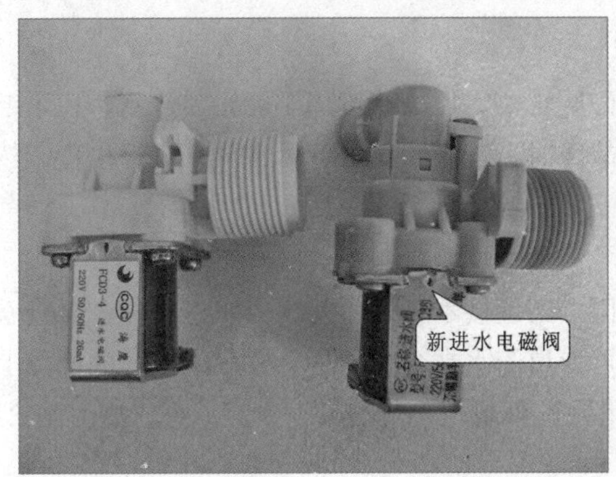

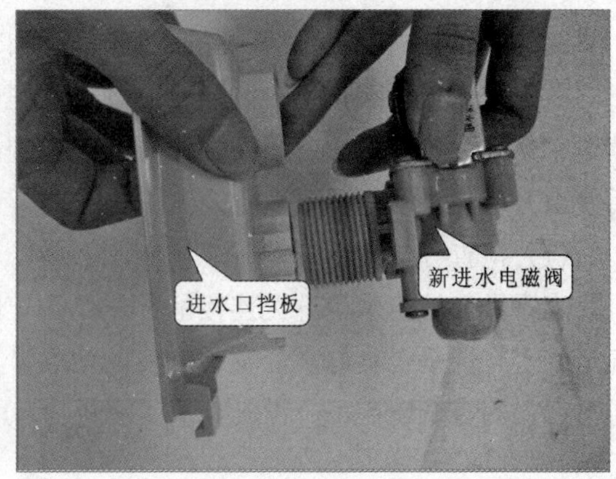

（2）

图 4–25　选择新的进水电磁阀

使用旋具将两颗固定螺钉拧紧，将出水口与连接水管上的金属卡子固定好，将连接插件插接到新进水电磁阀的引脚上，最后将其余部件安装好，进水电磁阀代换完毕，如图 4–26 所示。

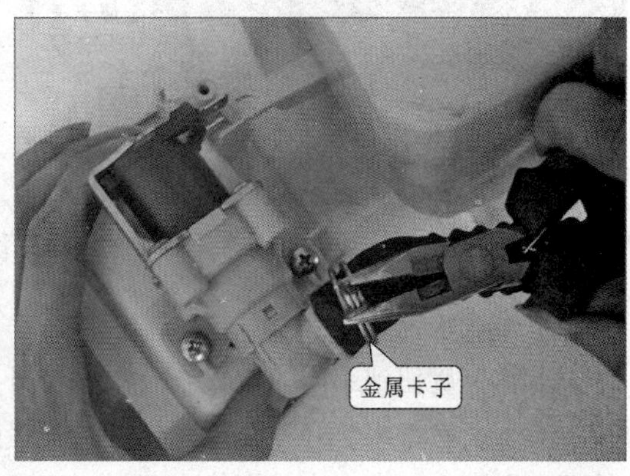

（1）

图 4–26　更换进水电磁阀

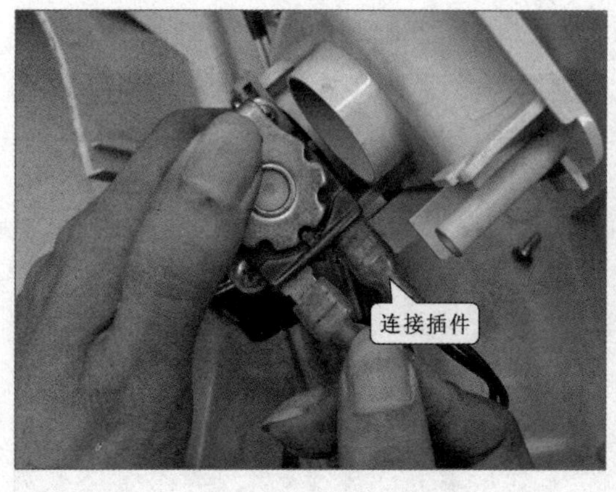

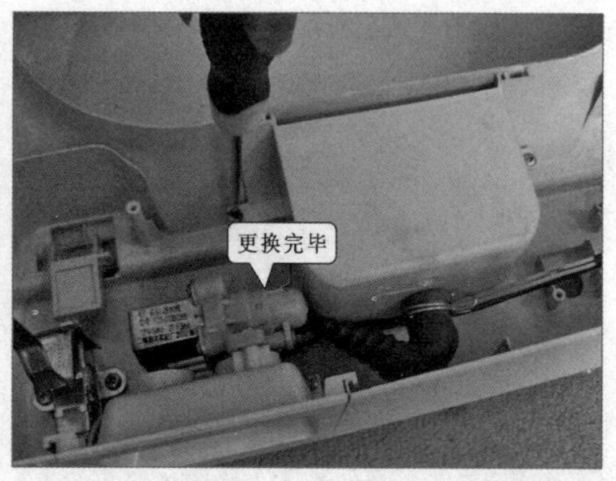

（2）

续图 4-26　更换进水电磁阀

2. 波轮式洗衣机水位开关的检测与更换

在对进水电磁阀进行检测后，发现进水电磁阀正常，但洗衣机仍不能正常进水，应当继续对水位开关进行检测。当怀疑水位开关出现故障时，首先应对导气管、气室进行检查，然后使用万用表对水位开关进行检测。

（1）检查导气管、气室

查看导气管与水位开关连接的部位是否牢固，若连接不良，可使用胶水进行黏合；查看气室的密封性是否良好，若发现漏气的地方，可使用胶水粘合。导气管与气室连接的部位上通常都紧固有金属卡子，若该卡子锈蚀断裂，用铁丝再制作一个重新安装上即可，如图 4–27 所示。

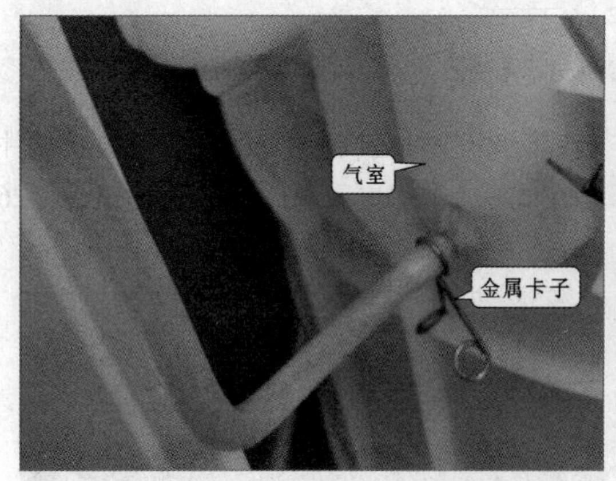

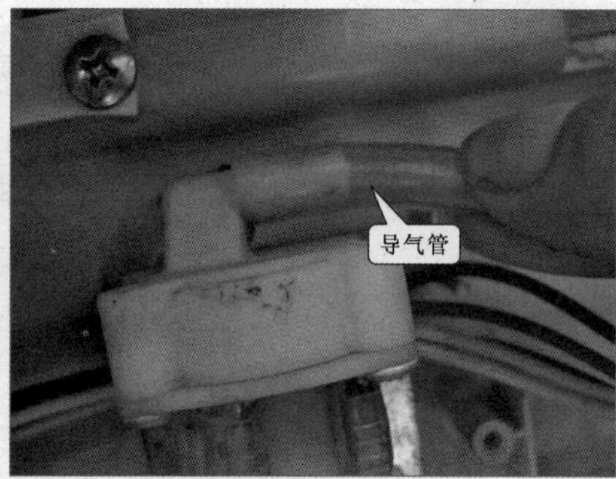

图 4-27　导气管、气室的检测

（2）检查水位开关

调节水位旋钮到不同的位置查看单水位开关的凸轮、套管是否出现相应的位置移动，用手按压套管，检查水位开关套管及杠杆、弹簧弹性是否灵敏。万用表的表笔分别搭在水位开关的两个引脚上，未注水或水位未到时，万用表测得的阻值应为无穷大；水位满时，万用表测得的阻值应为零。若阻值不正常，说明水位开关有故障，应对其进行更换，如图 4–28 所示。

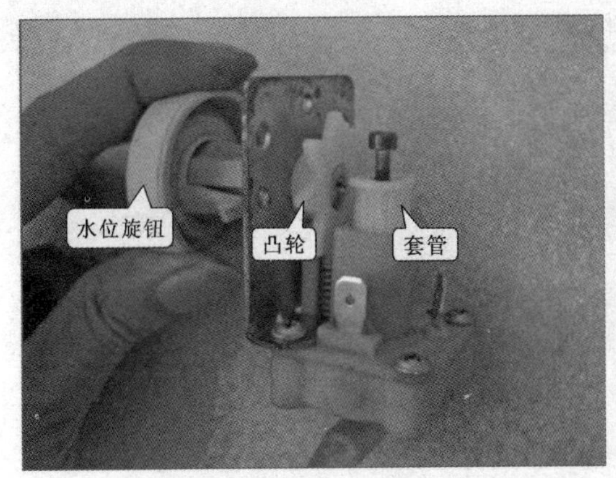

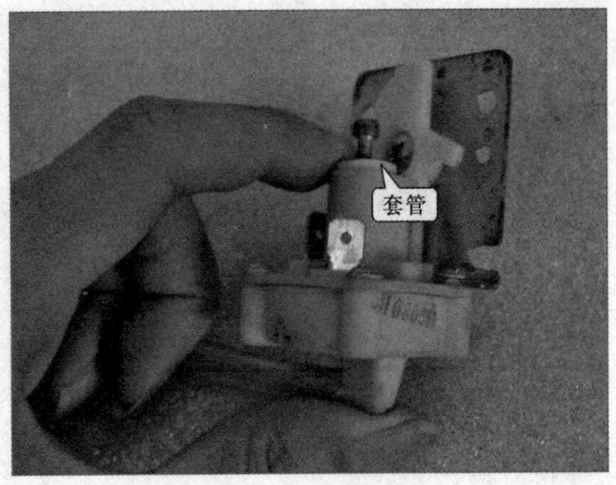

（1）

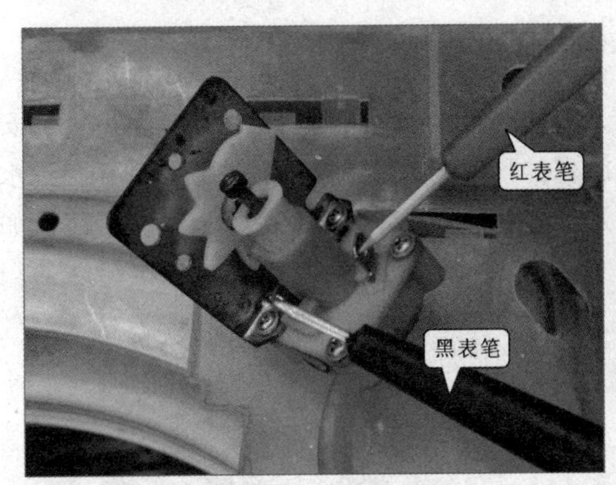

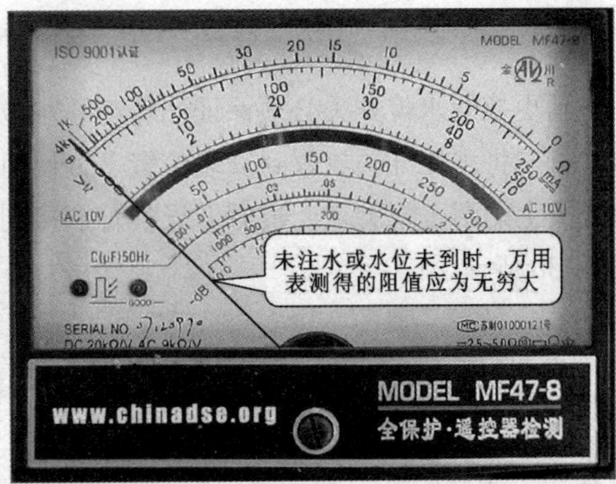

（2）

图 4-28　水位开关的检测

当确定水位开关损坏且无法修复后，应当选择外形、大小、水位高低挡位相同的水位开关对其进行更换。首先将水位调节旋钮从洗衣机上拆下，然后将水位开关上的两个引线插件拔下，拧下水位开关的固定螺钉后，即可取下水位开关。最后将水位开关上的导气管拔下，如图 4-29 所示。

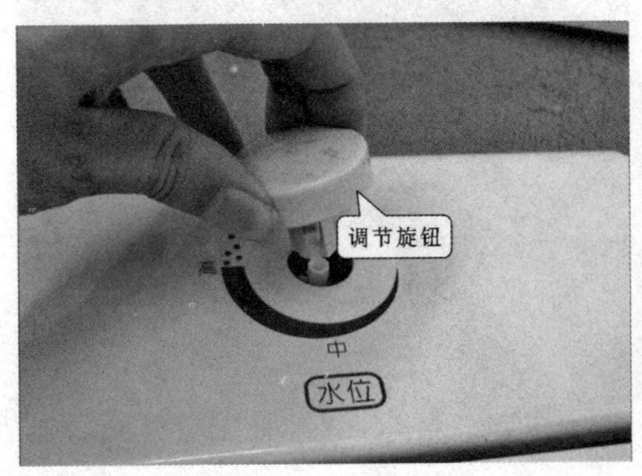

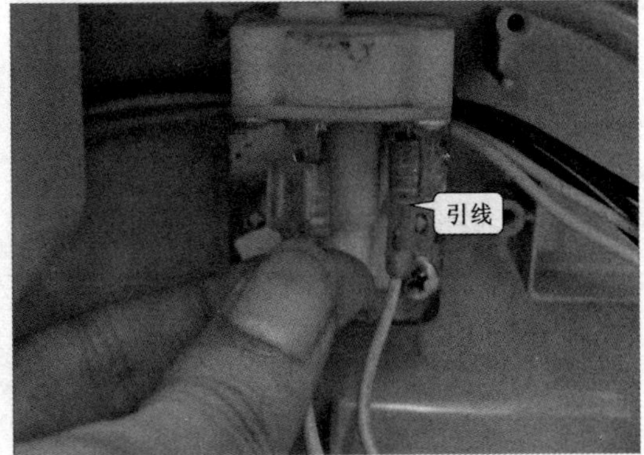

（1）

图 4-29　水位开关的拆卸

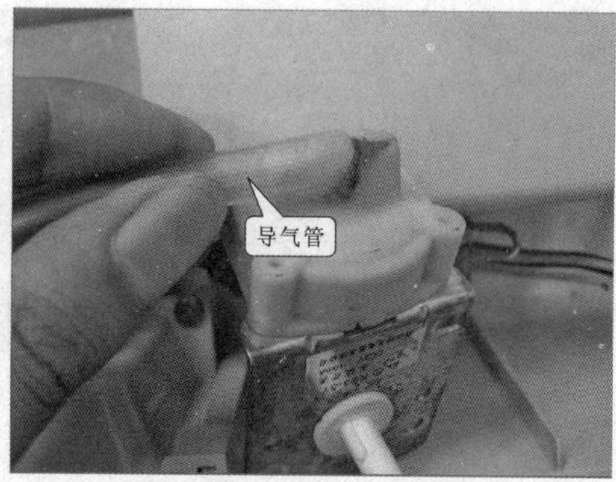

（2）

续图 4-29　水位开关的拆卸

新更换的水位开关必须保证凸轮与原水位开关的凸轮相一致，水位挡数量一致，能够安装。首先将水位开关放置到安装位置上，使用旋具拧紧固定螺钉，然后将连接引线插接到水位开关上的两个引脚上，最后将导气管插接到水位开关上，单水位开关的更换就完成了，如图 4-30 所示。

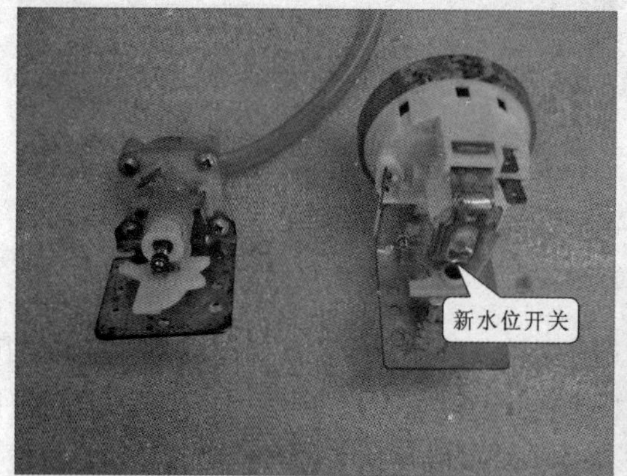

（1）

（2）

图 4-30　水位开关的更换

4.2.2 滚筒式洗衣机进水系统的故障检修

1. 滚筒式洗衣机进水电磁阀的检测与更换

(1) 检查连接水管、物料盒和进水电磁阀

双路进水电磁阀的正常工作需要与连接水管和物料盒相配合，因此应首先对连接水管和物料盒进行检查，查看连接水管与各个部件的连接部位是否牢固，若连接不良，可使用胶水进行黏合或对管路进行更换。检查进水管和物料盒是否出现堵塞、破损等现象，如图 4–31 所示。

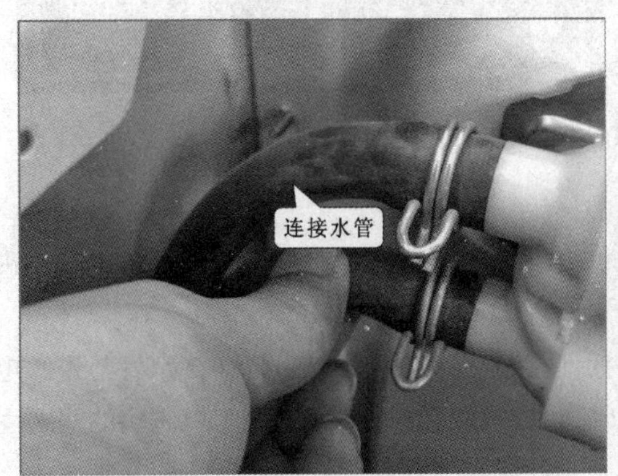

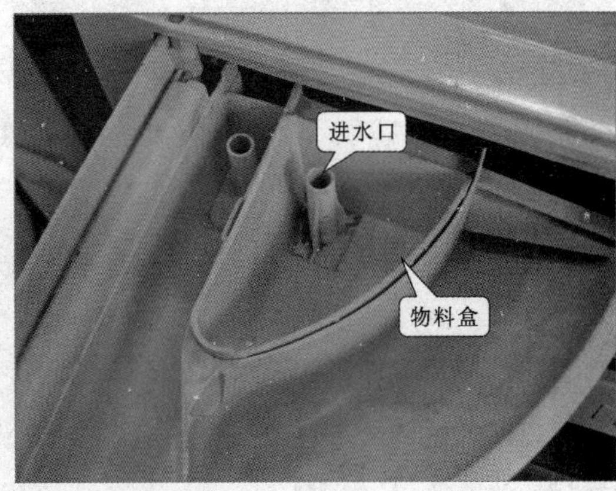

图 4–31　连接水管和物料盒的检查

确认连接水管和物料盒正常后，再检测双路进水电磁阀的供电电压是否正常。可检测单个线圈的供电电压是否正常，将红黑表笔分别搭在插件上。进水状态下，万用表可测得的电压为交流 220 V；若电压不正常，说明控制电路部分存在故障。若发现双路进水电磁阀损坏，需要对其进行更换，如图 4–32 所示。

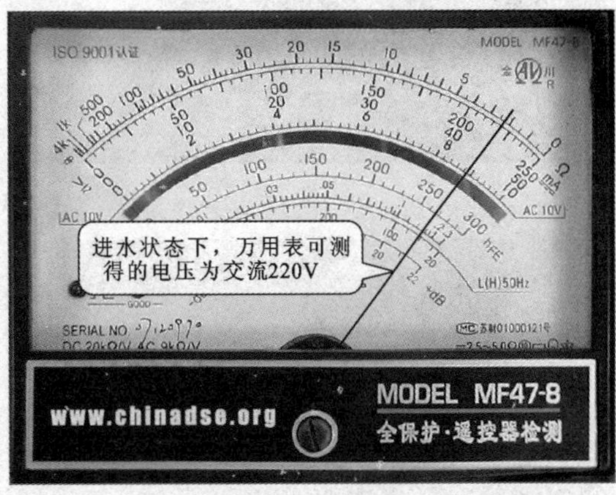

图 4–32　双路进水电磁阀供电电压的检测

检测双路进水电磁阀单个线圈的电阻值是否正常，将红黑表笔分别搭在线圈的两个引脚上。断电情况下，万用表可测得的两个线圈阻值为 4.3kΩ 左右；若线圈阻值不正常，说明进水电磁阀已损坏，如图 4–33 所示。

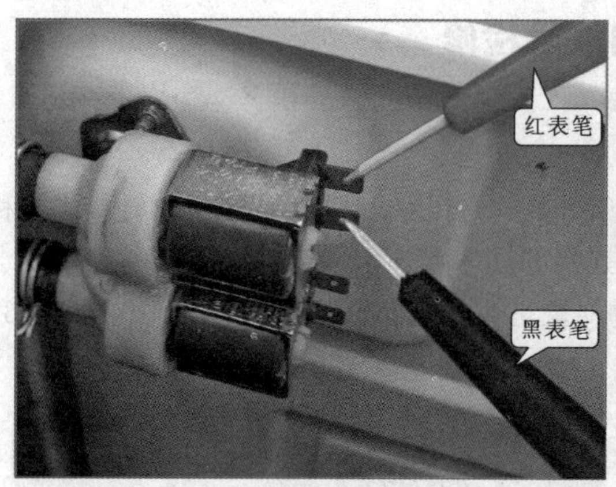

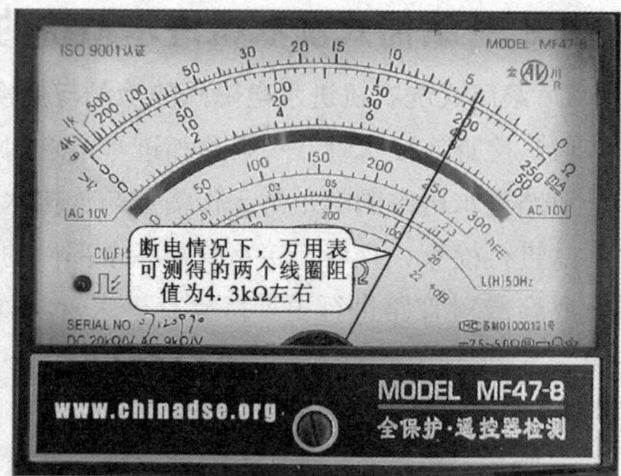

图 4-33　进水电磁阀供电电阻的检测

(2) 更换进水电磁阀

若进水电磁阀本身损坏后，可将其从洗衣机上拆下来，然后用相同型号的进水电磁阀进行更换。

首先，使用尖嘴钳将进水电磁阀上的连接插件拔下，然后用平口钳将连接水管与进水电磁阀连接处的金属卡子取下，用力拔下连接水管。最后用旋具拧下固定进水电磁阀的两颗固定螺钉，如图 4-34 所示。

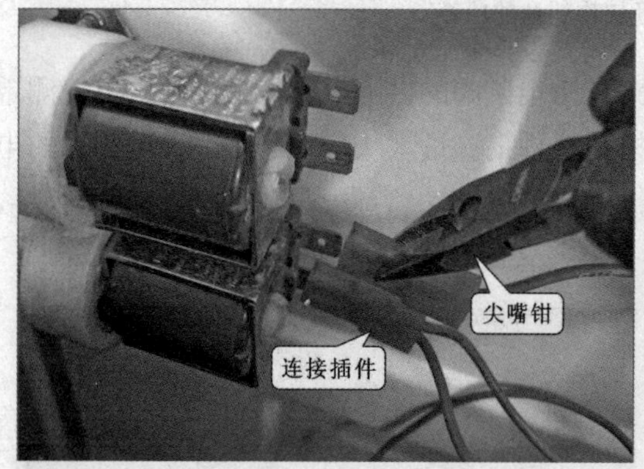

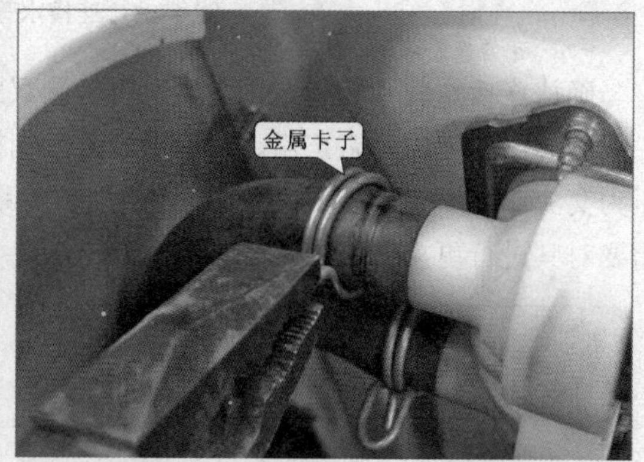

(1)

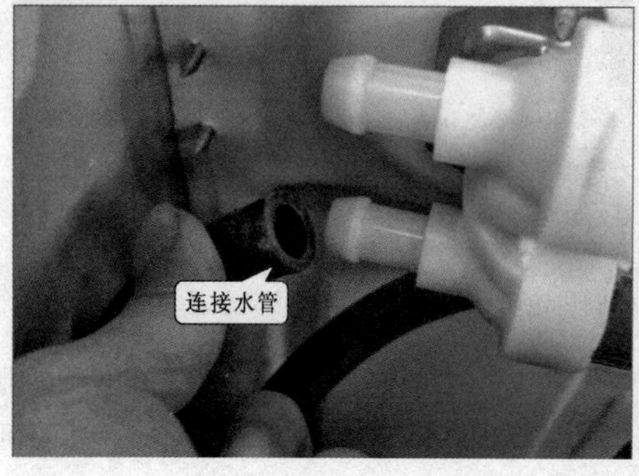

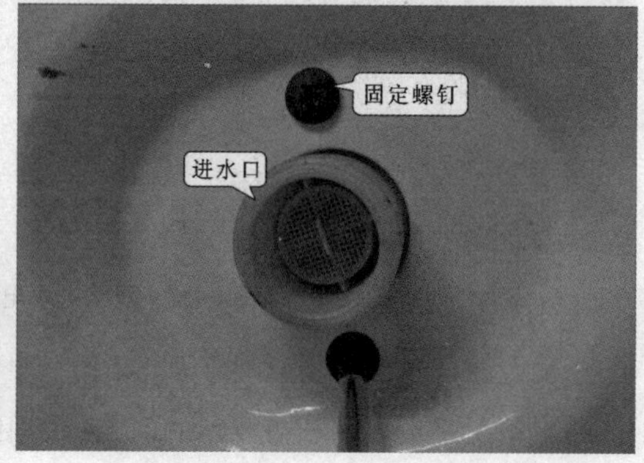

(2)

图 4-34 拆下已坏进水电磁阀

螺钉拧下之后，便可取下损坏的进水电磁阀，使用相同规格参数的进水电磁阀进行更换。

首先将两根连接水管插接到新进水电磁阀的出水口上，使用平口钳将连接水管与进水电磁阀连接处的金属卡子固定好。然后将两组连接插件分别插接到两个线圈的引脚上，将进水电磁阀放置到安装位置上，对齐螺钉的固定孔。最后用旋具拧紧两颗固定螺钉，进水电磁阀的更换操作就完成了，如图 4–35 所示。

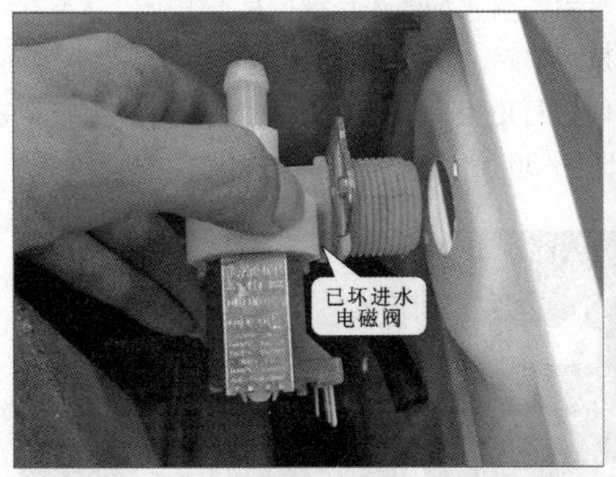

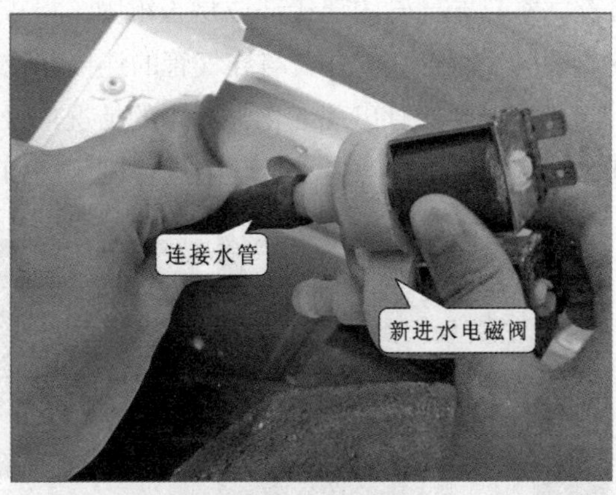

（1）

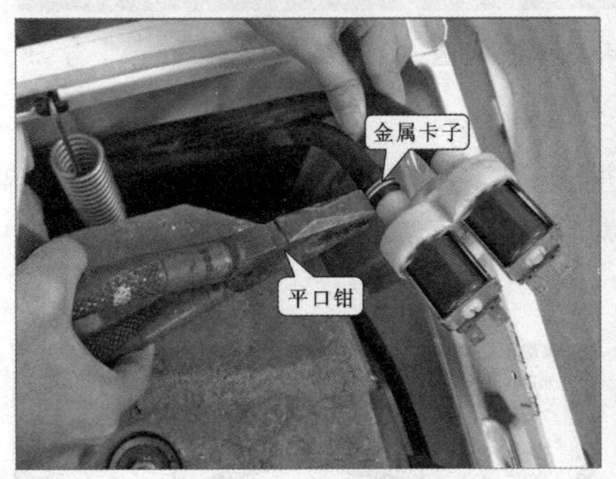

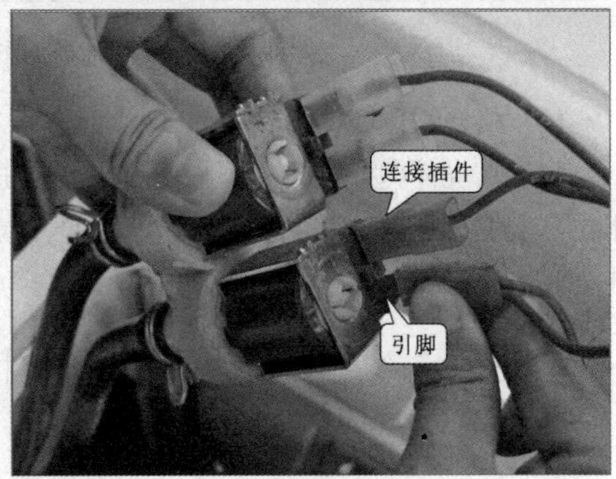

（2）

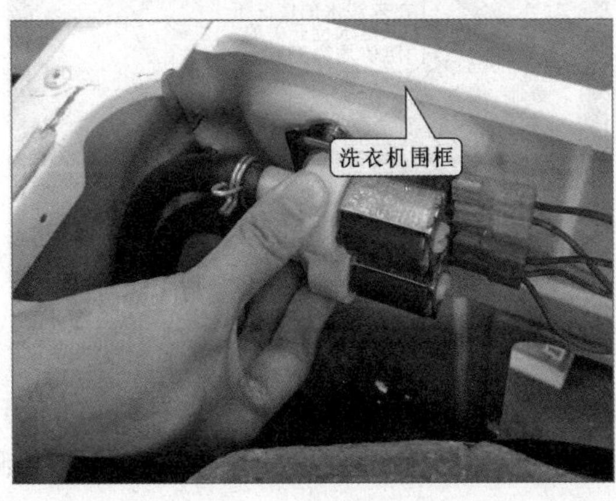

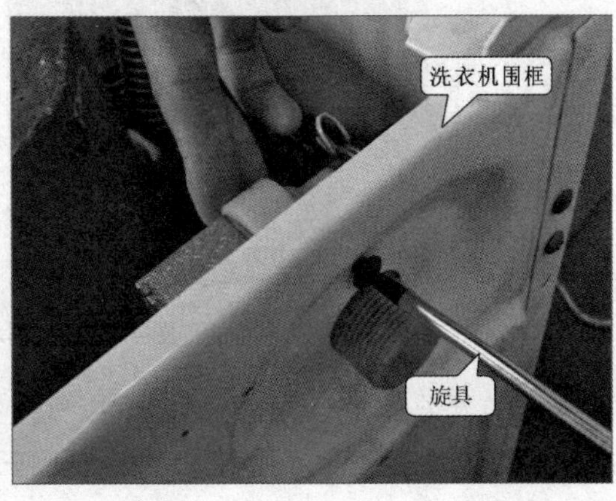

（3）

图 4–35 更换新的进水电磁阀

2. 滚筒式洗衣机水位开关的检测与更换

当滚筒式洗衣机的多水位开关出现故障时，会引起进水电磁阀的控制失灵，导致整个滚筒洗衣机的进水系统出现故障，应对其进行检修。

(1) 检查气室和导气管

检测水位开关是否损坏，应先对气室和导气管进行检查。检查气室是否有漏气的情况；检查气室与导气管的连接部位是否牢固；检查气室与盛水桶的连接部位是否牢固，是否有漏气的情况；检查水位开关与导气管的连接部位是否牢固，是否有漏气的情况。

若发现导气管出现老化、漏水的情况应及时进行更换，若气室的气密性不好应用胶水等进行粘合，然后再对多水位开关进行检测，如图 4-36 所示。

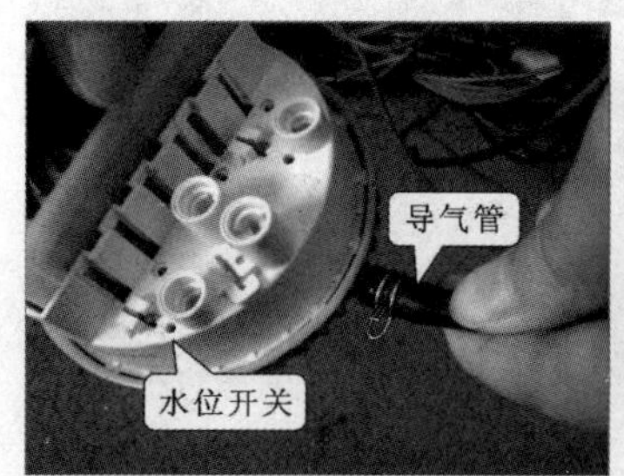

图 4-36　气室和导气管的检查

(2) 检查水位开关

将多水位开关拆下，分别对三组水位开关进行检测。将红黑表笔分别搭在③和④脚上（高水位）；红黑表笔分别搭在⑥和⑦脚上（低水位）；将红黑表笔分别搭在⑪和⑫脚上（中水位）。在未注水的情况下，三组水位开关的阻值均为无穷大，如图 4-37 所示。

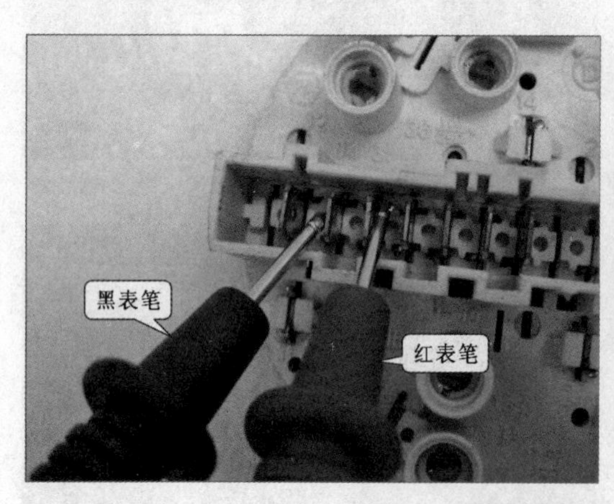

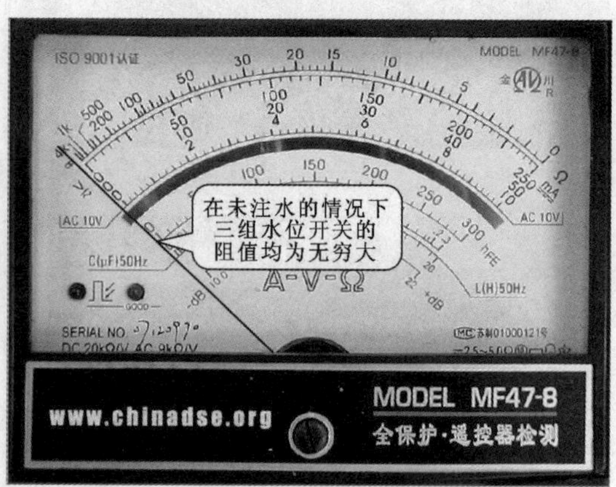

图 4-37　检测水位开关的阻值

向水位开关中吹气，模拟水位升高、气压变大的效果。这时可以听到三声“咔”的声音，说明内部三组触点闭合，再使用万用表检测三组触点的阻值，这时测得的阻值应为零，若测得的阻值不正常，说明该水位开关已损坏，如图 3-38 所示。

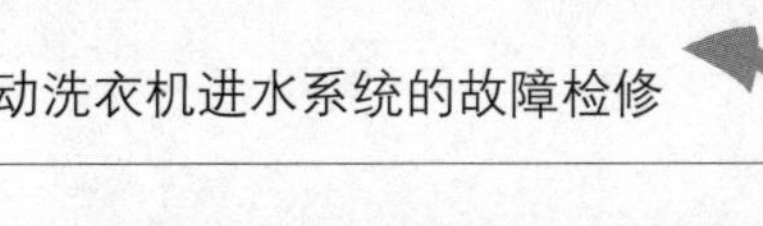

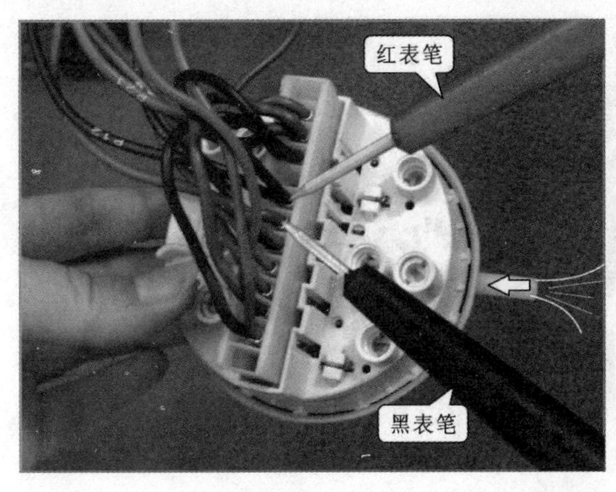

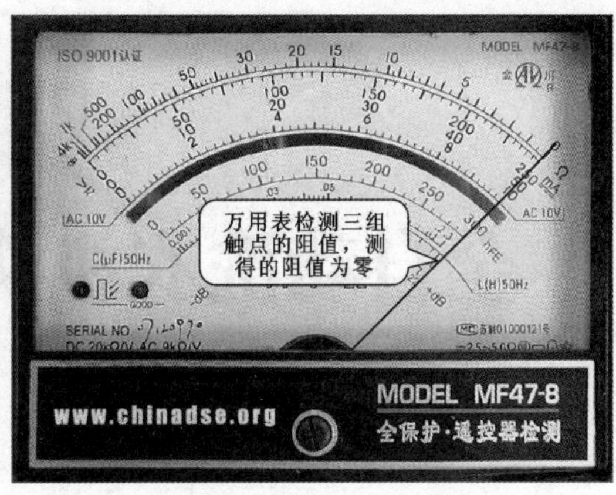

图 4-38　检测水位开关三组触点的阻值

（3）更换水位开关

当确定多水位开关损坏后，应当选择外形、大小、水位高低挡位相同的多水位开关对其进行更换。

首先将插件插入到新的多水位开关的接口中，注意要插接牢固。然后将导气管插接到新的多水位开关上，使用钳子将连接部位上的金属卡子夹紧，再将多水位开关放置到围框上的安装部位。最后，使用旋具将固定水位开关的螺钉拧紧，多水位开关的更换便完成了，如图 4-39 所示。

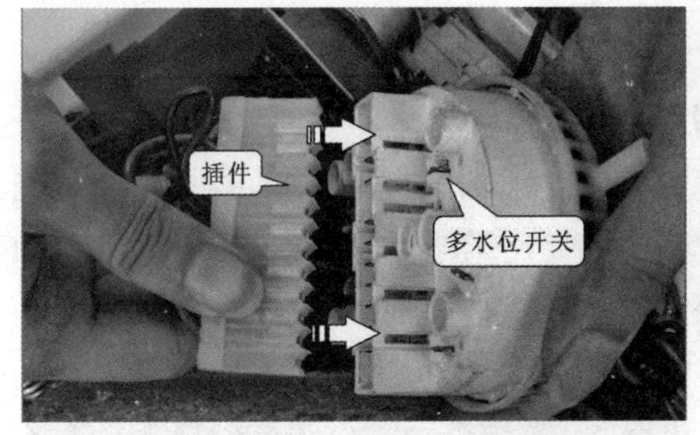

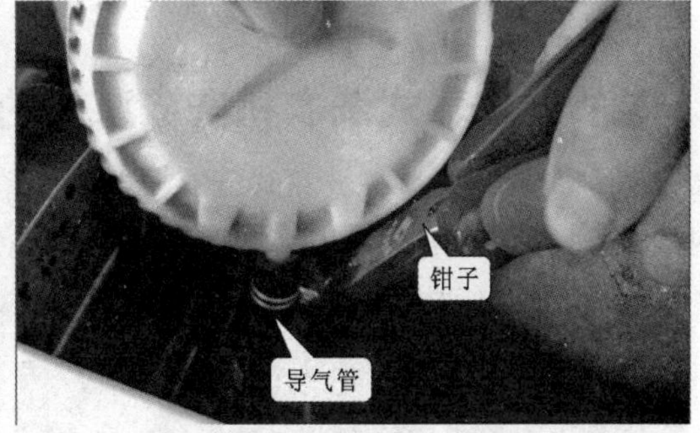

（1）

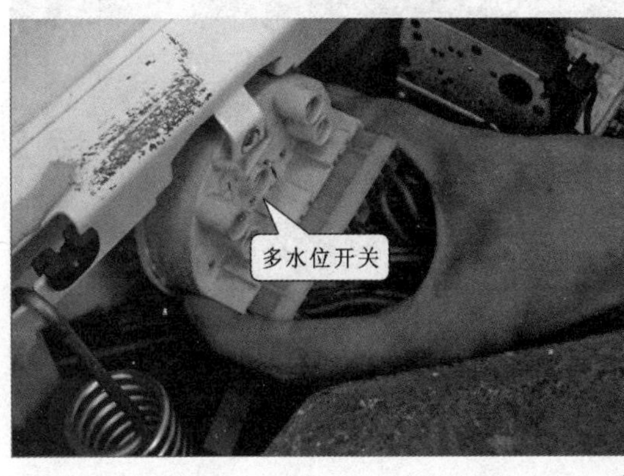

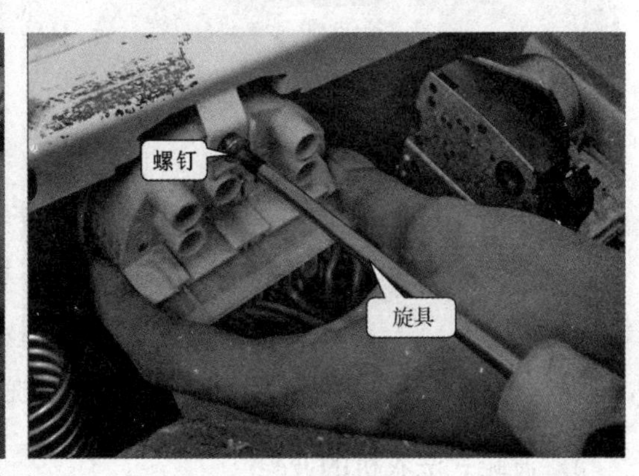

（2）

图 4-39　水位开关的更换

第5章

全自动洗衣机洗涤系统的故障检修

5.1 全自动洗衣机洗涤系统的结构特点

5.1.1 波轮式洗衣机洗涤系统的结构特点

图 5-1 所示为典型波轮式洗衣机的洗涤系统，由图可知，该系统主要由波轮、洗衣桶、电动机、离合器、带轮和传动皮带构成。波轮式洗衣机的洗涤系统位于洗衣机的中部，洗衣桶垂直放置，电动机和离合器位于洗衣桶下方。

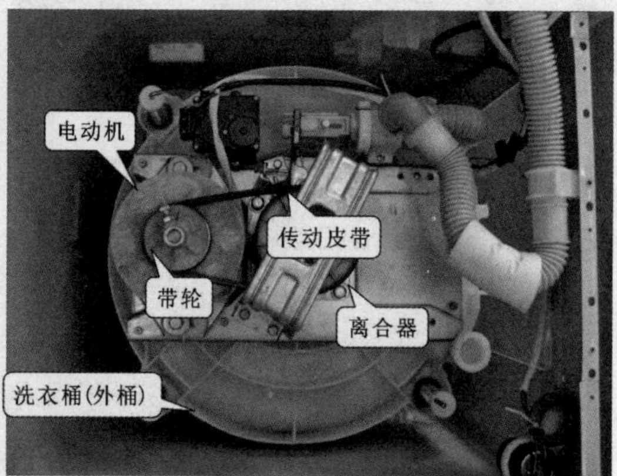

图 5-1 波轮式洗衣机的洗涤系统

1. 波轮式洗衣机的波轮

波轮是波轮式洗衣机中特有的装置，它通过固定螺钉固定在离合器波轮轴上，通过离合器、电动机带动其作间歇式正、反转，使水流呈多方向流动，如图 5-2 所示。

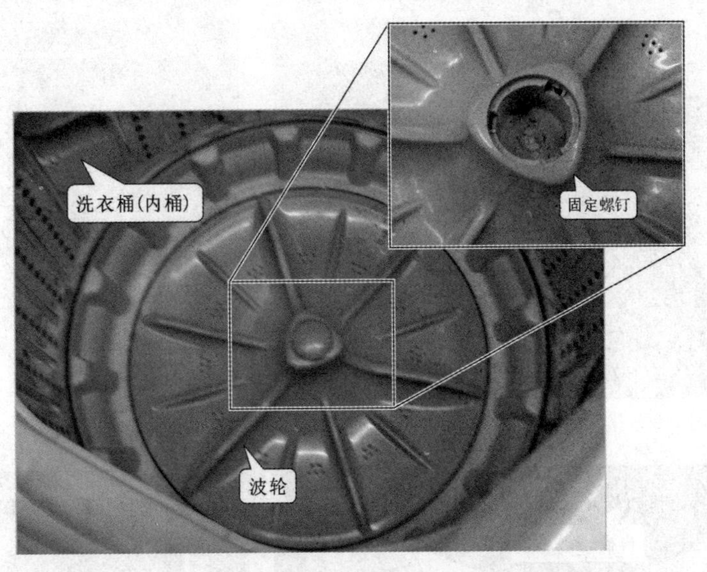

图 5-2 波轮

【信息扩展】

不同品牌洗衣机的波轮外形也不相同，图 5-3 所示为几种常见的波轮外形。一般来讲，波轮的直径越大、转速越低、正反向变换频繁，对洗涤衣物的磨损越小。由此可见，波轮的结构、转速和旋转时间是提高波轮式洗衣机洗涤性能的关键。

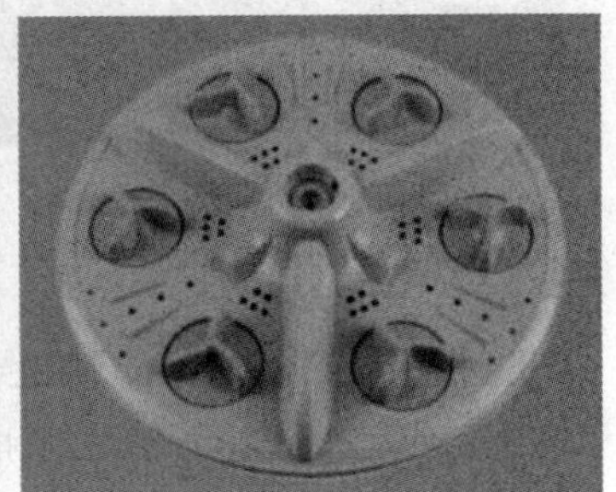

图 5-3 几种常见波轮的外形

2. 波轮式洗衣机的洗衣桶

目前，市场上流行的波轮式洗衣机多采用套筒形式，洗衣桶主要由内桶（脱水桶）和外桶（盛水桶）两部分构成，其中内桶（脱水桶）上带有平衡环组件，外桶（盛水桶）上带有桶圈和溢水管。

波轮式洗衣机的内桶也可称为脱水桶，通过法兰固定在离合器脱水轴上，并且内壁上带有排水孔，如图 5-4 所示。在脱水工作中，通过排水孔进行排水。

外桶也称为盛水桶，它套装在内桶（脱水桶）的外面，起到盛水的作用。在其底部带有气室和溢水管，并且四周安装有吊耳，通过吊杆式支撑装置固定在洗衣机箱体上，如图 5-5 所示。

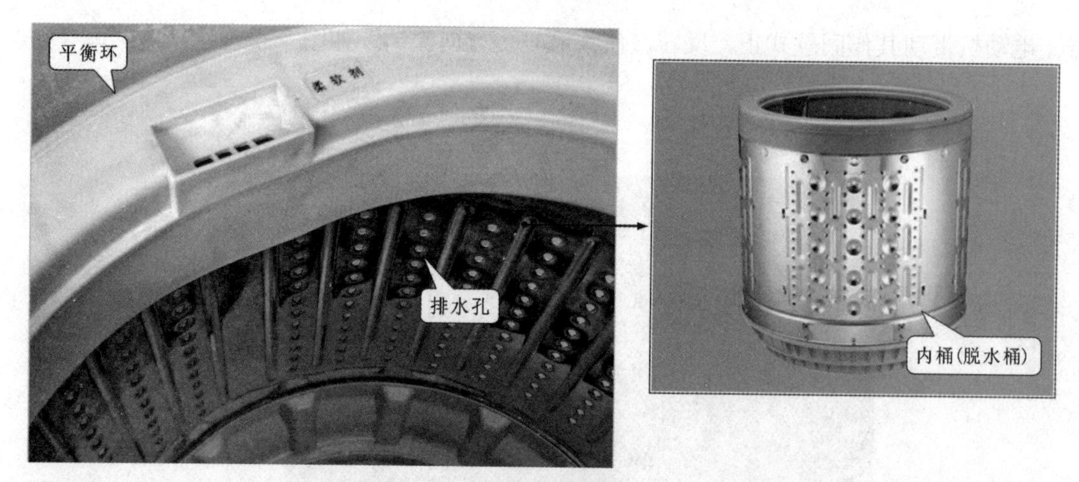

图 5-4　内桶

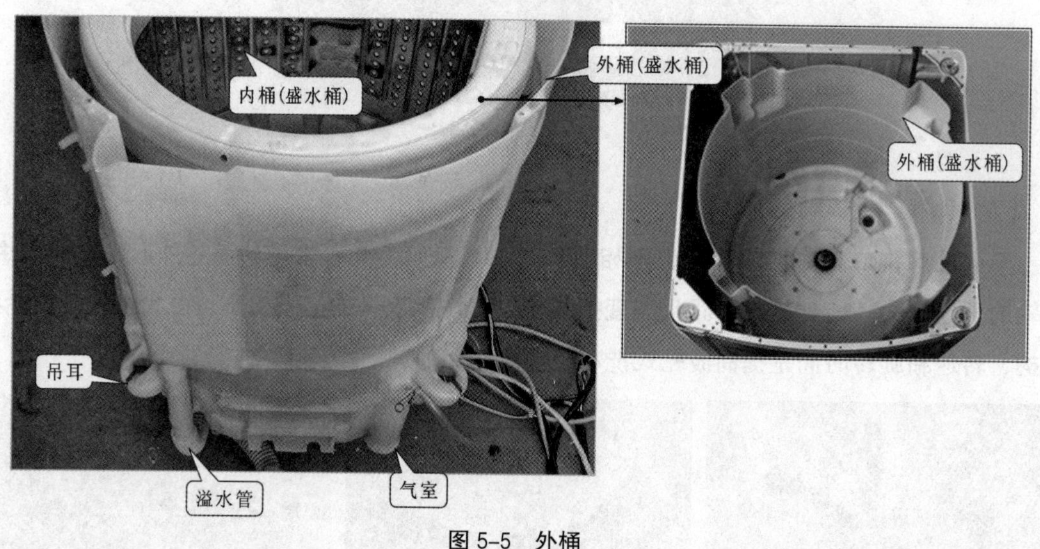

图 5-5　外桶

3. 波轮式洗衣机的电动机（单相异步电动机）

波轮式洗衣机所使用电动机一般为单相异步电动机，通常采用电容器启动，属于单相感应式电动机的一种。该电动机由交流电源供电，转速随负载的变化而略有变化。

图 5-6 所示为典型波轮式洗衣机中电动机的外形结构。从外部可以看到该电动机的带轮、风叶轮、线圈、铁心和供电线缆等部分。

4. 波轮式洗衣机的离合器

离合器是波轮式洗衣机实现洗涤和脱水功能转换的主要部件，只有带有脱水功能的波轮式洗衣机中才会有离合器。波轮式洗衣机在洗涤过程中，通过离合器波轮轴的旋转来实现波轮的旋转，当需要进行脱水工作时，离合器的脱水轴便会带动脱水桶高速旋转。

目前，波轮式洗衣机中所使用的离合器多为变速离合器，如图 5-7 所示。这种离合器是在定速离合器的基础上增加了行星减速器这一部件，使离合器具有洗涤减速功能，因此也可称为减速离合器。从外形上看，它主要由紧固螺母、带轮、棘轮、棘爪、离合杆、刹车臂和刹车带等构成。

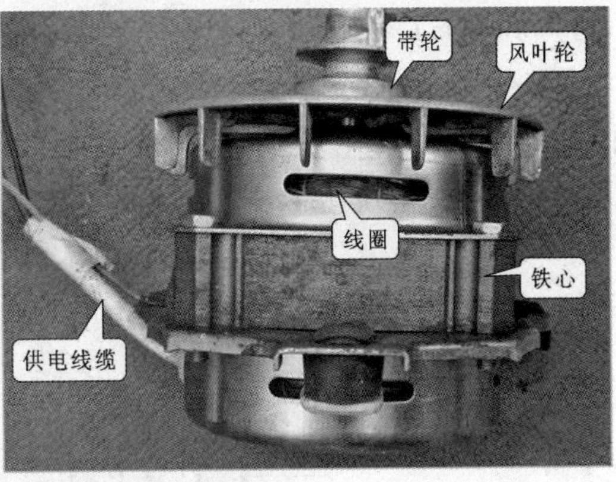

图 5-6　电动机的外形结构

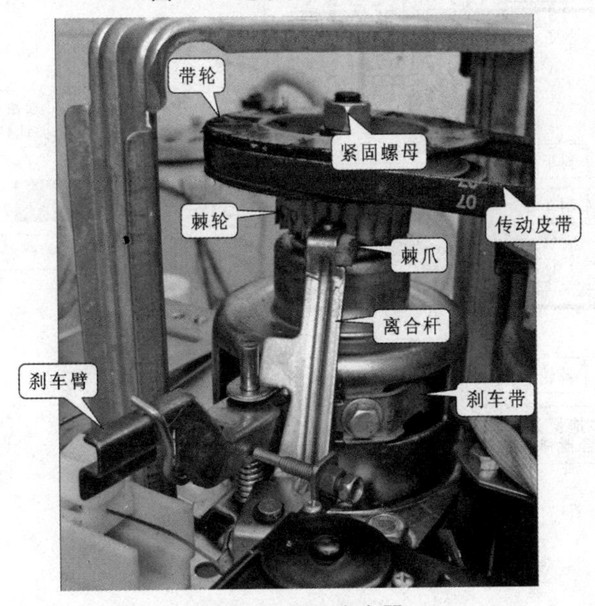

图 5-7　变速离合器

图 5-8 所示为变速离合器的顶视结构图，从图中可以看出，刹车臂（制动杠杆或拔叉）、棘轮、棘爪、刹车带、离合杆等组件的安装位置。

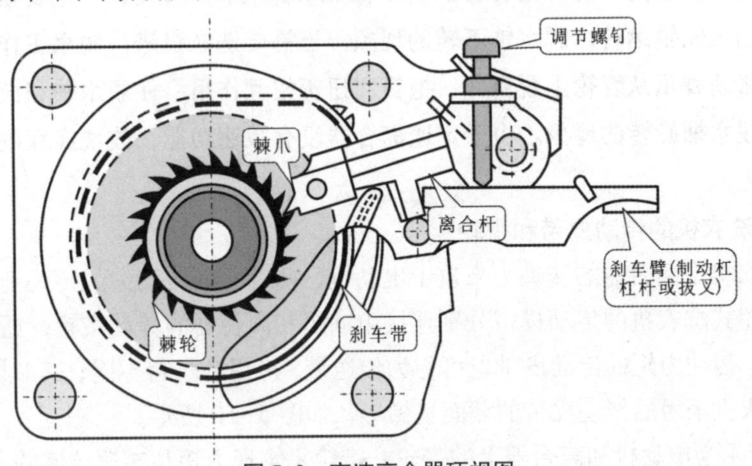

图 5-8　变速离合器顶视图

【信息扩展】

图 5-9 所示为定速离合器的结构图，从图中可以看到定速离合器主要是由波轮轴（洗涤轴）、脱水轴、扭簧（方丝弹簧）、刹车臂（制动杠杆或拔叉）、刹车复位弹簧、抱簧（离合器弹簧）、刹车带、刹车盘、棘轮、棘爪等组成。

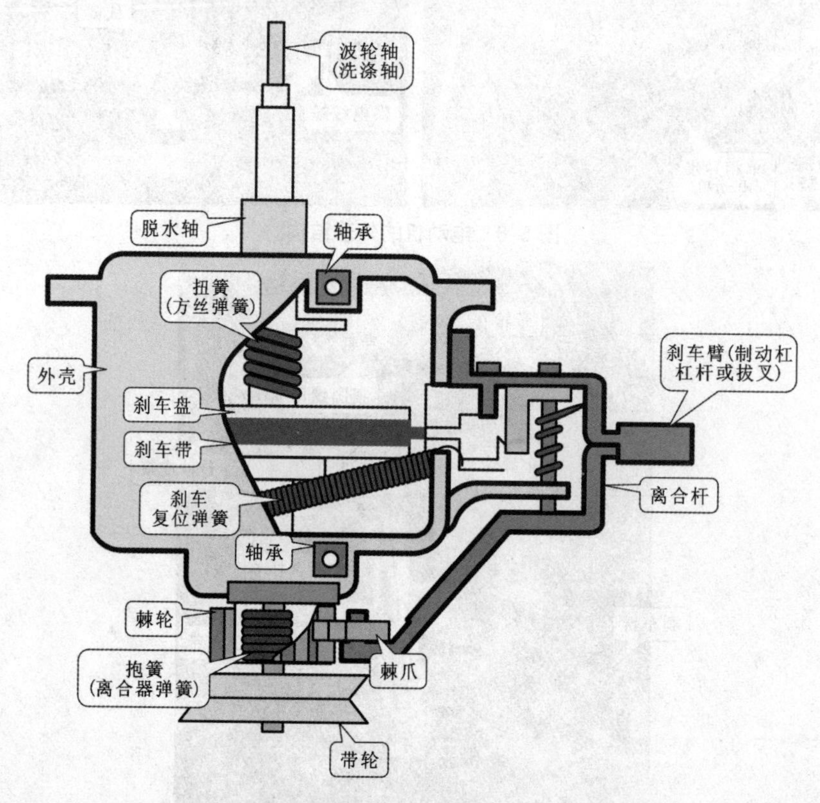

图 5-9　定速离合器的结构图

定速离合器的波轮轴与脱水轴采用同心结构复合安装在一起。波轮轴用来固定波轮，脱水轴则通过法兰与脱水桶进行固定。

当洗衣机处于洗涤运转时，离合器的刹车臂带动棘爪插入棘轮，使抱簧松动，扭簧抱紧脱水轴，呈现出波轮轴运转，脱水轴不转的现象。当需要洗衣机进行脱水工作时，离合器刹车臂被控制，带动棘爪从棘轮上脱离开，抱簧和扭簧相互作用，使脱水轴和波轮轴能够一起运转，呈现出脱水桶旋转的现象。由于定速离合器没有减速功能，故洗涤和脱水的转速是一样的。

5. 波轮式洗衣机的传动皮带和带轮

波轮式洗衣机中离合器的转动力来自于电动机，两者之间转动力的传递则是依靠传动皮带实现的。波轮式洗衣机的传动皮带分别连接电动机和离合器的传动带轮，通过传动皮带和带轮传递力矩。传动力矩的传动皮带也可称为传送带，应用的场合不同，其形状也有所不同，多数波轮式洗衣机采用的传动皮带的截面呈梯形，如图 5-10 所示。

图 5-11 所示为电动机和离合器上的带轮，带轮是实现力矩和转速传递的重要配件之一，

根据所使用传动皮带的不同，带轮的形状也是不同的，使用梯形传动皮带的带轮凹槽呈梯形，并且通过紧固螺母固定在电动机或离合器上。

图 5-10 传动皮带

图 5-11 带轮

5.1.2 滚筒式洗衣机洗涤系统的结构特点

滚筒式洗衣机的洗涤系统主要由洗衣桶、电动机（电容运转式双速电动机）、传动皮带、带轮等组成。滚筒式洗衣机的洗衣桶在洗衣机的正面即可看到，如图 5–12 所示。

滚筒式洗衣机的传动皮带、带轮通常位于洗衣机背面，如图 5–13 所示。

滚筒式洗衣机的电动机通常位于洗衣机的底部，如图 5–14 所示。

1. 滚筒式洗衣机的洗衣桶

滚筒式洗衣机的洗衣桶主要分为内桶（脱水桶）和外桶（盛水桶）两部分，通过密封圈和固定卡环进行固定，以确保洗衣机在工作过程中可靠的工作。图 5–15 所示为典型滚筒式洗衣机洗衣桶的结构。

的箱体内，减震器则支撑在洗衣桶的下部。

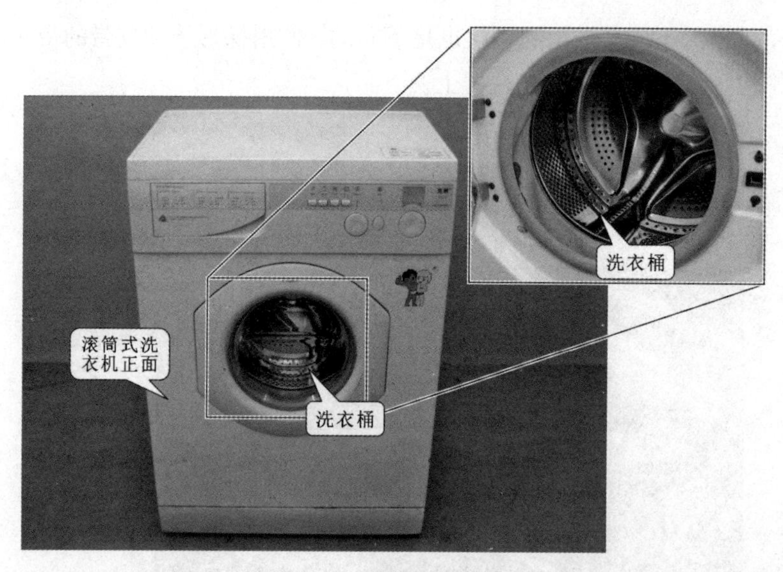

图 5-12　滚筒洗衣机的正面

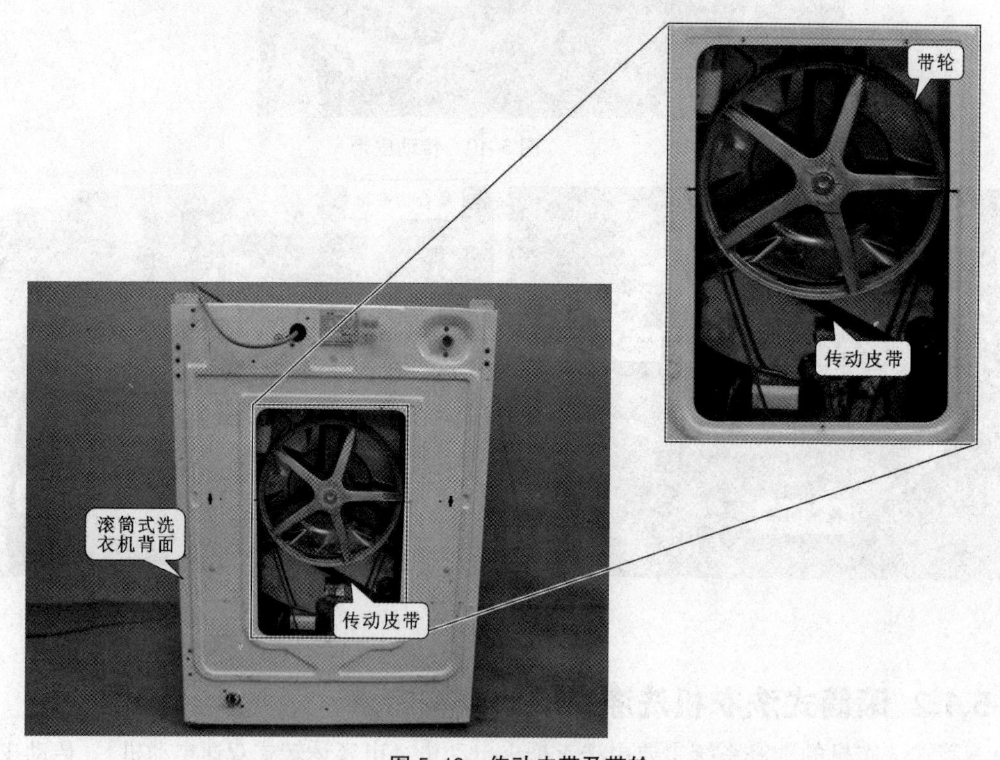

图 5-13　传动皮带及带轮

（1）外桶（盛水桶）

滚筒式洗衣机的外桶（盛水桶）主要用于盛装洗涤水，外桶通过吊装弹簧悬挂在洗衣机的箱体内，减震器则支撑在洗衣桶的下部。滚筒式洗衣机的外桶主要分为两部分，即外桶前盖和外桶后盖，它通过橡胶密封圈将外桶的两部分进行密封，防止滚筒式洗衣机漏水，如图 5-16 所示。

图 5-14　洗衣机底部及电动机

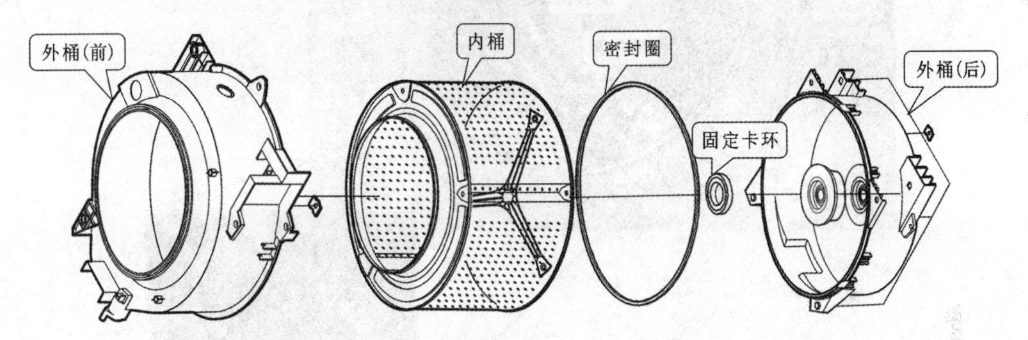

图 5-15　滚筒式洗衣机洗衣桶的结构

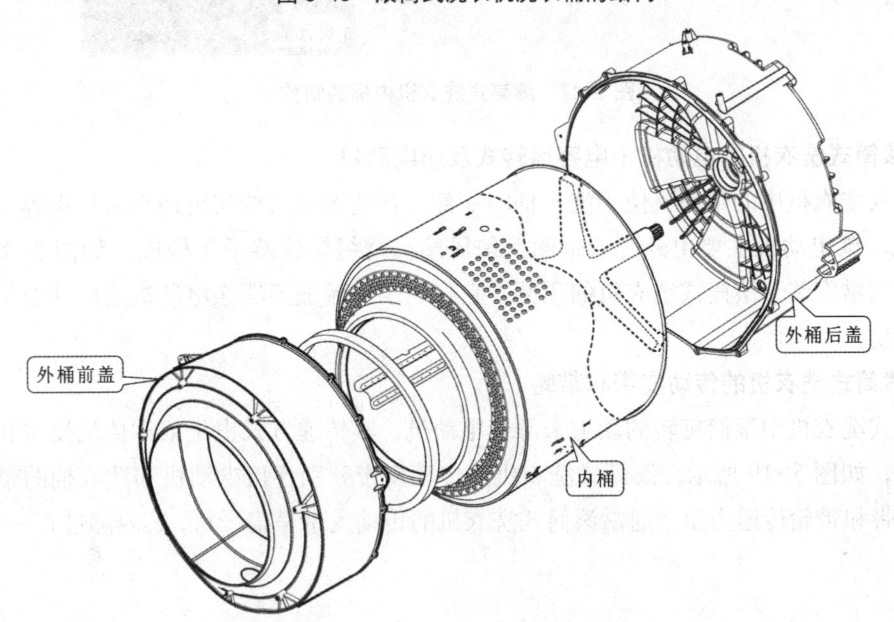

图 5-16　外桶（盛水桶）的实物外形

（2）内桶（脱水桶）

滚筒式洗衣机的内桶也可称为脱水桶，安装在盛水桶内（即外桶内），在滚筒式洗衣机工作时，通过洗衣桶的旋转进行洗涤和脱水工作。它主要采用聚丙烯塑料或不锈钢金属制成，通过内桶壁上凸起的提升筋和排水孔，在旋转过程中对衣物完成洗涤和脱水过程，内桶的结构如图 5–17 所示。

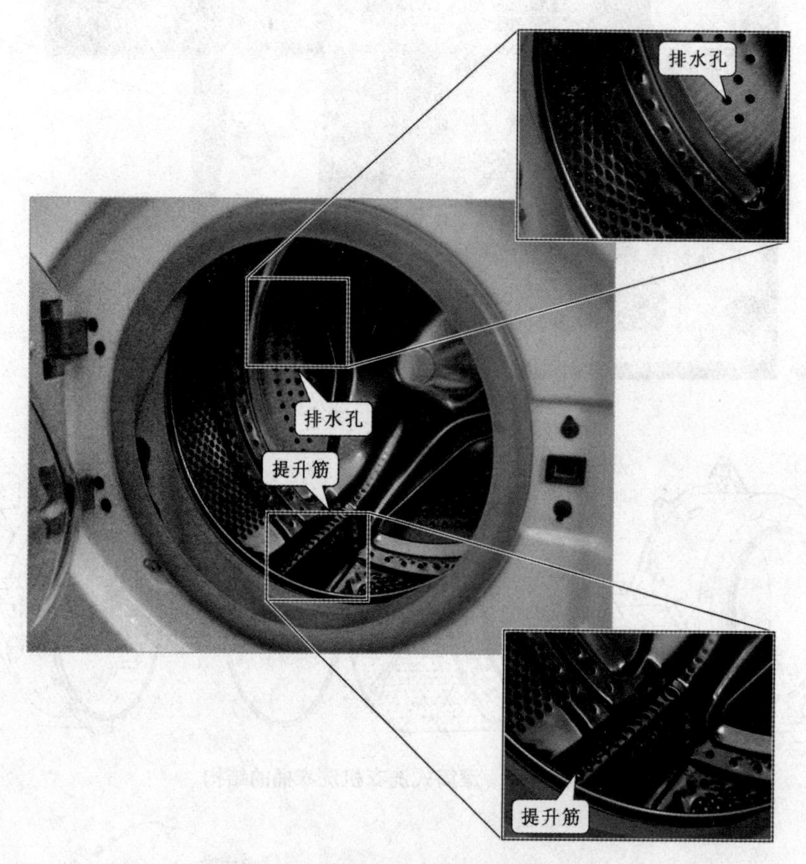

图 5-17　滚筒式洗衣机内桶的结构

2. 滚筒式洗衣机的电动机（电容运转式双速电动机）

滚筒式洗衣机中的电动机位于洗衣桶的底部，普通滚筒式洗衣机通常采用电容运转式双速电动机，该电动机主要由外壳、带轮、前风扇、绕组接线端子等构成，如图 5–18 所示。启动电容通常安装于滚筒式洗衣机的顶部，它将启动电流加到洗涤电动机的启动绕组上帮助电动机启动。

3. 滚筒式洗衣机的传动皮带和带轮

滚筒式洗衣机中滚筒旋转的动力来源于电动机，其传递方式也是依靠传动皮带和带轮进行传递的，如图 5–19 所示，滚筒式洗衣机的传动皮带分别连接电动机和洗衣桶的带轮，通过传动皮带和带轮传递力矩。通常滚筒式洗衣机的传动皮带呈扁平状，其内部带有一些纹路。

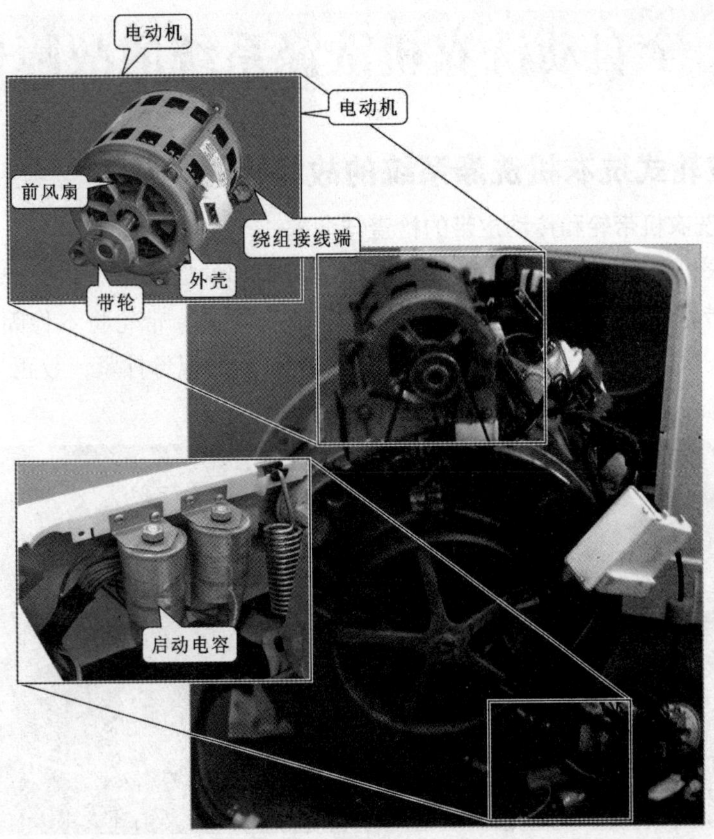

图 5-18　滚筒式洗衣机电容运转式双速电动机和启动电容的实物外形

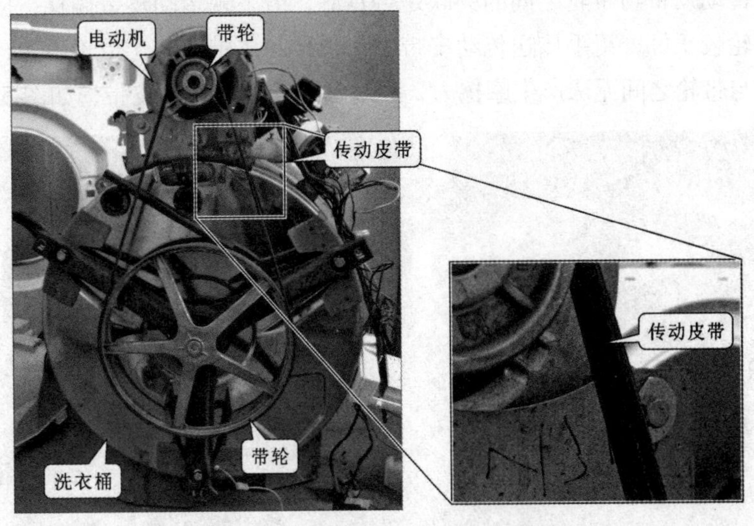

图 5-19　滚筒式洗衣机传动皮带和带轮

5.2 全自动洗衣机洗涤系统的故障检修

5.2.1 波轮式洗衣机洗涤系统的故障检修

1. 波轮式洗衣机带轮和传动皮带的检查与调整

首先将洗衣机翻转，使其底部向上，将洗衣机底部的底板拆下，检查带轮上的紧固螺母是否松动。带轮上的紧固螺母用于紧固带轮，若其松动，带轮将不稳固，从而影响洗衣机的运转情况，所以发现松动应使用合适的扳手将松动的螺母拧紧，校正带轮，如图 5–20 所示。

图 5–20 检测带轮上的紧固螺母

其次检查传动皮带与带轮之间的关联是否良好，若发现传动皮带偏移，应及时将偏移的传动皮带与带轮校正好，用手传送传动皮带，若仅传动皮带转动，带轮不转，则说明传动皮带磨损严重，与带轮之间无法产生摩擦力，此时需更换新的传动皮带，如图 5–21 所示。

图 5–21 检查皮带与带轮的关联

然后更换传动皮带或是校正带轮后，应注意传动皮带的紧张力，紧张力在电动机带轮与离合器带轮终点处按压传动皮带，按压点与传动皮带恢复正常时的间隔距离 5mm 为宜，若传动皮带偏移，将影响洗衣机的运转情况，并伴随着噪声，严重时，传动皮带将从带轮上脱离开，如图 5–22 所示。

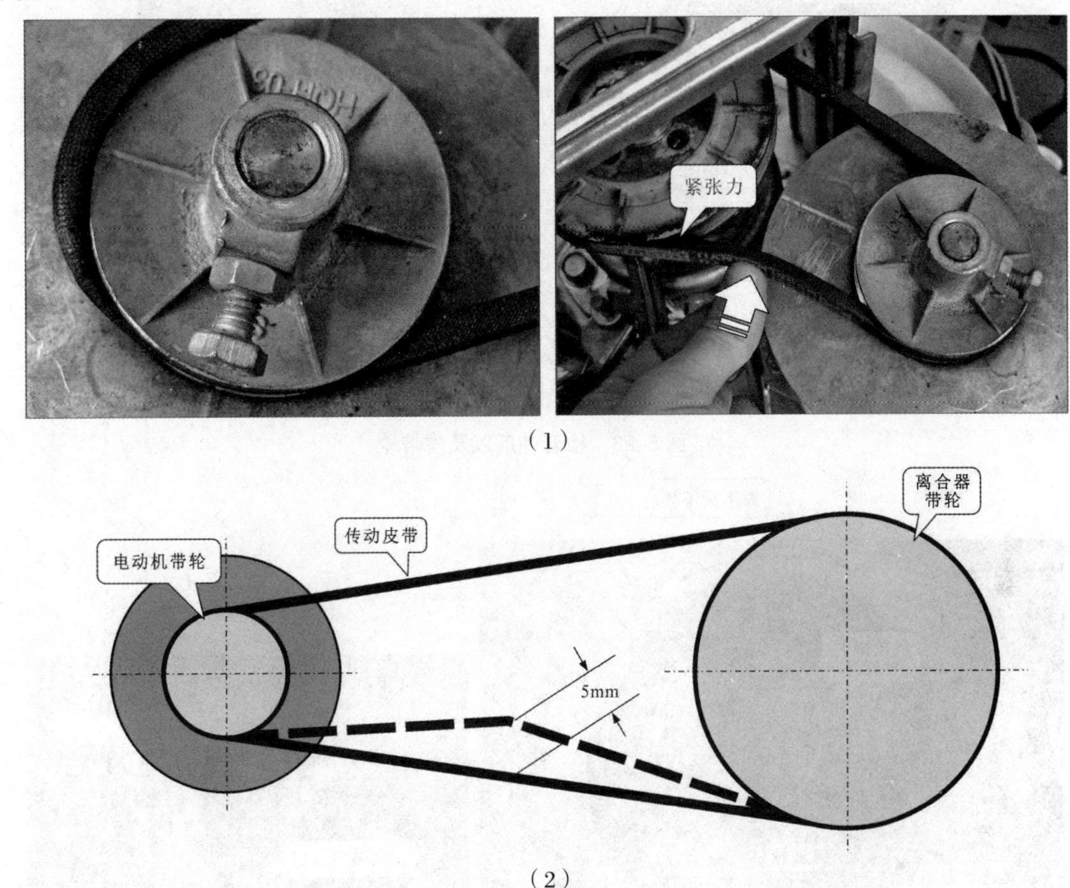

（2）

图 5–22 紧张力

2. 波轮式洗衣机离合器的检测与更换

波轮式洗衣机的离合器和洗涤电动机通常位于洗衣桶的底部，只需要将故障洗衣机翻转过来即可看到。离合器出现故障后，多表现为洗衣机将不能洗涤和脱水。

对离合器进行检查时，首先应在波轮式洗衣机“洗涤”时检查动作状态，若在洗涤时没有发现故障，可接着在波轮式洗衣机“脱水”时检查动作状态。一旦发现故障，就需要寻找可替代的离合器进行更换。

在“洗涤”时检查动作状态时，当洗衣机处于洗涤状态时，检查棘爪是否插入棘轮内，转动皮带，检查离合器上的皮带轮转动是否正常，具体操作如图 5–23 所示。

模拟顺时针转动波轮，若波轮转动良好，检查脱水桶是否跟转，若脱水桶不跟转，则说明扭簧装置良好；若脱水桶跟转，则说明扭簧装置不良，如图 5–24 所示。

模拟逆时针转动波轮，若波轮转动良好，检查脱水桶是否跟转动；若脱水桶不跟转，则说明刹车装置良好；若脱水桶跟转，则说明刹车装置不良，如图 5–25 所示。

在“脱水”时检查动作状态，应首先检查刹车臂、棘爪与棘轮之间的动作是否协调，若

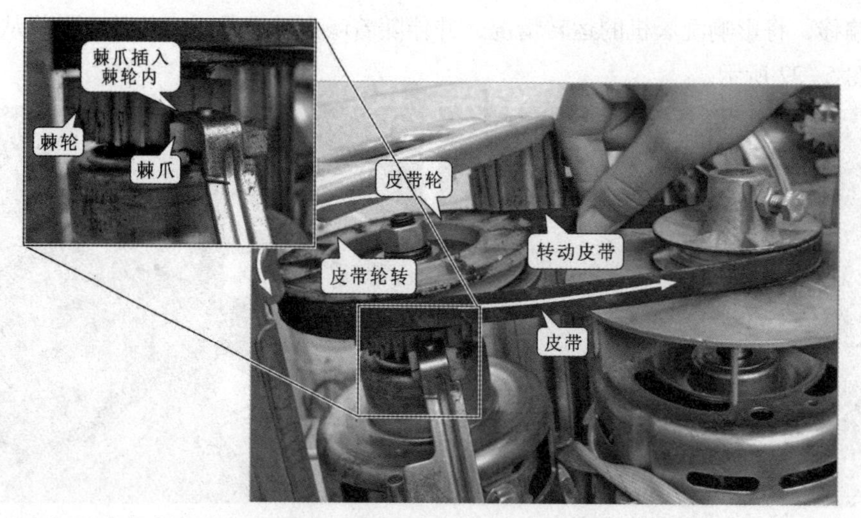

图 5-23　检查棘爪以及皮带轮

图 5-24　检查扭簧装置

图 5-25　检查刹车装置

发现刹车臂工作不协调，就需要重新调节挡块和刹车臂之间的距离，再检查棘轮和棘爪表面磨损是否严重，在脱水过程中检查棘爪是否正常打开，且要求棘爪与棘轮的间距大于 2.0mm，操作方法如图 5-26 所示。

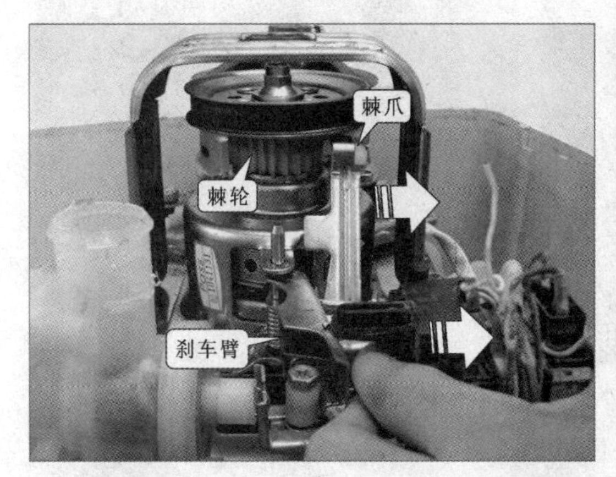

图 5-26　棘轮、棘爪和刹车臂的检查

接着检查当洗衣机处于脱水状态时，检查棘爪是否退出棘轮，转动传动皮带，检查离合器上的带轮转动是否正常，如图 5-27 所示。

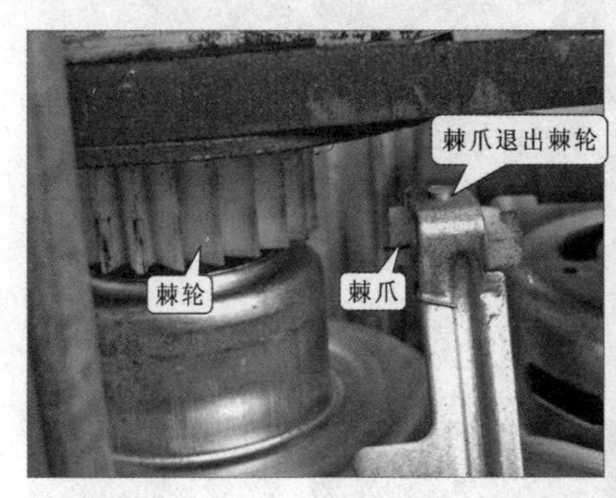

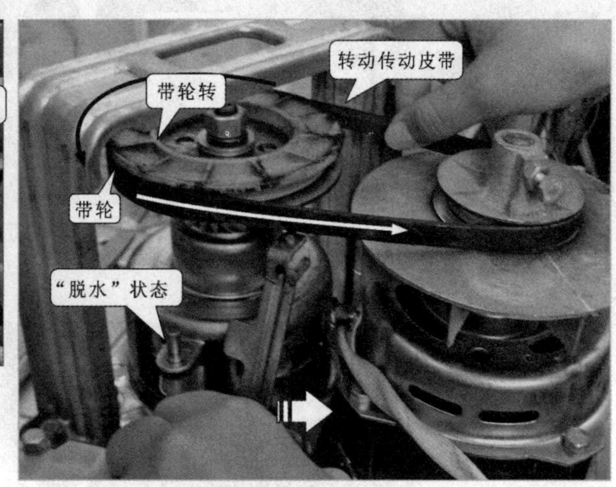

图 5-27　棘爪、带轮状态的检查

检查波轮轴和脱水桶是否会跟皮带轮着同时转动，若同时转动，则说明脱水轴和波轮轴之间的关联性良好，如图 5-28 所示。

若离合器在“洗涤”和“脱水”时动作状态不协调，相关传动功能丧失时，则需要对离合器进行更换。

首先将波轮式洗衣机内部的波轮取下，即可看到波轮轴，观察波轮轴的固定螺母，选用合适的套筒扳手，方法如图 5-29 所示。

然后将套筒扳手套在离合器的波轮轴上，逆时针方向旋转，再将固定在法兰上的螺母拧下，将洗衣机翻转过来（外桶组件反扣在地上），使用呆扳手将固定在外桶支架上的 4 颗固

图 5-28　检查脱水轴与波轮的关联性

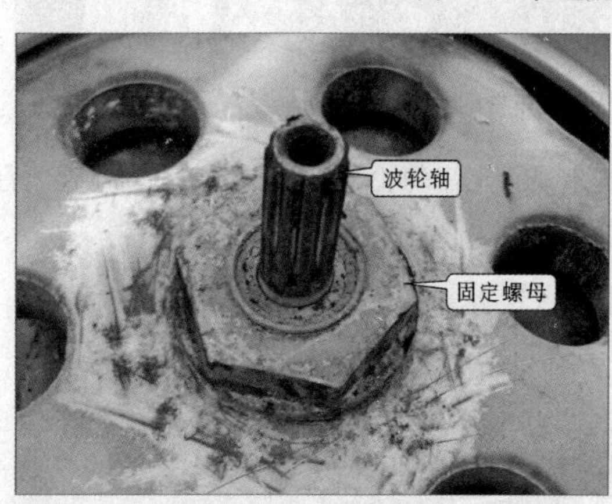

图 5-29　观察固定螺母

定螺母拧下，如图 5-30 所示。

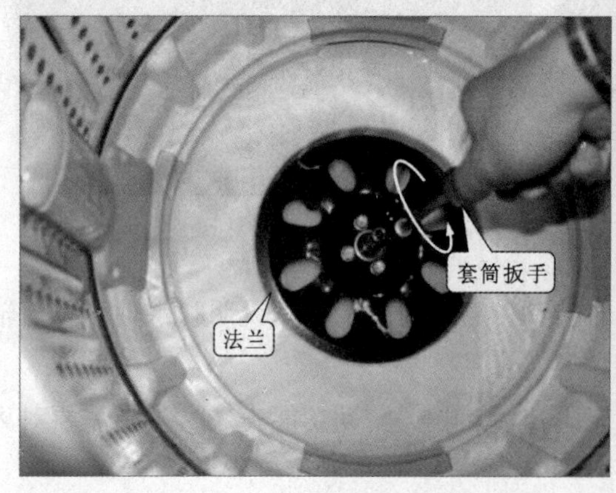

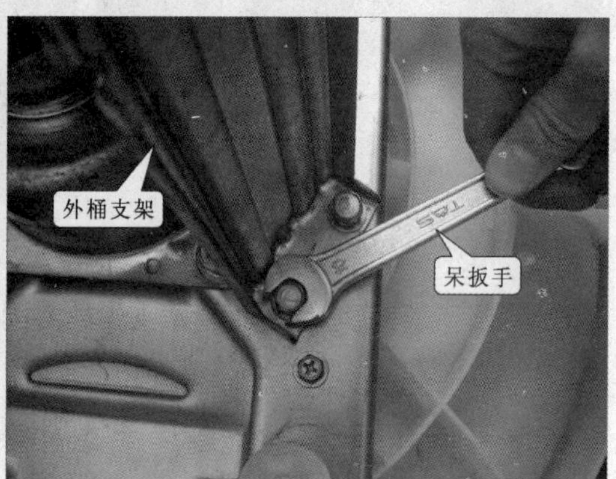

图 5-30　拧下支架上的固定螺母

接着轻轻向上提起外桶支架，便可将外桶支架从固定底板上取下，使用呆扳手将固定在离合器上的 4 颗固定螺母拧下并取下，如图 5-31 所示。

最后将离合器从固定底板上取下，如图 5-32 所示。

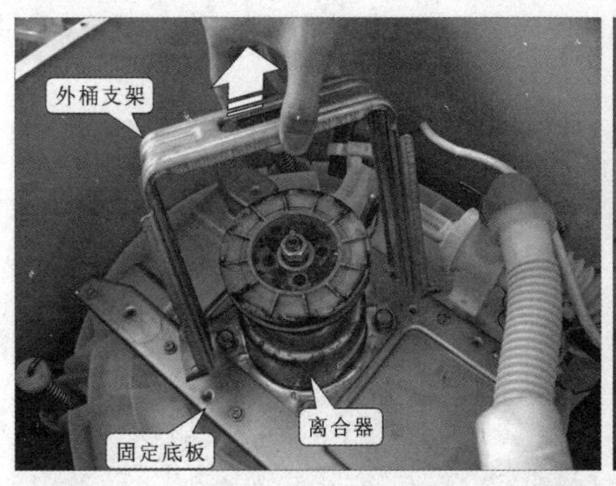

图 5-31　拧下离合器上的固定螺母

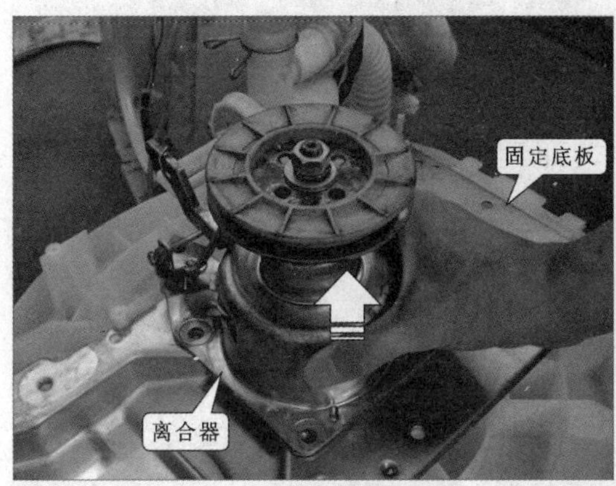

图 5-32　取下离合器

将损坏的离合器拆下后，接下来寻找可替代的新离合器进行更换。更换离合器时就需要根据离合器的型号、大小等参数选择合适的离合器进行更换。

首先找一台与故障洗衣机离合器型号相同的离合器，在密封圈周边涂上适量的润滑油，并将离合器限位垫片的位置调整好，为了避免安装过程中垫片脱落，最好将垫片安装在离合器的轴槽内，并旋转 45°，如图 5–33 所示。

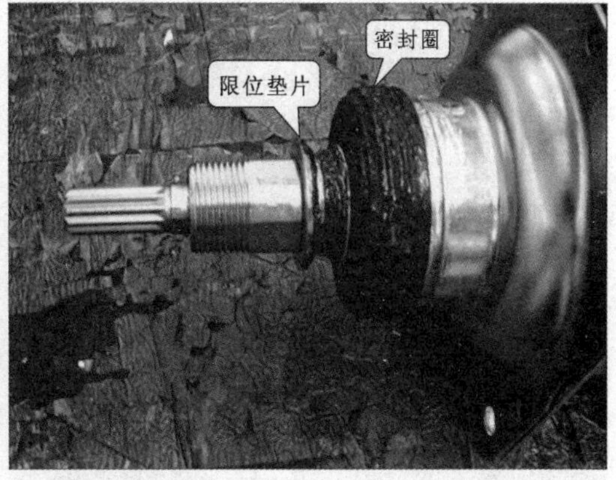

图 5-33　找相同离合器并调整限位垫片位置

然后将良好的离合器放回到原来的位置，并使离合器的螺孔对准固定支架的螺孔，如图 5-34 所示。

图 5-34　放回离合器并使螺孔对准

再使用固定螺母将离合器固定在波轮式洗衣机的固定底板上，如图 5-35 所示。

图 5-35　固定离合器

最后将外套支架的螺孔对准后，使用固定螺母将外桶支架固定在固定支架上，并将洗衣机复原，通电试机故障排除，如图 5-36 所示。

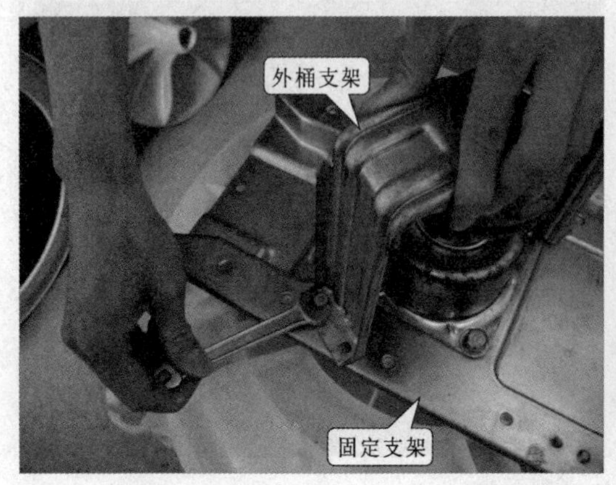

图 5-36　固定外桶支架

3. **波轮式洗衣机启动电容的检测与更换**

启动电容正常工作是波轮式洗衣机单相异步电动机运行的基本条件之一，当单相异步电动机出现不启动或启动后转速明显偏慢，应对启动电容进行检测。若经检测判断为启动电容故障时，应先将损坏的启动电容从洗衣机上拆下，然后使用良好的启动电容进行更换。

检测启动电容时，应先观察其表面有无明显烧焦、漏液、变形、碎裂、漏液等现象，如图 5-37 所示。

图 5-37　观察启动电容表面

若从外观无法观测到，再通过万用表检测启动电容的电容量进行判断，检测时用万用表的红黑表笔分别插入电容器连接线的接线端子中，将万用表功能旋钮置于电容测量挡位，观察万用表显示屏读数，并与启动电容标称容量相比较：实测 9.216μF 近似标称容量，说明启动电容正常，如图 5-38 所示。

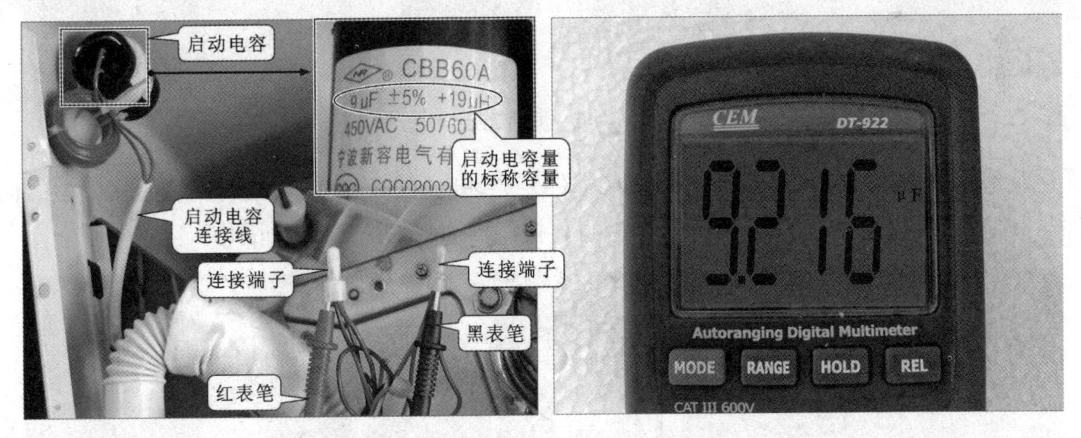

图 5-38　使用万用表检测启动电容

若电动机启动电容器因漏液、变形导致容量减少时，多会引起电动机转速变慢故障；若电动机启动电容器漏电严重、完全无容量时，将会导致电动机启动不启动、不运行故障。

若经过检测确定为洗涤系统中启动电容本身损坏引起的洗衣机故障，则需要对损坏的启动电容进行更换，在替换之前需要将损坏的启动电容取下。

启动电容的安装连接较简单，拆卸时使用十字旋具拧下启动电容固定卡环的固定螺钉，从洗衣机箱体上取下启动电容及固定卡环，如图 5–39 所示。

图 5–39　取下启动电容及固定卡环

再使用偏口钳剪断固定启动电容连接线的线束，如图 5–40 所示。

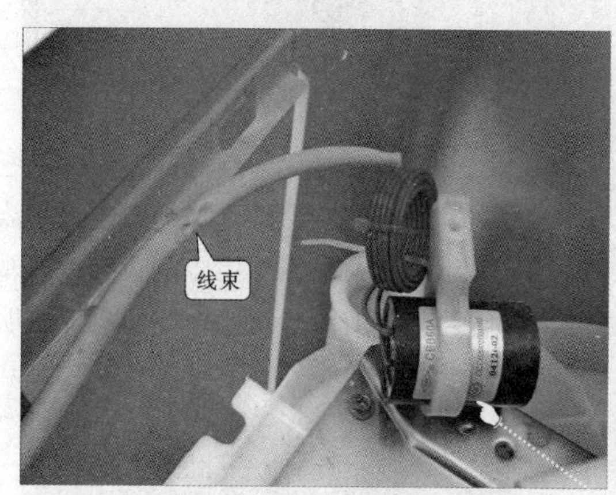

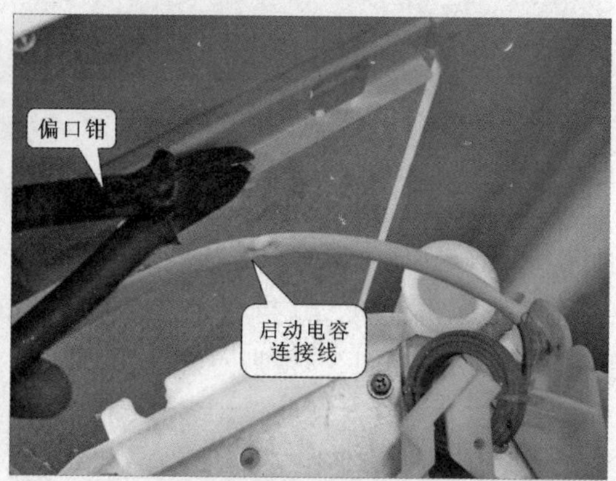

图 5–40　剪断连接线

从线盒内取出启动电容及各器件连接插件，启动电容的连接线通过一次性压接成型的插件与其他器件进行连接，因此拆卸时，应将连接线剪断，如图 5–41 所示。

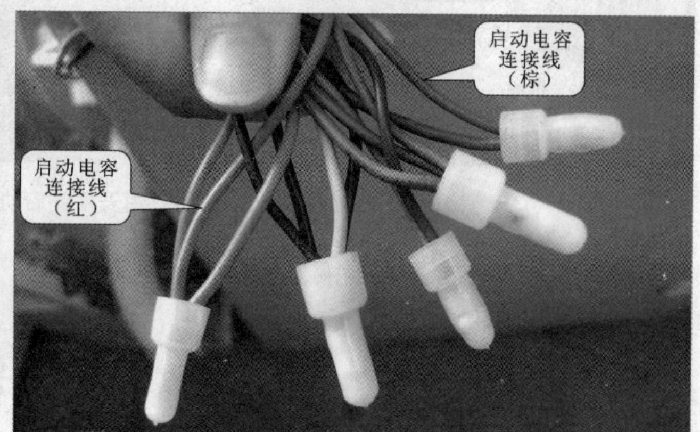

图 5–41　启动电容连接线

从连接插件中拔出启动电容的红色连接线，使用偏口钳沿连接插件根部剪断红色连接线的线芯，将启动电容的红色连接线与连接插件分离，如图 5-42 所示。

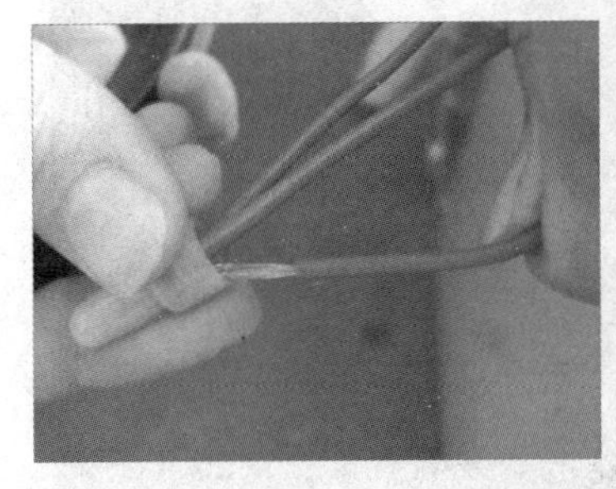

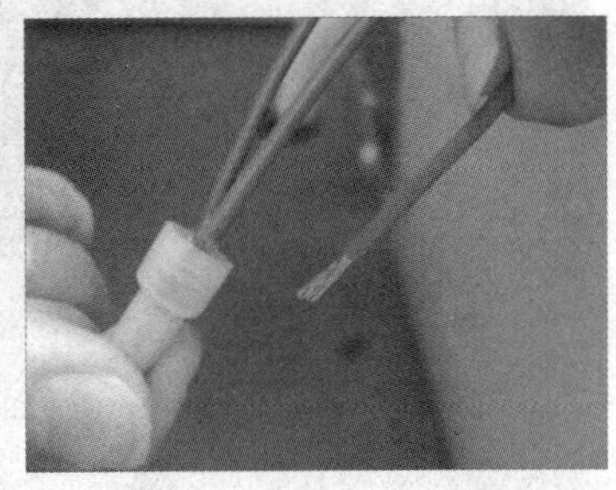

图 5-42　使红色连接线与连接插件分离

从连接插件中拔出启动电容的棕色连接线，使用偏口钳沿连接插件根部剪断棕色连接线的线芯，将启动电容的棕色连接线与连接插件分离，如图 5-43 所示。

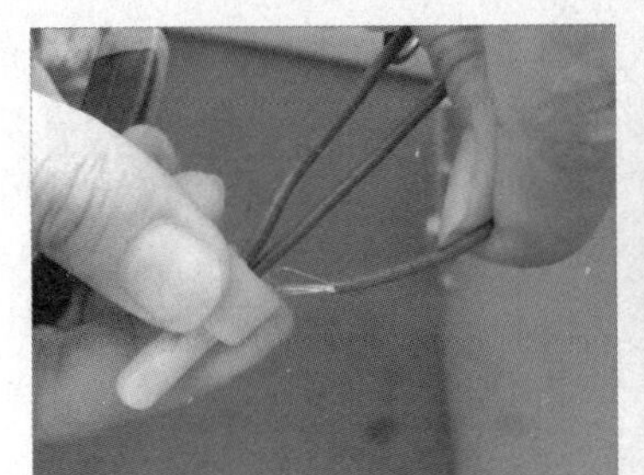
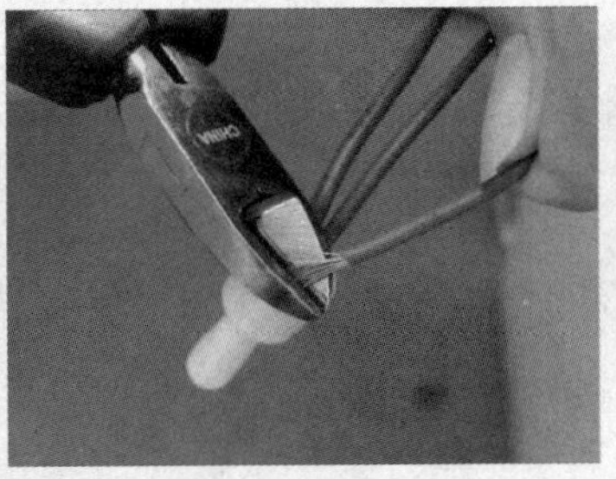
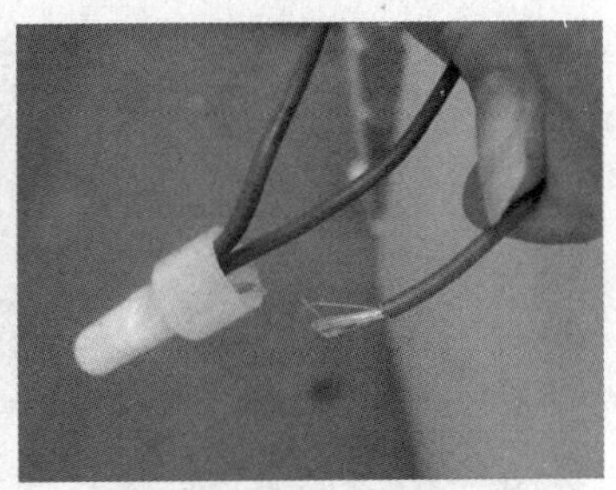

图 5-43　使棕色连接线与连接插件分离

最后，从固定卡环中取出启动电容，如图 5-44 所示。

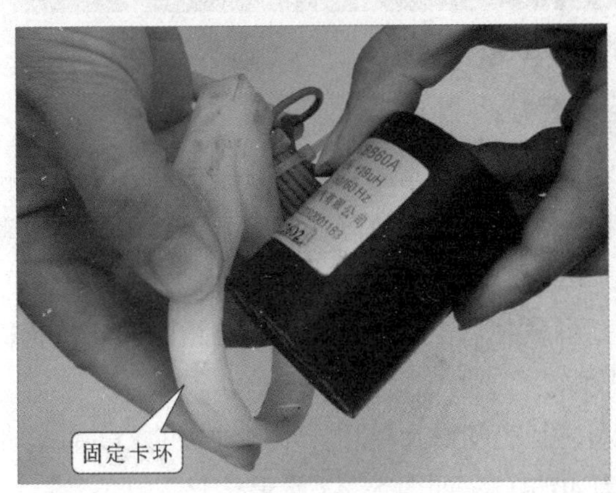

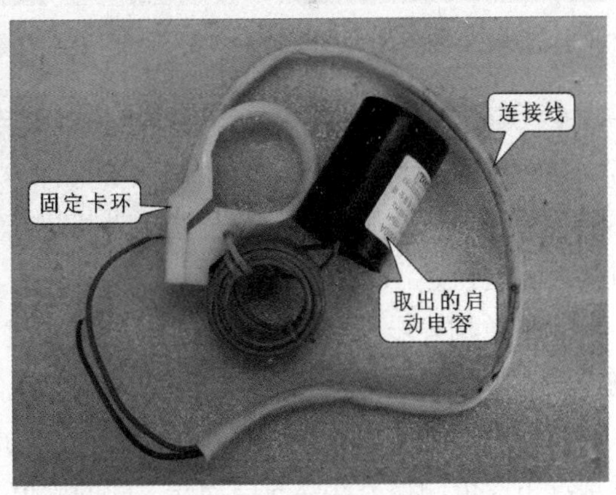

图 5-44　取出启动电容

将损坏的启动电容器拆下后，接下来需要寻找可替代的启动电容器进行更换。

首先将新启动电容套入原启动电容的固定卡环中，再将新启动电容及固定卡环放置到原启动电容及固定卡环的安装位置处，使用固定螺钉将新的启动电容的固定卡环重新固定到洗衣机箱体上，如图 5-45 所示。

接着将新启动电容的连接线线芯按照原启动电容的连接位置与其他器件的连接线线芯进

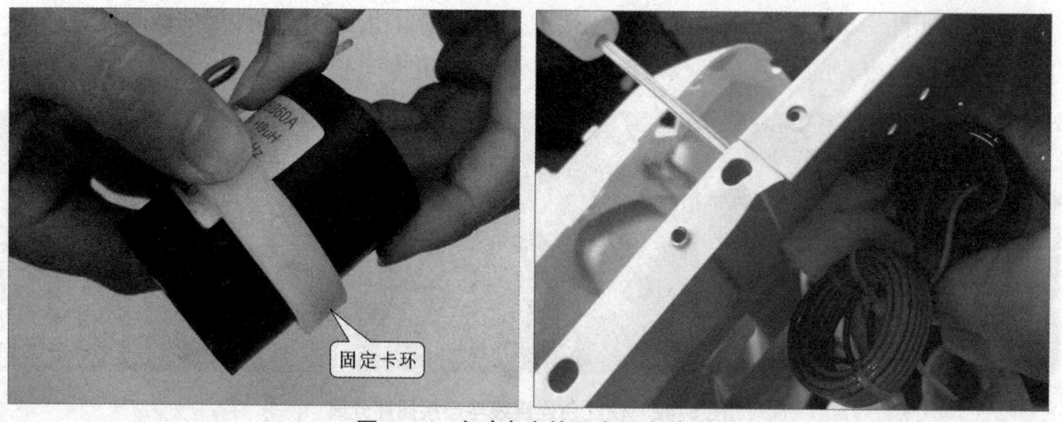

图 5-45　启动电容的固定及安装

行连接，使用绝缘胶带缠绕连接线芯部位进行绝缘，最后将垂落的导线使用线束固定在洗衣机箱体上，将洗衣机复原，通电试机，故障排除，如图 5-46 所示。

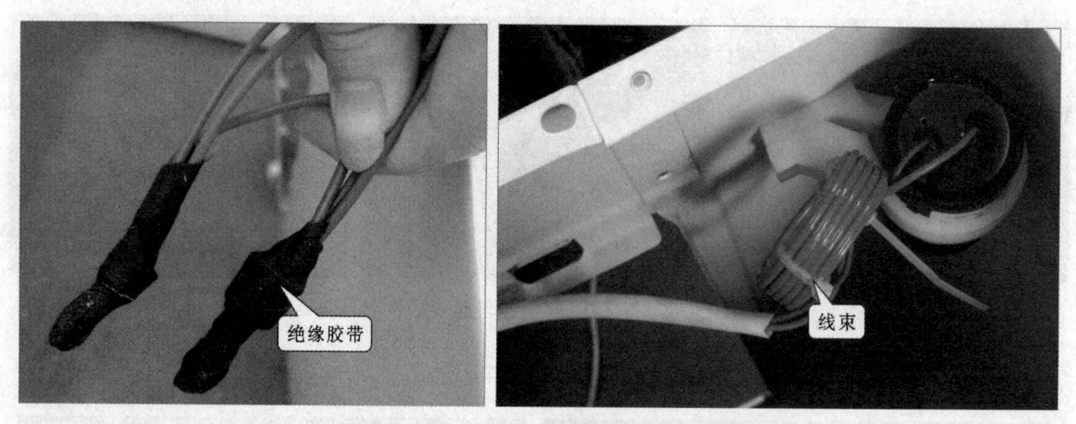

图 5-46　连接线线芯的连接及固定

4. 波轮式洗衣机单相异步电动机的检测与更换

单相异步电动机是洗衣机中的核心部件。在启动电容正常的前提下，若单相异步电动机不转或转速异常，则需对单相异步电动机进行检测，一旦发现故障，就需要寻找同规格电动机的进行更换。

判断单相异步电动机是否损坏时，可通过万用表对单相异步电动机各绕组的阻值进行检测，通过阻值来判断单相异步电动机是否出现故障。

首先将黑表笔搭在单项相步电动机的启动端，红表笔搭在单相异步电动机的公共端，正常情况下，可测得公共端与启动端之间的阻值为 40.4Ω，如图 5-47 所示。

然后黑表笔搭在单相异步电动机的运行端，红表笔搭在公共端，正常情况下，可测得公共端与运行端之间的阻值为 39Ω，如图 5-48 所示。

最后将红表笔搭在单相异步电动机的启动端，黑表笔搭在运行端，正常情况下，可测得启动端与运行端之间的阻值为 97.2Ω，如图 5-49 所示。

观测万用表显示的数值，正常情况下，启动端与运行端之间的阻值约等于公共端与启动端之间的阻值加上公共端与运行端之间的阻值。

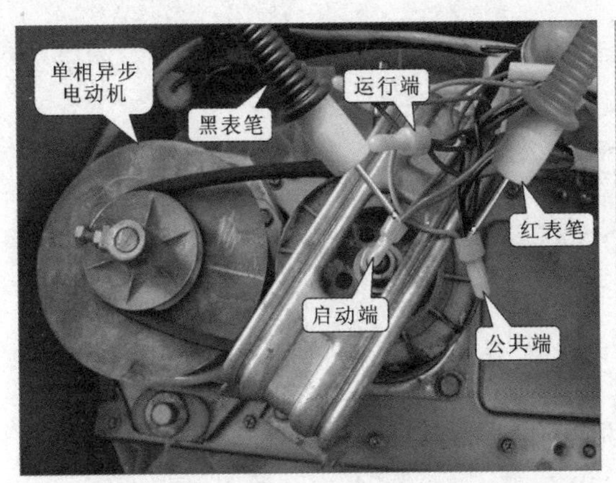

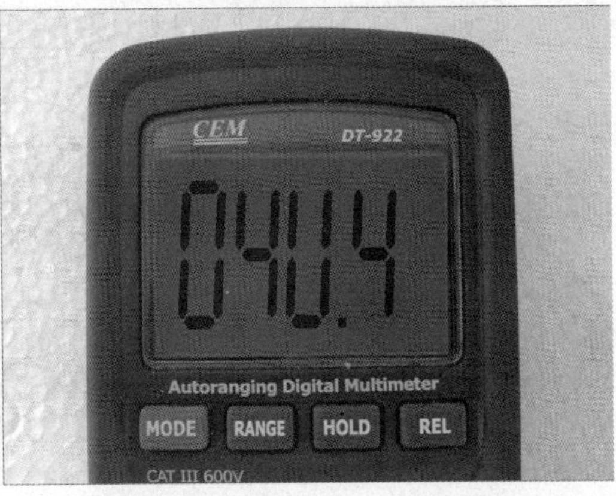

图 5-47　公共端与启动端之间阻值的检测

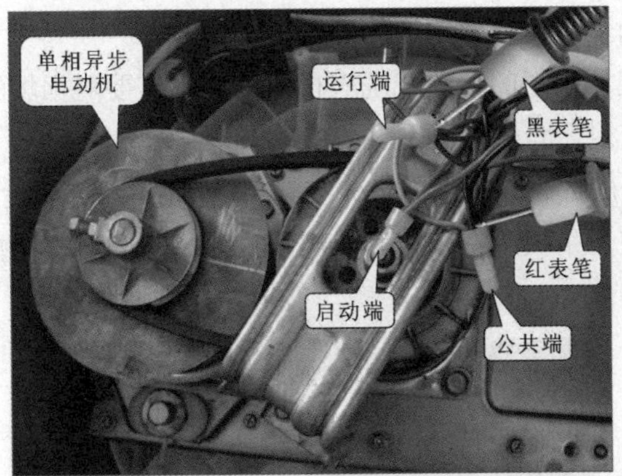

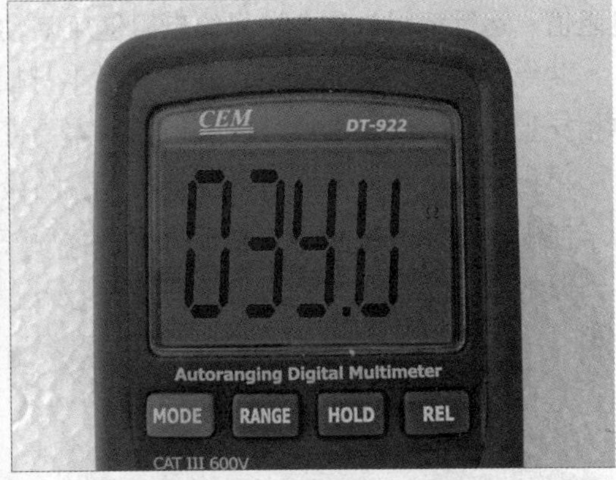

图 5-48　运行端与公共端之间阻值的检测

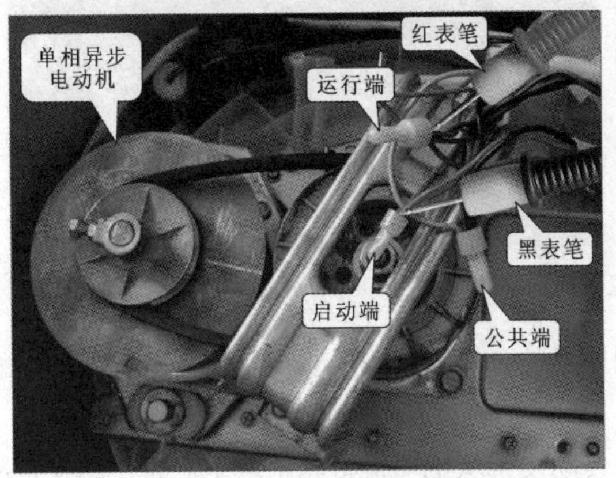

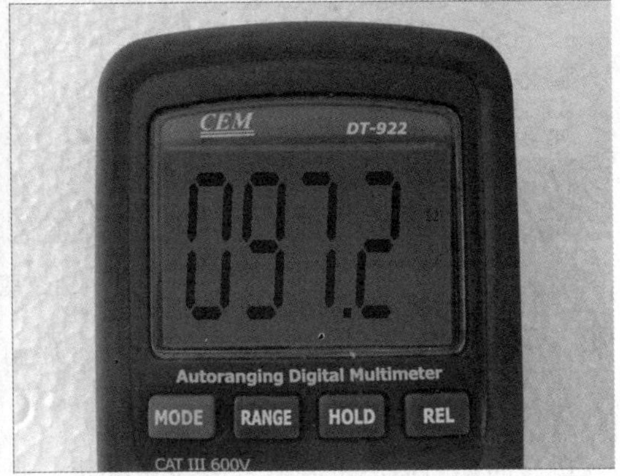

图 5-49　启动端与运行端之间阻值的检测

若检测时发现某两个引线端的电阻值趋于无穷大，则说明绕组中有断路情况；若三组数值间不满足等式关系，则说明单相异步电动机内绕组可能存在绕组间短路等情况，应更换电动机。

【信息扩展】

波轮式洗衣机中单相异步电动机的连接方式较为简单，通常有 3 个线路输出端，其中一条引线为公共端，另外两条分别为运行绕组和启动绕组引线端，如图 5-50 所示。

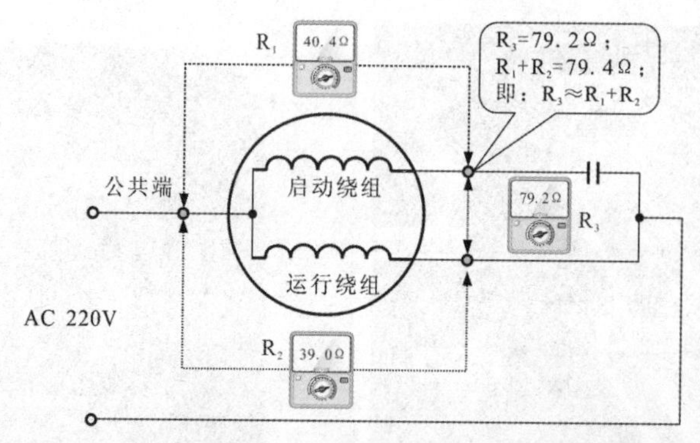

图 5-50　波轮式洗衣机中单相异步电动机绕组的连接方式

根据其接线关系不难理解其引线端两两间阻值的关系应为：运行绕组与启动绕组之间的电阻值≈运行绕组与公共端间的电阻值＋启动绕组与公共端间的电阻值。

若经过检测确定为单相异步电动机本身损坏引起的波轮式洗衣机故障，则需要对损坏的单相异步电动机进行更换，在更换之前需要将损坏的单相异步电动机取下。

单相异步电动机组件通常位于洗衣机的最底部，拆卸时应将洗衣机翻转，使其底部向上，为了便于操作还需将底部的底板拆下，然后使用呆扳手将单相异步电动机一侧的固定螺栓拧下，取下拧松的固定螺栓，如图 5-51 所示。

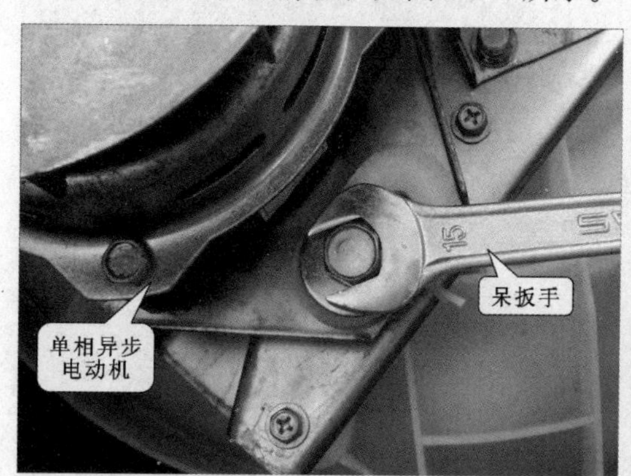

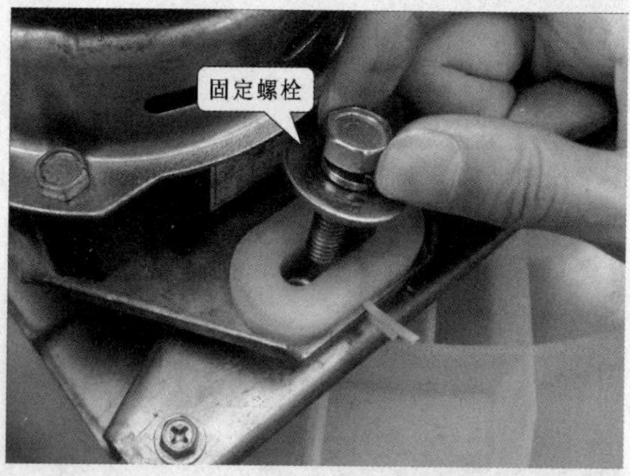

图 5-51　取下固定螺栓

然后取下固定螺栓底部的塑料垫片，使用同样的方法将单相异步电动机另一侧的固定螺栓、塑料垫片取下，如图 5-52 所示。

接着向离合器侧推动单相异步电动机，将传动皮带从电动机带轮上取下，将传动皮带从离合器带轮上取下，如图 5-53 所示。

单相异步电动机的连接线通过一次性压接成型的插件与其他器件进行连接，使用偏口钳沿连接插件根部剪断单相异步电动机的连接线，如图 5-54 所示。

最后从洗衣机底部取出单相异步电动机，使电动机与洗衣机彻底分离，如图 5-55 所示。

将损坏的单相异步电动机拆下后，接下来用良好的单相异步电动机进行替换。

【要点提示】

拆下损坏的单相异步电动机后，则应根据原单相异步电动机的铭牌标识，选择型号、额

定电压、额定频率、功率、极数等规格参数相同的电动机进行替换，如图 5-56 所示。

选择好替换用单相异步电动机后，首先将两个较厚的塑料垫片分别放置在固定支架的两个电动机固定孔上，将电动机放置到固定底板上，使其固定孔套入塑料垫片，如图 5-57 所示。

然后将另外两个较薄的塑料垫片分别放置在电动机的两个固定孔上，使其与底部的塑料垫片正常齿合，将传动皮带套在离合器带轮上，如图 5-58 所示。

图 5-52　取下塑料垫片、另一侧固定螺栓及塑料垫片

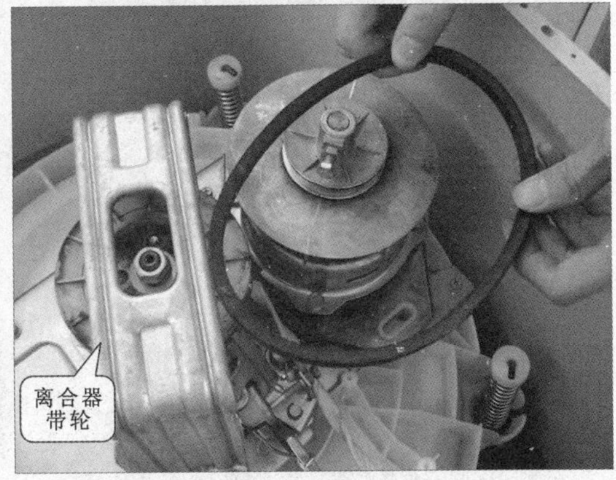

图 5-53　取下传动皮带

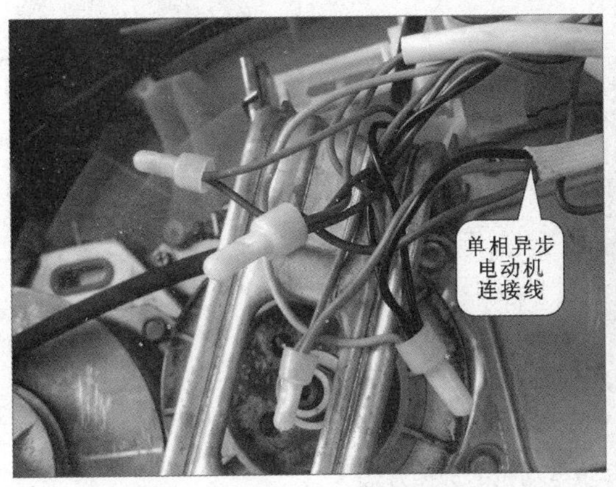

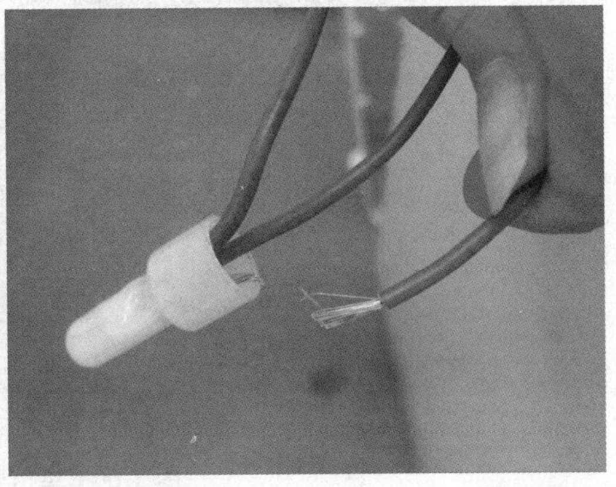

图 5-54　剪断单相异步电动机的线束

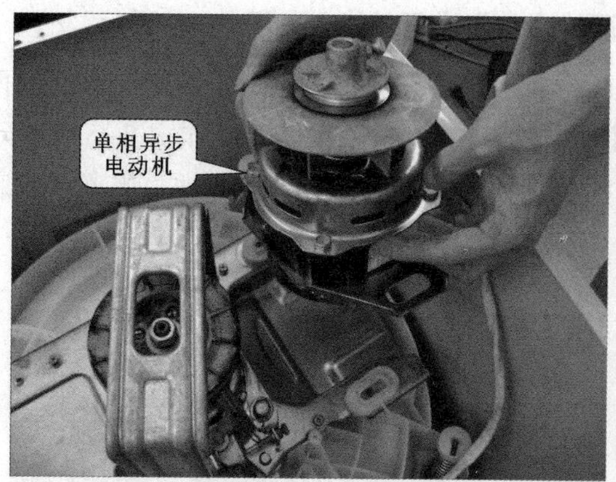

图 5-55　电动机与洗衣机分离

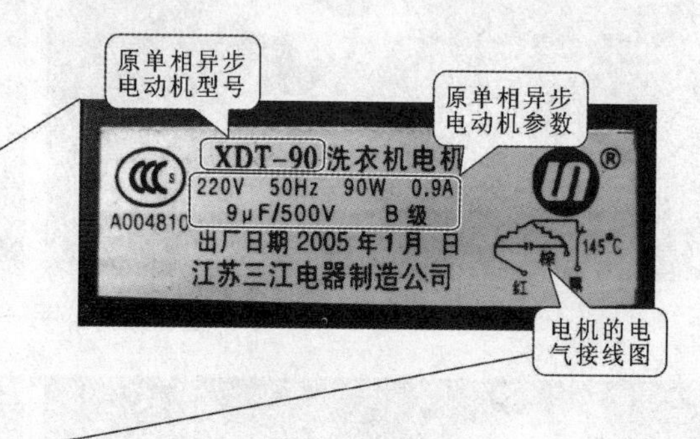

（1）

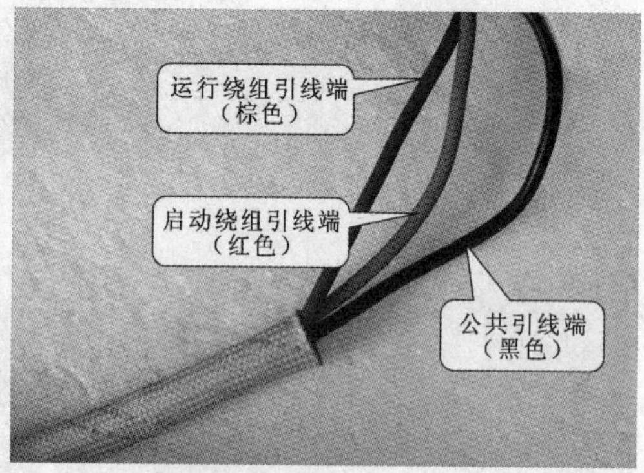

（2）

图 5-56　单相异步电动机的选择方法

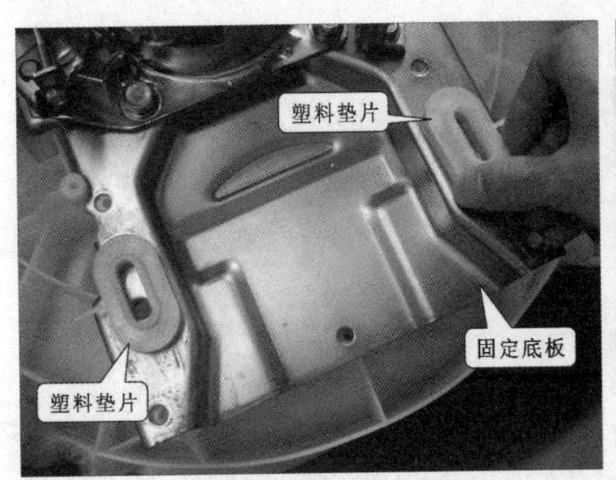

图 5-57 电动机的放置方法

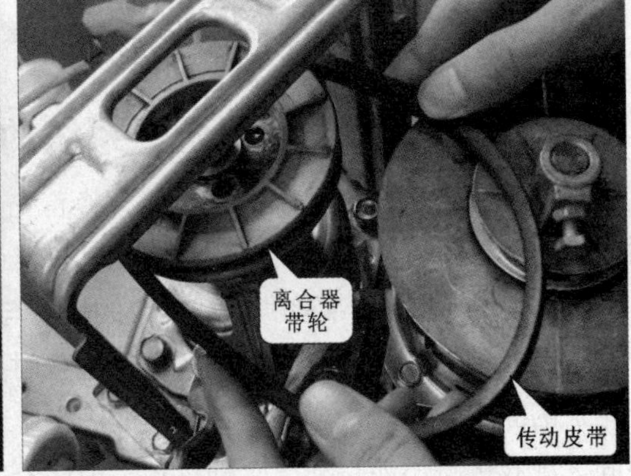

图 5-58 传动皮带套在离合器的带轮上

接着向离合器侧推动单相异步电动机，将两个固定螺栓分别放入电动机的固定孔中，如图 5-59 所示。

图 5-59 固定螺栓放入固定孔

最后使用呆扳手将单相异步电动机两侧的固定螺栓拧紧，将新单相异步电动机的连接线线芯按照原电动机的连接位置与其他器件的连接线线芯进行连接，并使用绝缘胶带缠绕连接线芯部位进行绝缘，单相异步电动机安装连接完成后，将垂落的导线使用线束固定在洗衣机箱体上，将洗衣机复原，通电试机，故障排除，如图 5-60 所示。

图 5-60　线芯的连接、绝缘及导线的固定

5.2.2 滚筒式洗衣机洗涤系统的故障检修

对滚筒式洗衣机洗涤系统的检修替换首先是对带轮和传动皮带进行检查及调整，接着是对启动电容进行检测及替代换，最后是对电容运转式双速电动机进行检测及替换。

1. 滚筒式洗衣机带轮和传动皮带的检查与调整

带轮和传动皮带位于滚筒的背面，检查时应先将洗衣机的后盖板取下，然后检查洗衣桶带轮上的固定螺钉是否松动，带轮上的固定螺钉用于紧固洗衣桶带轮，若其松动，带轮将不稳固，洗衣机将不能带动洗衣桶运转，因此若发现松动应将其拧紧，校正带轮，还要检查传动皮带与带轮之间的关联是否良好，若传动皮带偏移，将影响洗衣机的运转情况，并伴随着噪声，严重时，传动皮带将从带轮上脱离开，因此应及时将偏移的传动皮带与带轮校正好，如图 5-61 所示。

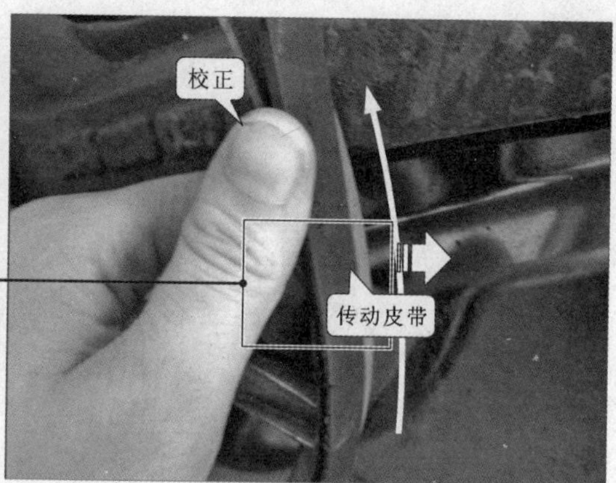

图 5-61　带轮的检测及校正

接着用手传送传动皮带，若仅传动皮带转动，带轮不转，则说明传动皮带磨损严重，与带轮之间无法产生摩擦力，此时需更换新的传动皮带。更换传动皮带或是校正带轮后，应注意传动皮带的紧张力以 5mm 为宜，即在电动机带轮与洗衣桶带轮重点处按压传动皮带，按

压点与传动皮带恢复正常时的间隔距离 5mm 为宜，如图 5–62 所示。

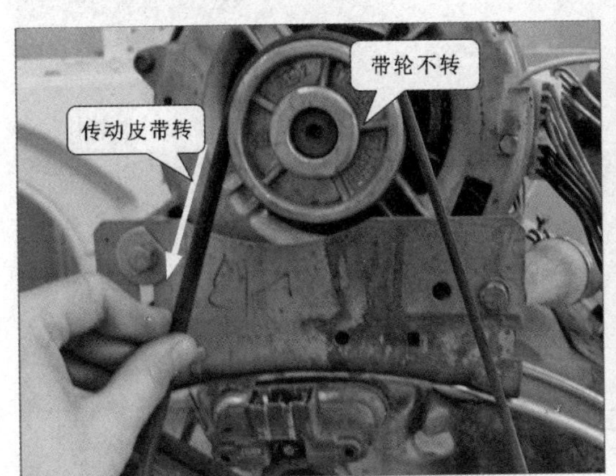

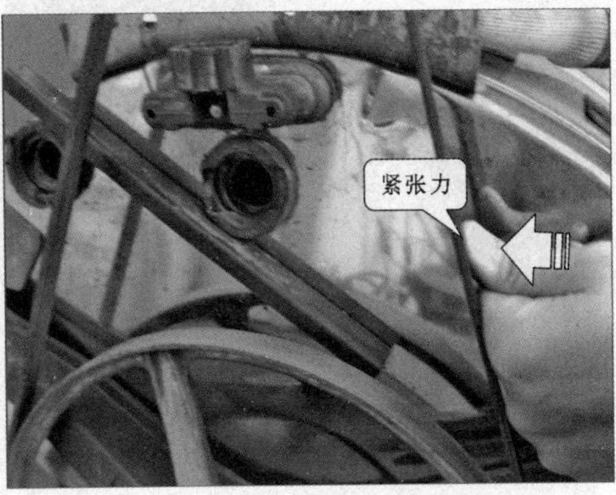

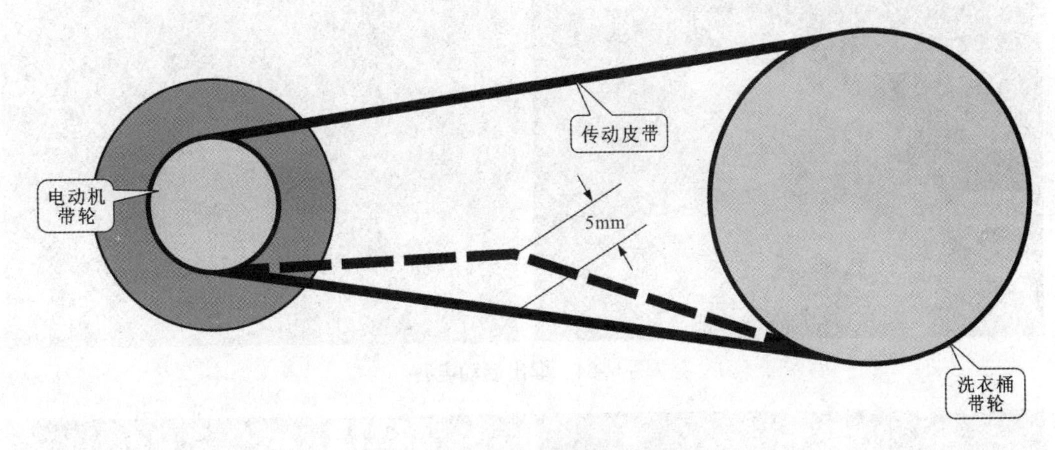

图 5–62 传动皮带的检测与校正

2. 滚筒式洗衣机启动电容器的检测与更换

电容运转式双速电动机是通过启动电容进行启动的，启动电容损坏将引起电动机出现不启动或启动后转速明显偏慢的现象，因此，在判断电动机故障前，应先判断启动电容是否正常。若经检测判断为启动电容故障时，应使用良好的启动电容进行更换。

对启动电容进行检测时，为了便于检测，应先将启动电容器从滚筒式洗衣机上取下。

对启动电容进行拆卸应使用十字旋具拧下启动电容的固定螺钉，从洗衣机箱体上取下启动电容，如图 5–63 所示。

然后拔下启动电容的连接线，将启动电容与洗衣机彻底分离，使用同样的方法将另一个启动电容从洗衣机中取出，如图 5–64 所示。

取下启动电容后，应先观察其表面有无明显烧焦、漏液、变形等现象，如图 5–65 所示。

若从外观无法观测到，再通过万用表检测启动电容的电容量进行判断，检测时将万用表的两表笔分别搭在启动电容的两个接线端，对启动电容的电容量进行检测，然后将万用表功能旋钮置于电容测量挡位，观察万用表显示屏读数，并与启动电容标称容量相比较：实测

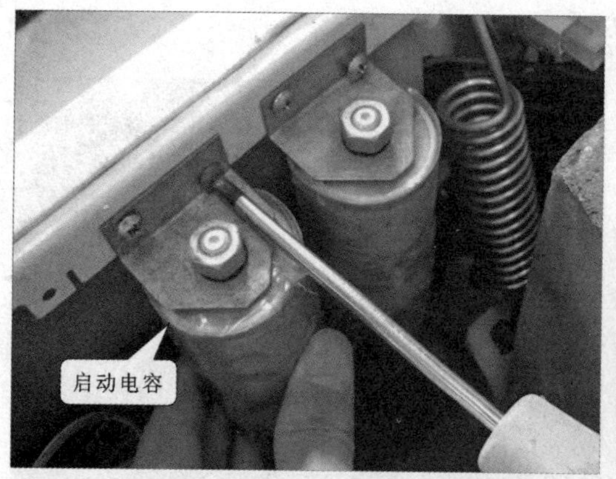

图 5-63　拧下固定螺钉

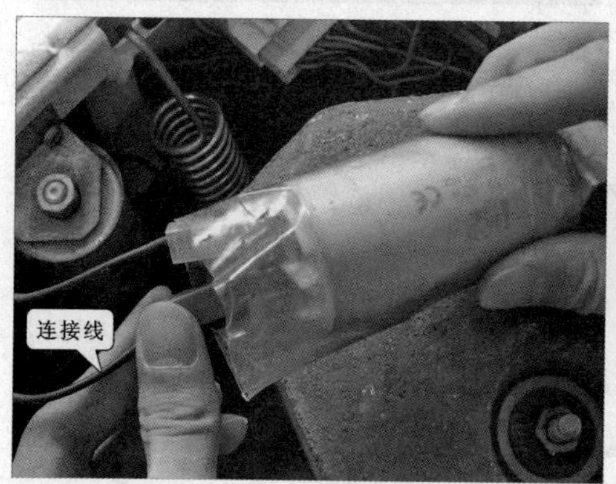

图 5-64　取出启动电容

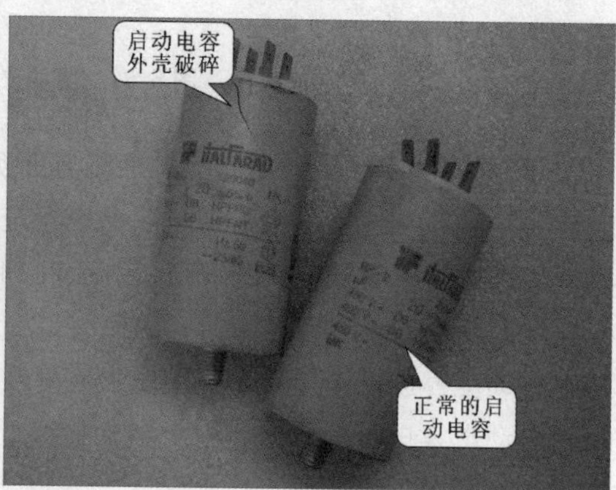

图 5-65　启动电容表面的观察

19.42μF 近似标称容量，说明启动电容正常，如图 5-66 所示。

若启动电容因漏液、变形导致容量减少时，多会引起电容运转式双速电动机转速变慢故障；若启动电容漏电严重，完全无容量时，将会导致电容运转式双速电动机不启动故障，出现上述故障时就应对启动电容进行更换。

经检测若确定启动电容器损坏后，用可替代的启动电容器进行更换。

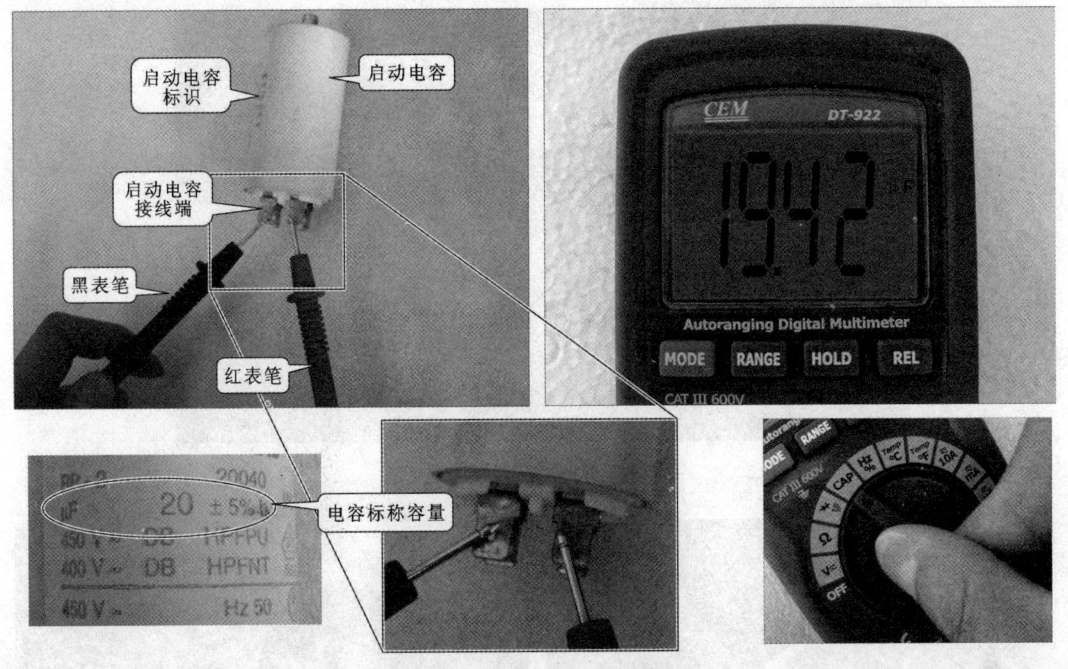

图 5–66　用万用表检测启动电容

如图 5–67 所示，选择好更换用启动电容器后，将新启动电容套入损坏启动电容的防水套中，然后将固定支架、垫片套入新启动电容的底部螺栓中，使用螺母进行固定。

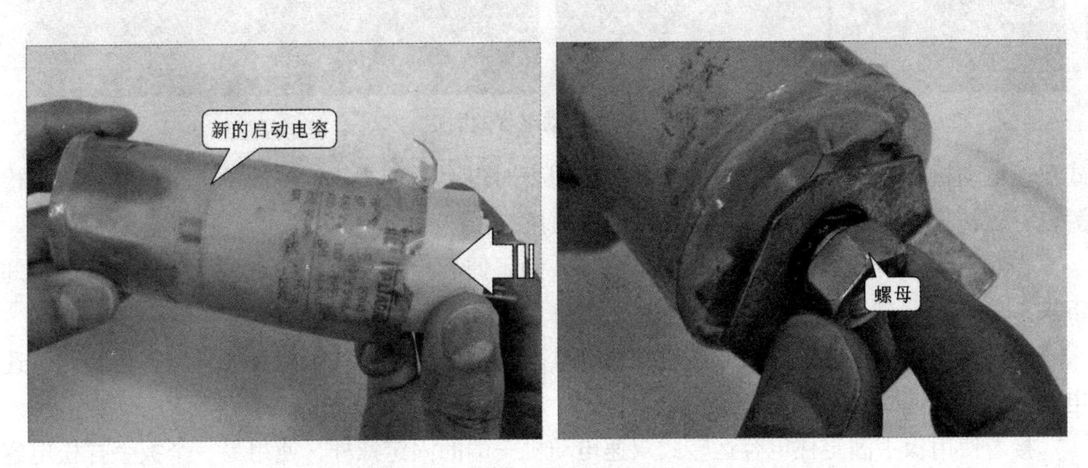

图 5–67　新启动电容的套入及固定

然后将启动电容的连接线重新插接，如图 5–68 所示。

接着使用固定螺钉将新的启动电容的固定支架重新固定到洗衣机箱体上，使用同样的方法将另一个启动电容固定在洗衣机箱体上，并将洗衣机复原，通电试机，故障排除，如图 5–69 所示。

3. 滚筒式洗衣机电容运转式双速电动机的检测与更换

电容运转式双速电动机是洗衣机中的核心部件。在启动电容正常的前提下，若电容运转

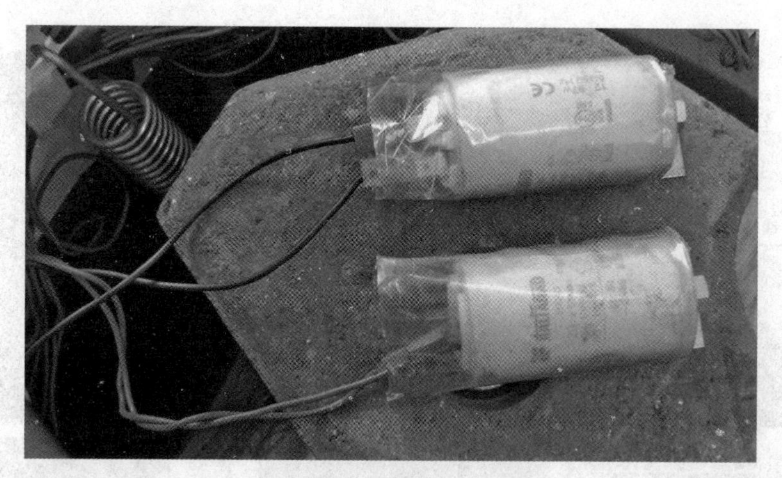

图 5-68 重新插接连接线

图 5-69 启动电容的固定

式双速电动机不转或转速异常，则需通过万用表对电容运转式双速电动机进行检测，若经检测电容运转式双速电动机损坏则应及时进行更换。

在对电容运转式双速电动机进行检测前，为了便于检测，应先将电动机从洗衣机上拆卸下来。

首先应该拔下电容运转式双速电动机与其他器件的连接插件，然后拔下电容运转式双速电动机的连接地线，如图 5−70 所示。

接着使用扳手固定住电容运转式双速电动机一端的固定螺杆，使用另一个扳手拧松电容运转式双速电动机另一端的固定螺母，如图 5−71 所示。

然后用一只手在一端旋拧已松动的固定螺母，另一只手在另一端向外抽出固定螺杆，如图 5−72 所示。

接着使用同样的方法拧下电容运转式双速电动机另一侧的固定螺母，并将其固定螺杆从电动机中抽出，如图 5−73 所示。

最后使用同样的方法拧下电容运转式双速电动机另一侧的固定螺母，并将其固定螺杆从电动机中抽出，从洗衣机中取出电容运转式双速电动机，如图 5−74 所示。

拆下电容运转式双速电动机后，便可对其进行检测，检测时主要通过检测电动机各绕组之间的阻值及其过热保护器的阻值判断电动机是否损坏。

图 5-75 所示为电容运转式双速电动机的连接绕组端，检测电容运转式双速电动机时，将万用表的红黑表笔插入电动机的绕阻接线端子中，分别检测过热保护器、12 级绕组、2 级绕组的阻值以及 12 级绕组、2 级绕组与公共端之间的阻值。观察万用表显示屏读数，并与正常值相比较以判断电容运转式双速电动机是否损坏。

过热保护器是用于在洗衣机电流过大时，保护电容运转式双速电动机不被损坏。图 5-76 所示为检测电容运转式双速电动机过热保护器之间的阻值，万用表的红黑表笔分别插入过热保护器的两个接线端，正常情况下测得阻值为 29.1Ω。

正常情况下可测得 29.1Ω 的阻值，若实际检测中阻值为无穷大、零或与正常值偏差较大，均说明过热保护器损坏。

将万用表的红表笔插入 2 级绕组的一个接线端（蓝），将万用表的黑表笔插入绕组公共端（红白），正常时可测得 16.8Ω 的阻值，如图 5-77 所示。

然后将红表笔插入 2 级绕组的另一个接线端（橙），将万用表的黑表笔插入绕组公共端（红

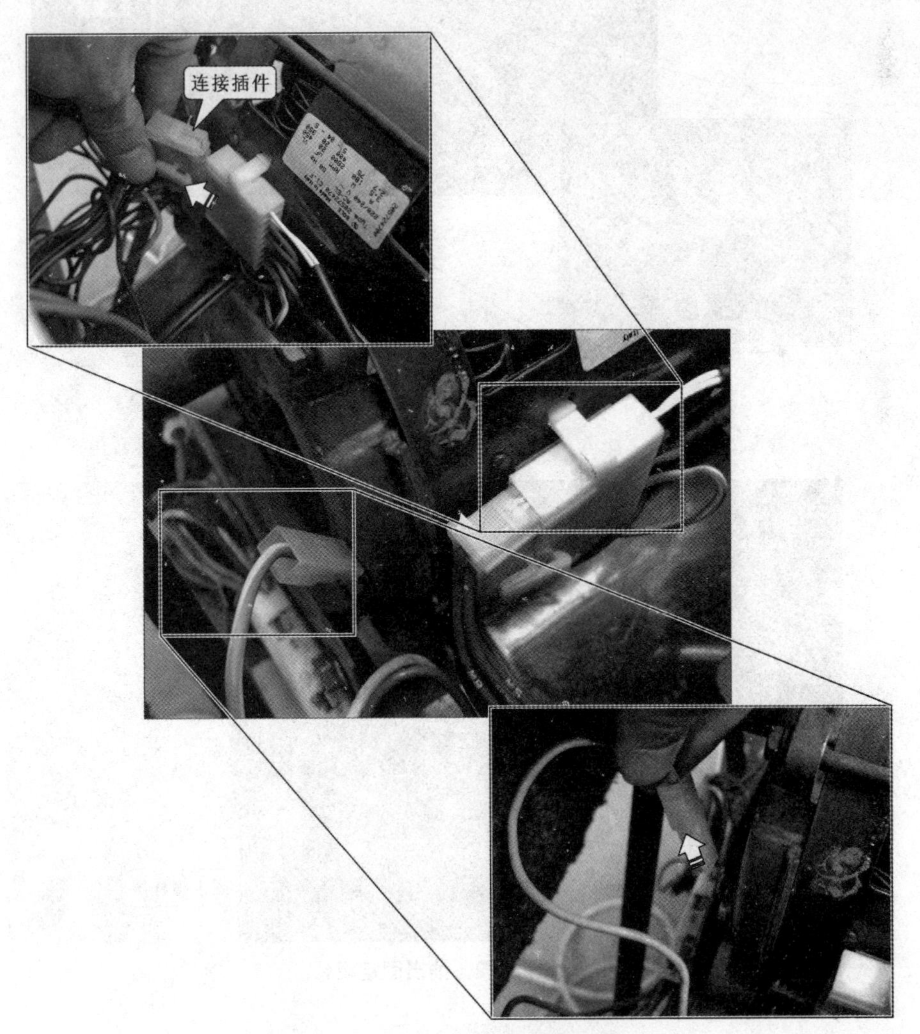

图 5-70 拔下连接插件及连接地线

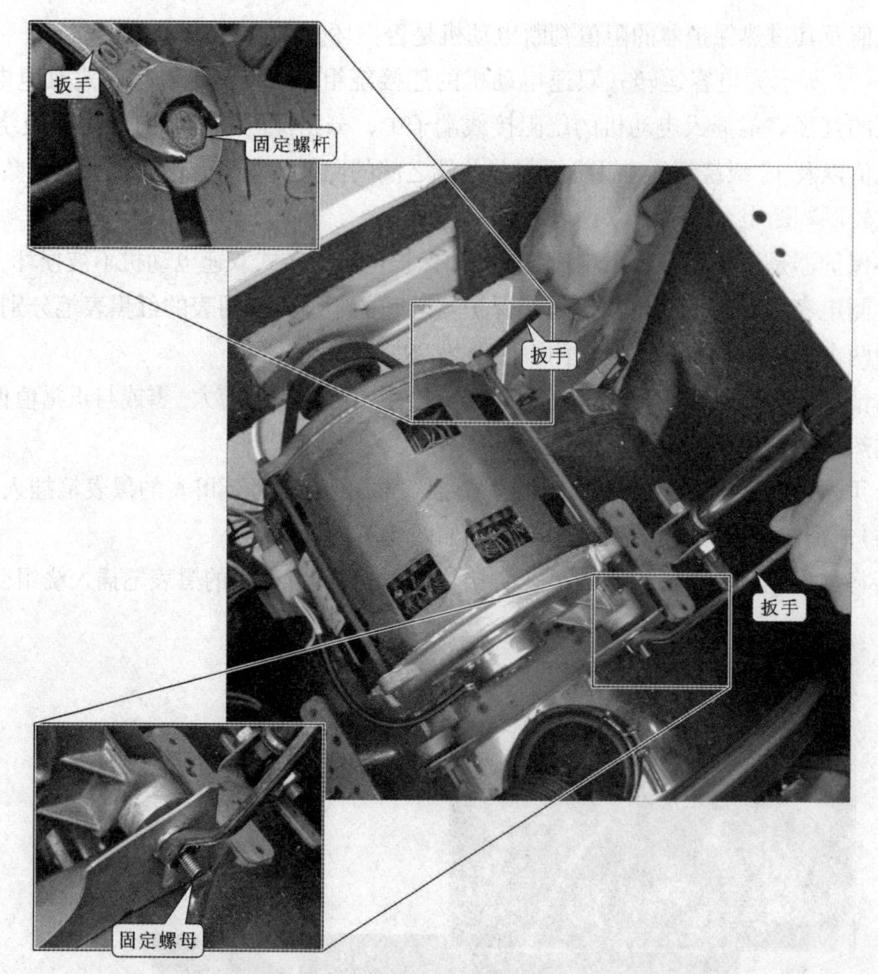

图 5-71　拧松固定螺母

图 5-72　抽出固定螺杆

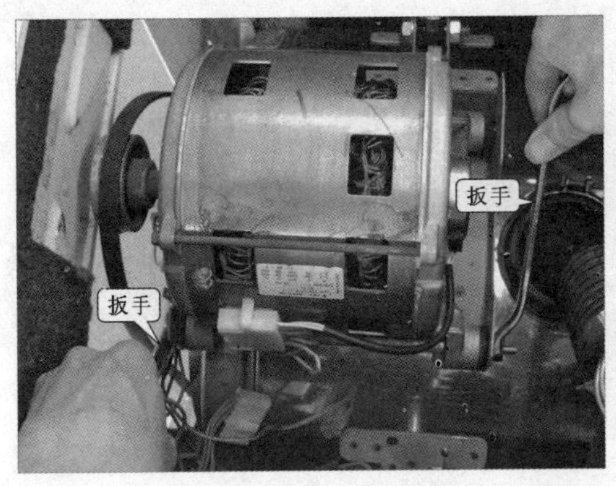

图 5-73　抽出另一个固定螺杆

图 5-74　取出电动机

图 5-75　电容运转式双速电动机的连接绕组端

图 5–76　检测过热保护器的阻值

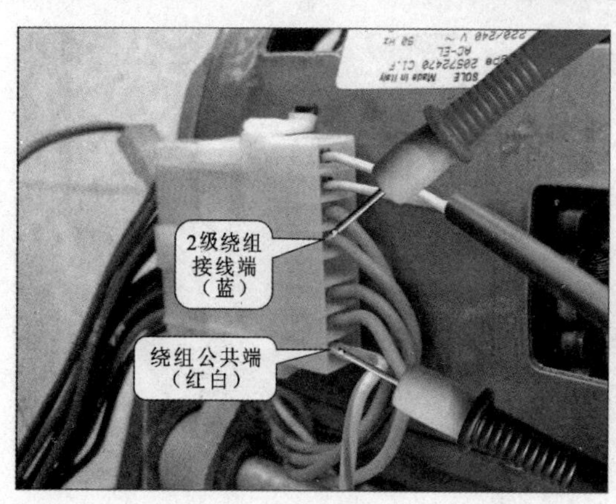

图 5–77　检测蓝接线端与绕组公共端之间的阻值

白)，正常时可测得 23.4Ω 的阻值，如图 5–78 所示。

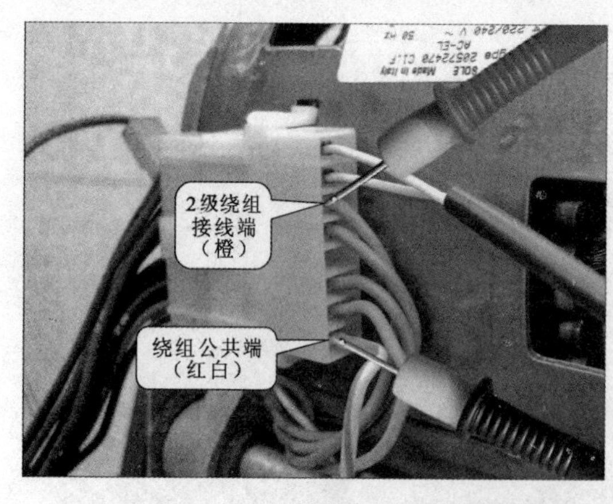

图 5–78　检测橙接线端与绕组公共端之间的阻值

最后将红表笔插入 2 级绕组的另一个接线端（橙），将万用表的黑表笔插入 2 级绕组的一个接线端（蓝），正常时可测得 40Ω 的阻值，如图 5–79 所示。

正常情况下，2 级绕组之间的阻值约等于 2 级绕组分别与绕组公共端之间的阻值之和。若检测时发现某对电阻值趋于无穷大，则说明绕组中有断路情况；若三组数值间不满足等式

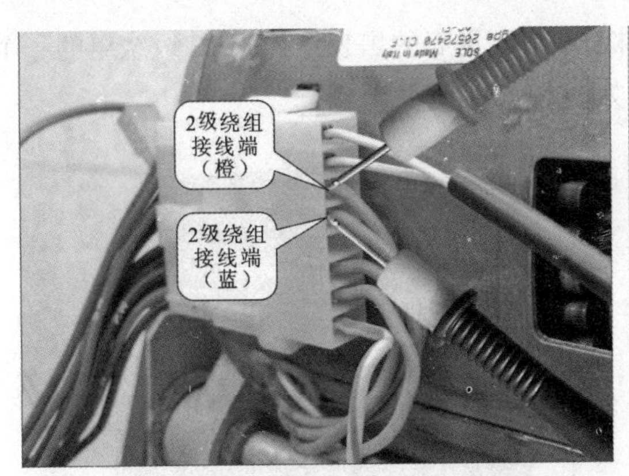

图 5-79　检测橙、蓝两个接线端之间的阻值

关系，则说明电容运转式双速电动机 2 级绕组可能存在绕组间短路等情况，应更换电动机。

为检测电容运转式双速电动机 12 级绕组之间的阻值，首先将万用表的黑表笔插入绕组公共端（红白），将红表笔插入 12 级绕组的一个接线端（绿），正常时可测得 35.4Ω 的阻值，如图 5-80 所示。

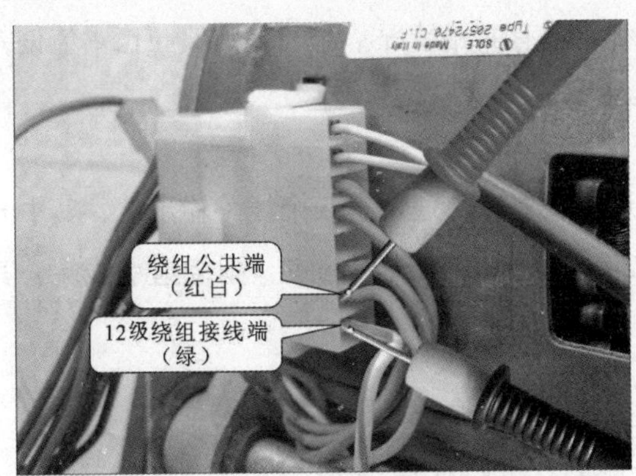

图 5-80　检测绕组公共端与绿接线端之间的阻值

然后将红表笔插入 12 级绕组的另一个接线端（棕），将万用表的黑表笔插入绕组公共端（红白），正常时可测得 36.1Ω 的阻值，如图 5-81 所示。

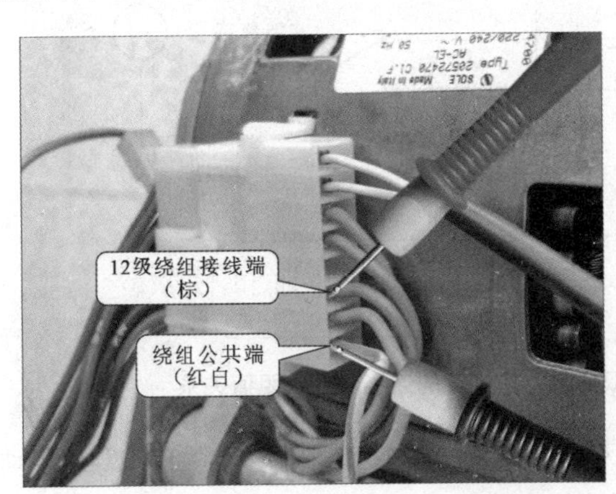

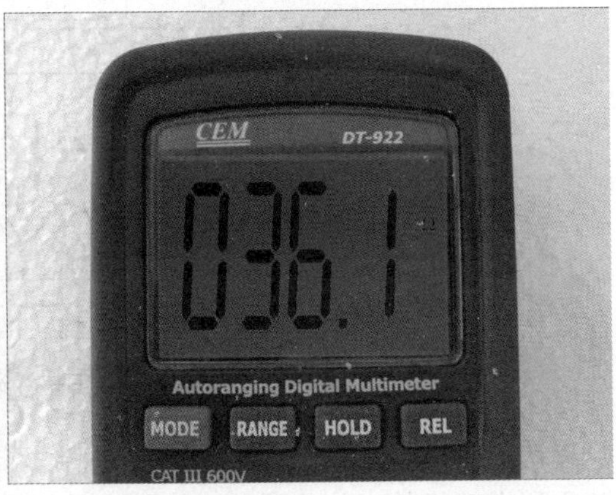

图 5-81　检测绕组公共端与棕接线端之间的阻值

红表笔插入12级绕组的另一个接线端（棕），将万用表的黑表笔插入12级绕组的一个接线端（绿），正常时可测得49.5Ω的阻值，如图5–82所示。

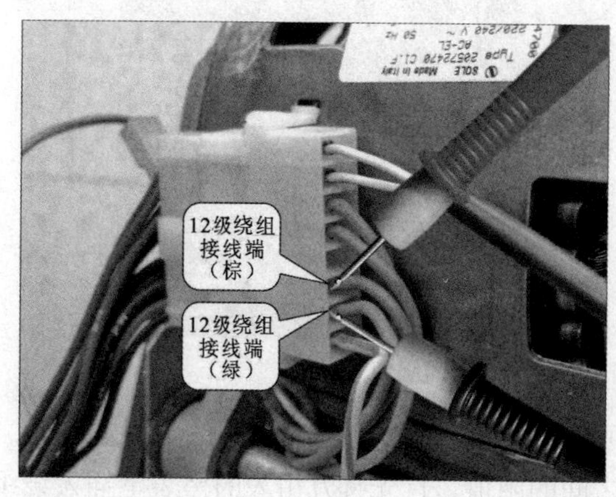

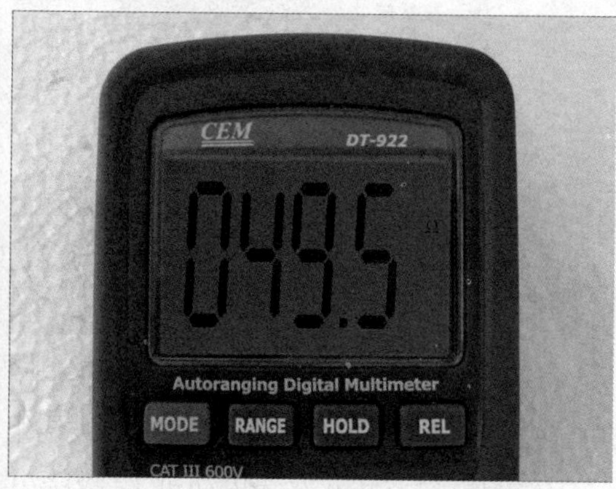

图5–82　检测棕、绿两个接线端之间的阻值

正常情况下，12级绕组之间、12级绕组分别与绕组公共端之间的三组阻值均为几十欧姆。若检测时发现某对电阻值趋于无穷大，则说明绕组中有断路情况；若三组数值与正常值偏差较大，也则说明绕组存在故障，应更换电动机。

【要点提示】

滚筒式洗衣机中电容运转式双速电动机的连接较复杂，通常有5个线路输出端，其中一条引线为绕组公共端，另外四条引线分别为12级绕组和2级绕组的主、副绕组引线端，其阻值关系如图5–83所示。

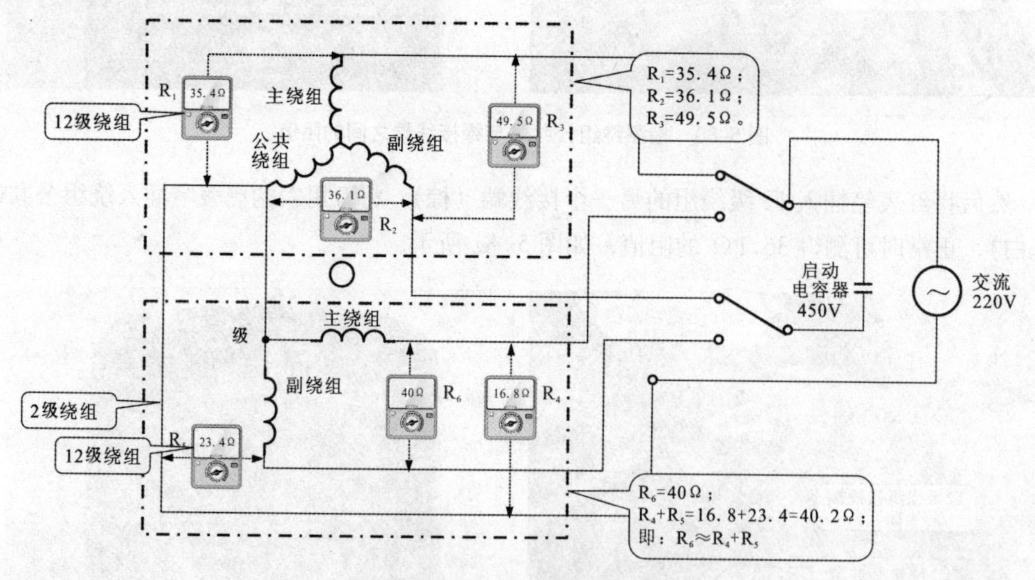

图5–83　滚筒式洗衣机中电容运转式双速电动机绕组的连接方式及阻值关系

更换电动机时，选择好替换的电容运转式双速电动机，首先将新的电容运转式双速电动机装入原电动机的安装位置处，使其电动机两端的安装孔对准洗衣桶固定支架上的安装孔，

如图 5–84 所示。

图 5–84　对准安装孔位置

然后电容运转式双速电动机的两个固定螺杆分别穿入固定支架和电动机安装孔中，如图 5–85 所示。

图 5–85　固定螺杆穿入安装孔

最后将传动皮带套在电容运转式双速电动机带轮和洗衣桶带轮之间，如图 5–86 所示。

接着使用扳手固定住电容运转式双速电动机一端的固定螺杆，并使用另一个扳手拧紧电容运转式双速电动机另一端的固定螺母，然后使用同样的方法将电动机的另一端固定住，如图 5–87 所示。

将电容运转式双速电动机与其他器件的连接插件以及接地插件插入电动机的连接接口处，电容运转式双速电动机安装连接完成后，将洗衣机复原，通电试机，故障排除，如图 5–88 所示。

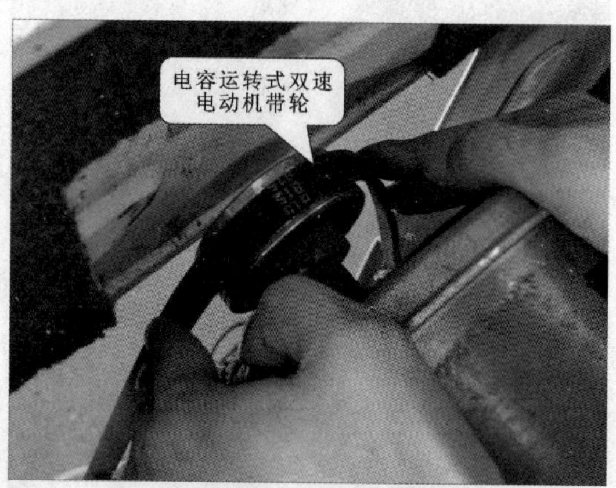

图 5-86　套传动皮带

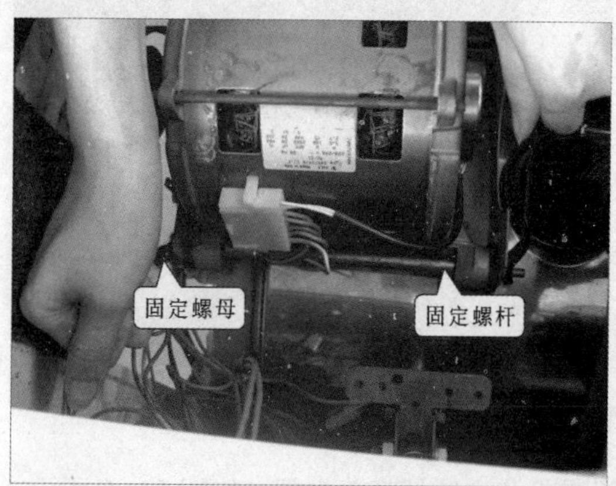

图 5-87　电动机的固定

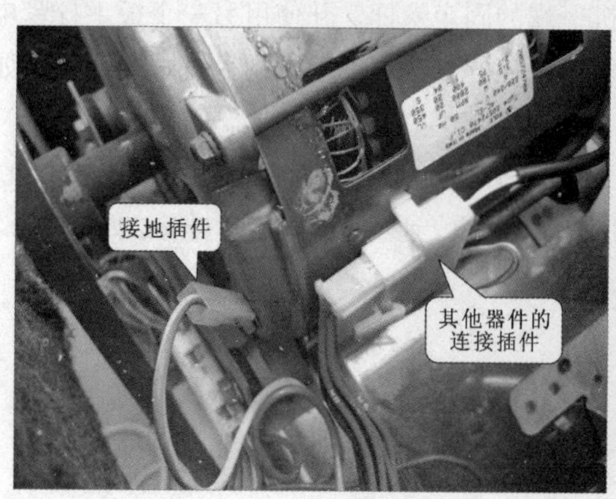

图 5-88　接入连接插件

第 6 章

全自动洗衣机排水系统的故障检修

6.1 全自动洗衣机排水系统的结构特点

6.1.1 波轮式洗衣机排水系统的结构特点

波轮式洗衣机的排水系统是在洗衣机完成洗涤工作后，需要将洗涤时所用的洗衣水排出时所使用的装置。

排水系统主要有电动机牵引式排水系统和电磁铁牵引式排水系统两种。图 6-1 所示为采用不同方式的波轮式洗衣机排水系统。它位于波轮式洗衣机的下方，这种方式被称为下排水方式。

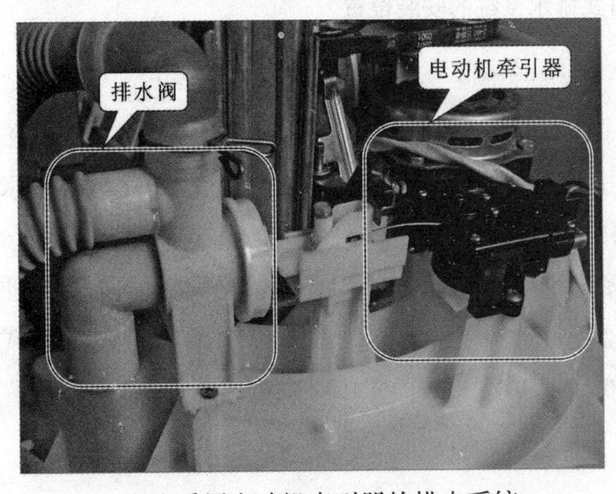

（1）采用电动机牵引器的排水系统

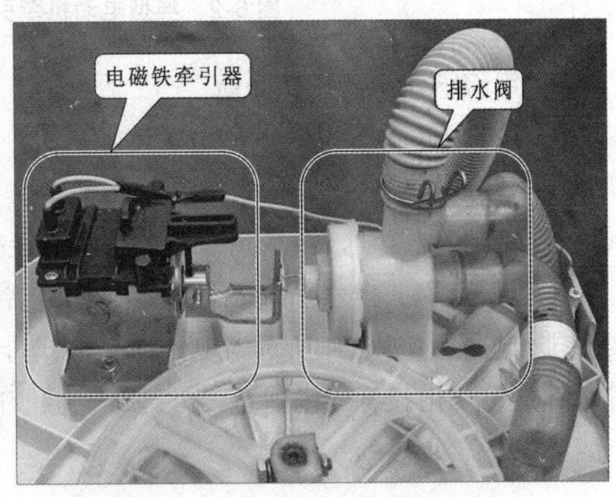

（2）采用电磁铁牵引器的排水系统

图 6-1 采用不同方式的波轮式洗衣机排水阀系统

采用电动机牵引器的排水系统与采用电磁铁牵引式排水系统相同，牵引器的动力源是电动机。电动机牵引式排水阀开启状态时，电动机旋转，牵引钢丝被拉动，同时带动排水阀内部的内弹簧。当内弹簧的拉力大于外弹簧的弹力和橡胶阀的弹力时，外弹簧被压缩，带动橡胶阀移动。当橡胶阀被移动时，排水通道就被打开了，洗衣桶内的水将被排出。

采用电磁铁牵引器的排水系统排水时，电磁铁牵引器衔铁被吸引，电磁铁牵引器拉杆拉动内弹簧。当内弹簧的拉力大于外弹簧的弹力和橡胶阀的弹力时，外弹簧被压缩，带动橡胶阀移动。当橡胶阀被移动时，排水通道就被打开了，洗衣桶内的水将被排出。

1. 电动机牵引式排水系统

图 6–2 所示为采用电动机牵引式排水系统的安装位置，由图可知，电动机牵引式排水系统是通过电动机旋转力矩来拖动排水阀，这种方式主要由电动机牵引器和排水阀组成，其中电动机牵引器和排水阀通过电动机旋转牵引钢丝绳实现排水控制，排水阀可与多个排水管连接。

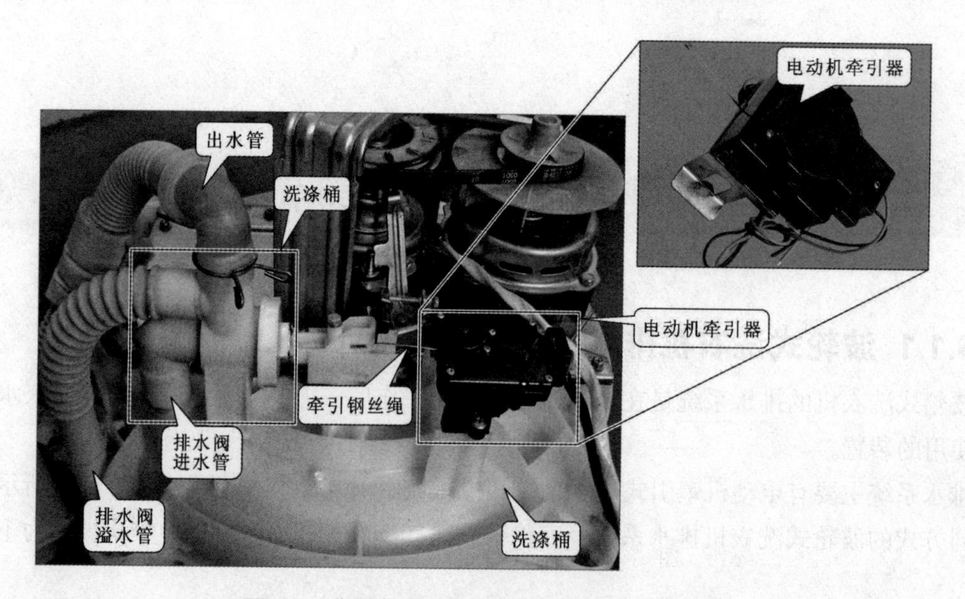

图 6–2　典型电动机牵引式排水系统的安装位置

2. 电磁铁牵引式排水系统

图 6–3 所示为采用电磁牵引式排水系统，由图可知，电磁铁牵引式排水系统是通过电磁铁牵引器驱动排水阀工作的，主要由电磁铁牵引器和排水阀组成，其中电磁铁牵引器和排水阀通过拉杆实现联动，排水阀与多个排水管连接。

电磁铁牵引式排水系统采用电磁铁牵引器牵引排水阀，使排水阀内部的管路导通，以便实现排水过程，图 6–4 所示为电磁铁牵引式排水系统的内部结构，由图可知，电磁铁牵引式排水系统主要由拉杆、内弹簧、外弹簧、橡胶阀等构成。

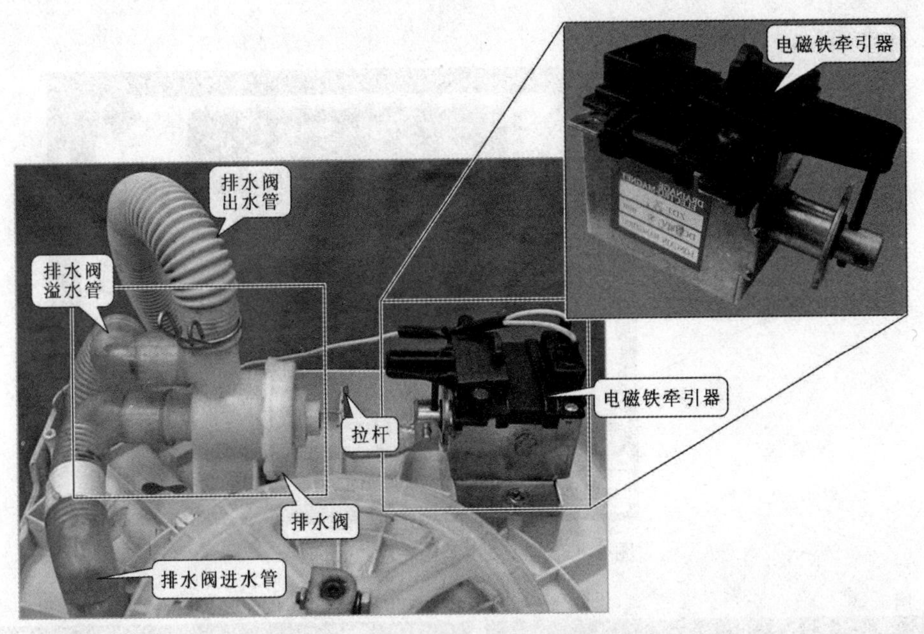

图 6-3 采用电磁铁牵引式排水系统

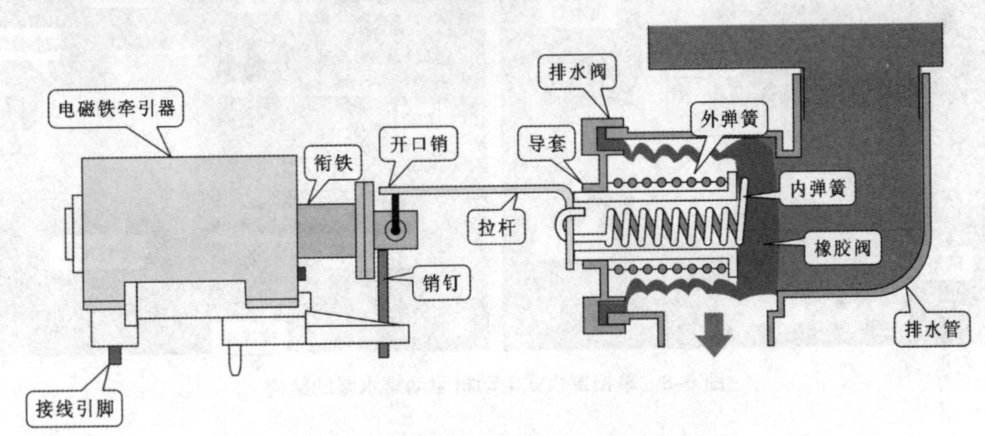

图 6-4 电磁铁牵引式排水系统的内部结构

6.1.2 滚筒式洗衣机排水系统的结构特点

滚筒式洗衣机的排水系统通常安装在洗衣机的底部，排水系统主要是由排水泵来完成的，排水泵通过排水管和外桶连接，将洗涤后的水排出洗衣机，如图 6-5 所示。

滚筒式洗衣机的排水泵通常使用单相罩极式电动机或是永磁式电动机进行驱动，来实现洗衣机的排水功能，图 6-6 所示为典型滚筒式洗衣机的排水泵。排水泵是用来快速排放洗衣机桶内洗衣水的部件，其中电动机为单相罩极式电动机，它通过内部的电动机带动叶轮转动，以实现自动排水的工作。

【要点提示】

图 6-7 所示为单相罩极式电动机驱动排水泵分解图，由图可知，该排水泵主要是由叶轮室盖、护盖、安装架、转子、风扇、定子铁心、绕组线圈、叶轮、橡胶垫片、塑料垫片和小垫片组成。

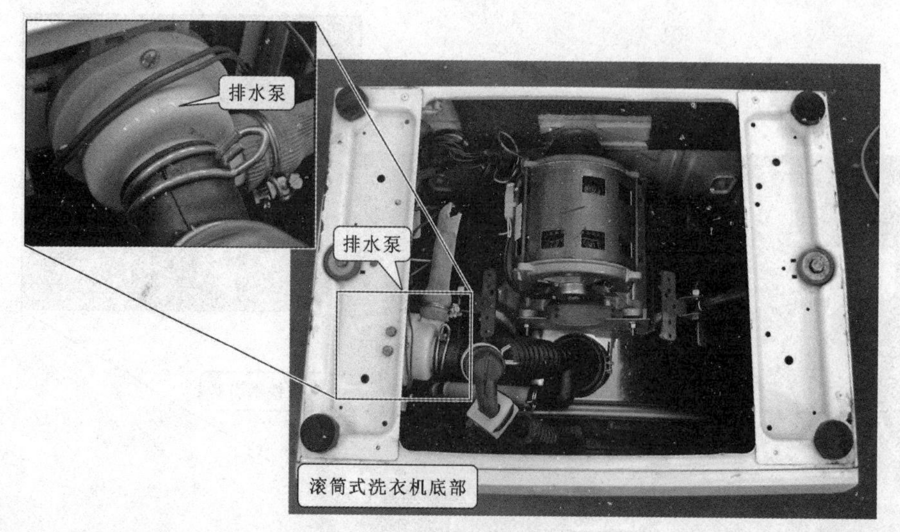

图 6-5　典型排水泵的安装位置

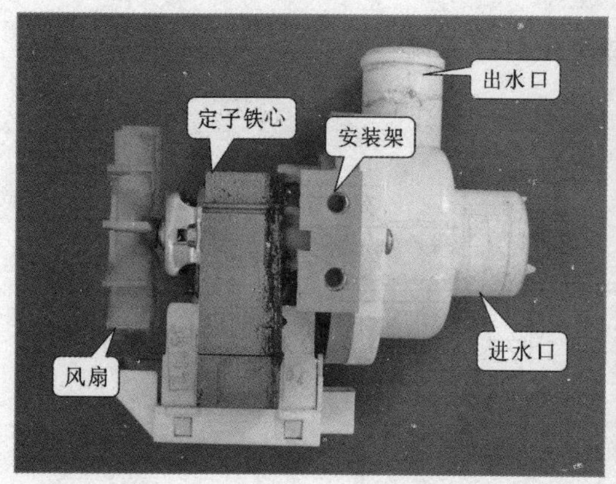

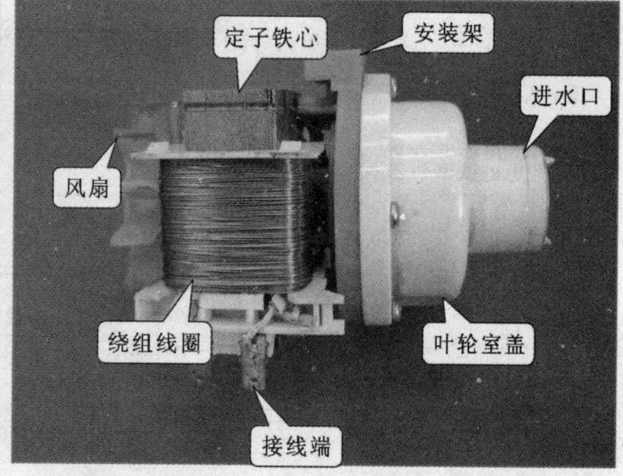

图 6-6　单相罩极式电动机驱动排水泵的结构

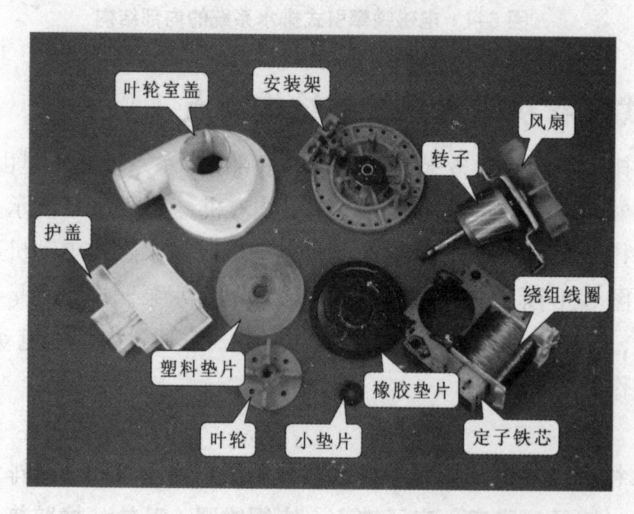

图 6-7　单相罩极式电动机驱动排水泵分解图

6.2 全自动洗衣机排水系统的故障检修

6.2.1 波轮式洗衣机排水系统的故障检修

牵引式排水组件出现故障，会使洗衣机出现不排水、排水缓慢、排水不止等异常现象，对波轮式洗衣机排水系统进行检修时，首先应对排水管、排水阀进行检查，最后对牵引器进行检查。

1. 波轮式洗衣机排水管和排水阀的检查

排水组件的正常工作需要与排水管和排水阀配合，因此应首先对排水管和排水阀进行检查，检查排水管和排水阀是否牢固、出现堵塞、破损等现象，若连接不良，可使用胶水进行黏合或对管路进行更换，然后拉拽挡块，查看排水阀内的弹簧弹性是否良好。排水管和排水阀的检查方法如图 6–8 所示。

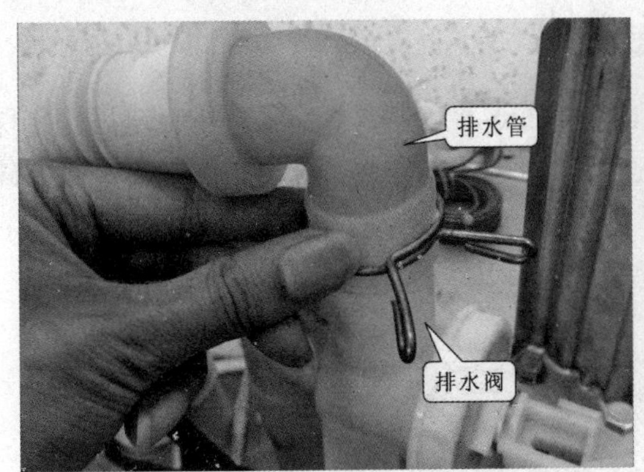

图 6–8　排水管和排水阀的检查方法

2. 波轮式洗衣机电动机牵引器的检查与更换

(1) 牵引器的检查方法

首先使用旋具拧下锁定装置护盖上的固定螺钉，查看锁定装置与钢丝绳是否连接牢固，检查方法如图 6–9 所示。

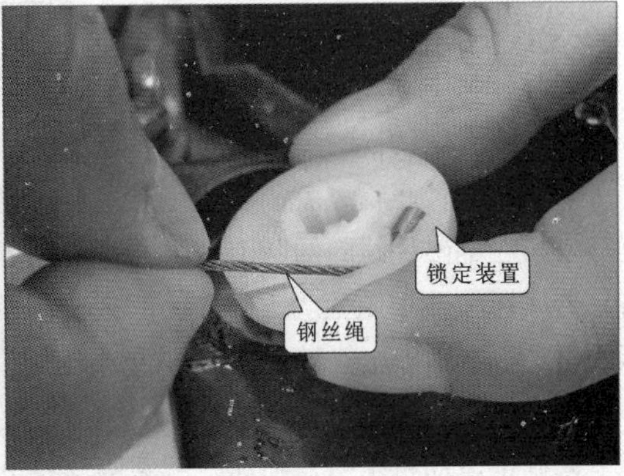

图 6–9　检查锁定装置与钢丝绳的连接

经检查锁定装置与钢丝绳的连接正常，接下来需要对牵引器内部进行检查。检查前需要使用旋具拧下牵引器外壳上的固定螺钉，再使用一字旋具撬开卡扣，同时取下牵引器的外壳，如图 6–10 所示。

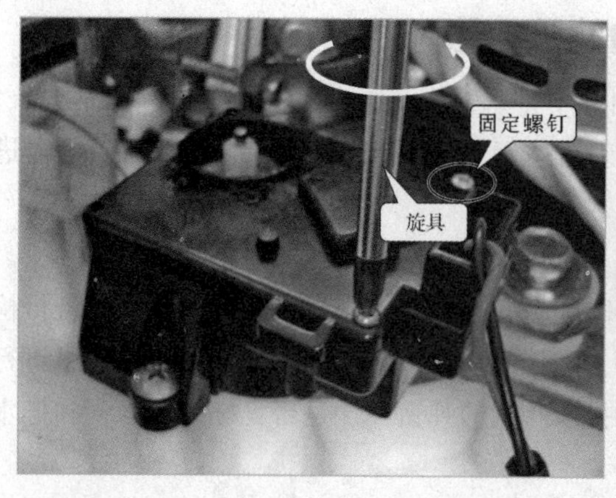

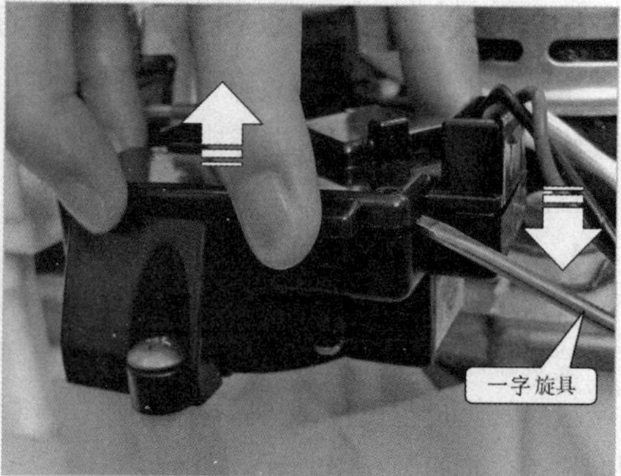

图 6–10　取下牵引器外壳的方法

牵引器外壳取下后接着观察电动机牵引器内部的变速齿轮组是否有啮合不良或齿轮出现磨损严重等现象，如图 6–11 所示。然后将变速齿轮组中的齿轮逐个取出来，观察是否有碎裂的情况。

图 6–11　观察变速齿轮组的情况

最后，将电动机牵引器翻转，使用旋具将牵引器背部外壳的固定螺钉拧下，并取下背部外壳后，查看电动机的焊点有无脱焊等现象，如图 6–12 所示。

若机械部件正常，就需要使用万用表对电磁铁线圈进行检测，首先将万用表的红、黑表笔分别搭在电磁铁线圈的两个引脚上，断电情况下，万用表可测得的线圈阻值为 4.35kΩ 左右，若实际检测中阻值为无穷大、零或与正常值偏差较大，均说明电磁铁损坏。图 6–13 所示为电动机牵引器电磁铁线圈阻值的检测方法。

(2) 牵引器的更换方法

若确定电动机牵引器损坏，就需要寻找可替代的良好的电动机牵引器进行更换。首先需

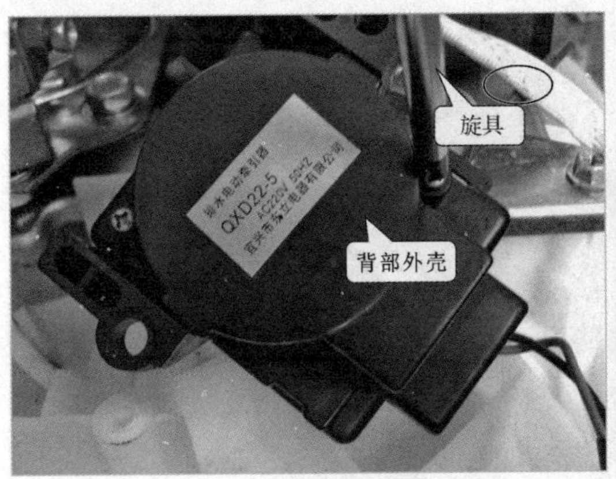

图 6-12　查看电动机的焊点

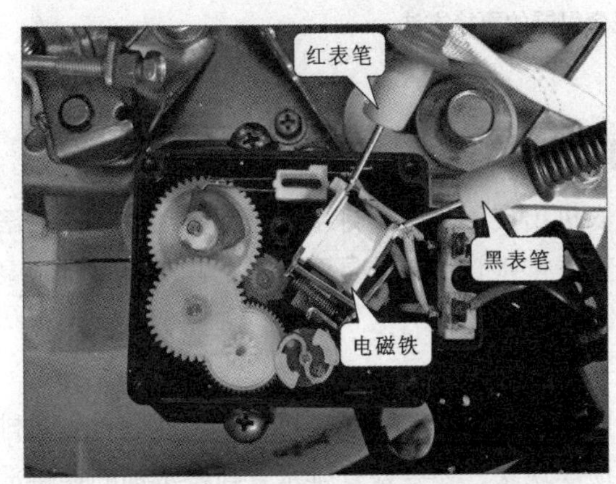

图 6-13　电动机牵引器电磁铁线圈阻值的检测方法

要将插件插入到牵引器的接口中，注意要插接牢固。然后使用旋具拧紧固定螺钉，将新的电动机牵引器固定在盛水桶下方，接着使用镊子将牵引钢丝绳按压到卡槽中，最后使用扳手拧紧挡块上的螺母，安装好牵引器后，进行通电试机，洗衣机可正常排水，故障排除，如图 6-14 所示。

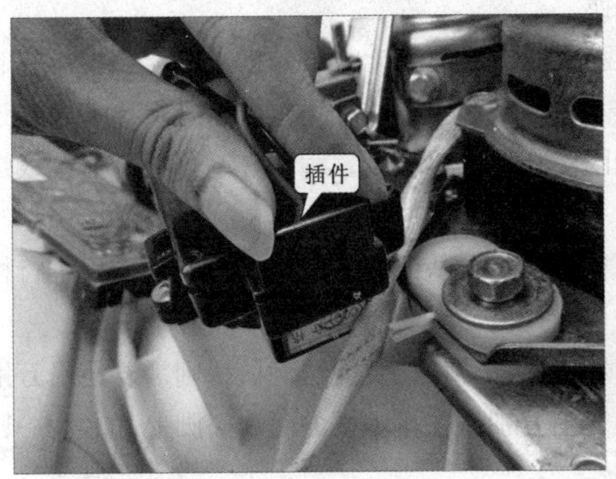

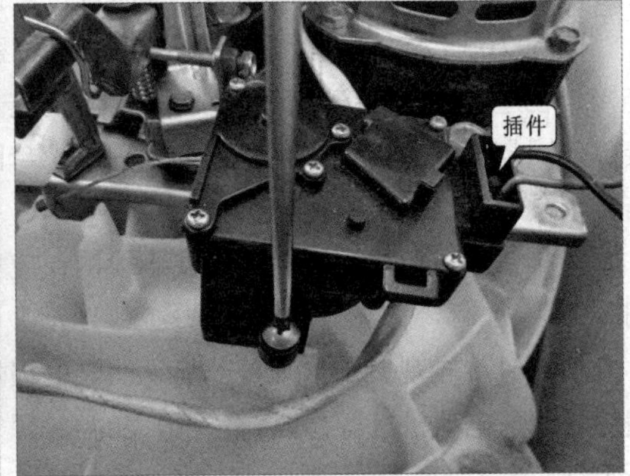

（1）

图 6-14　电动机牵引器的更换方法

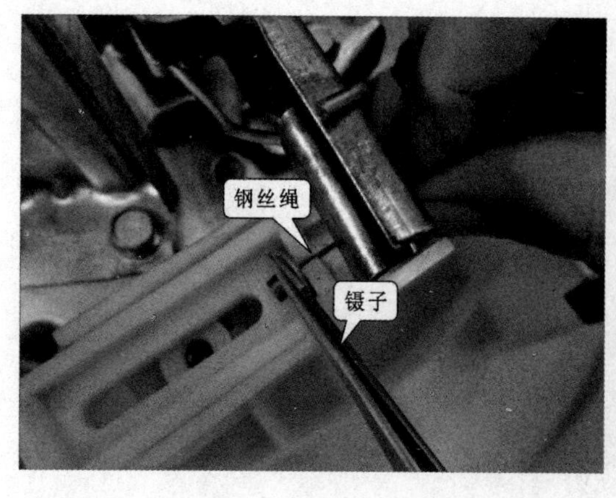

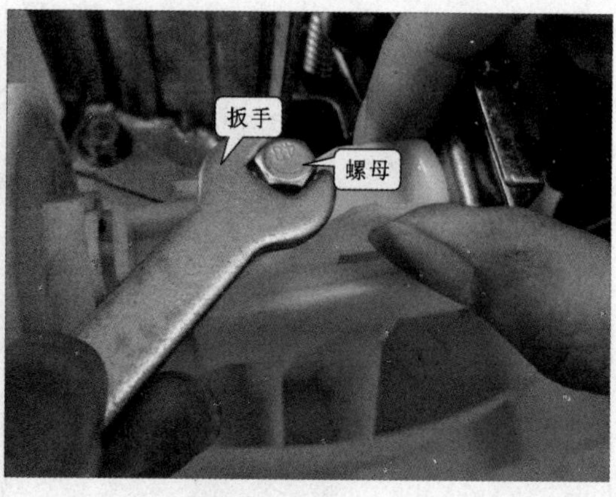

（2）

续图 6-14　电动机牵引器的更换方法

6.2.2 滚筒式洗衣机排水系统的故障检修

滚筒式洗衣机排水系统出现故障，会使洗衣机出现不排水、排水缓慢等异常现象，对滚筒式洗衣机排水系统进行检修的同时，首先应查看排水管连接处是否正常，其次再对排水泵进行检查。

1. 滚筒式洗衣机排水管的检查

排水泵主要为排水工作提供动力，而水需要通过排水管流到洗衣机外，因此应首先对排水管进行检查，检查排水管是否出现堵塞、破损等现象，还要检查排水管与盛水桶的连接部位是否良好，密封夹是否牢固，排水管与排水泵的出水口连接部位是否良好，密封夹是否牢固。然后检查排水管与排水泵的进水口连接部位是否牢固，若连接不良，可使用胶水进行粘合或对管路进行更换。排水管的检查方法如图 6-15 所示。

2. 滚筒式洗衣机排水泵的检测与更换

滚筒式洗衣机排水泵损坏将会引起滚筒式洗衣机不能排水等现象，因此需要对排水泵进行检查，若经检测排水泵损坏则应及时进行更换。

图 6-16 所示，排水泵安装在滚筒洗衣机盛水桶的底部，排水泵的出水口与一根排水管连接，在连接部位固定有密封夹，排水泵的进水口与洗衣机盛水桶通过水管进行连接，在连接部位固定有卡子，排水泵通过两颗固定螺母固定在洗衣机底部，程序控制器通过连接线缆与排水泵的接线端子相连。

对排水泵进行检测时，为了便于检测，应先将排水泵从滚筒式洗衣机上取下后再进行检测。

检查时首先观察排水泵外部有无明显的损坏迹象，若从外观无法确认，则需要使用万用表对排水泵电动机进行检测，将万用表的红、黑表笔分别搭在排水泵的两个引脚上，如图 6-17 所示。

接着将万用表挡位调整至“欧姆挡”，正常情况下，万用表测得的阻值为 23.5Ω。若测得的阻值过大或为零，说明排水泵电动机存在故障，如图 6–18 所示。

若确定该排水泵已损坏后，接下来需要寻找可替代良好的排水泵进行替换。

如图 6–19 所示，选择好更换的排水泵后，首先将排水管插接到排水泵的进水口上，用平口钳将连接处的金属卡子固定好，

然后将排水管插接到排水泵的出水口上，使用一字旋具拧紧密封夹上的固定螺钉，接着

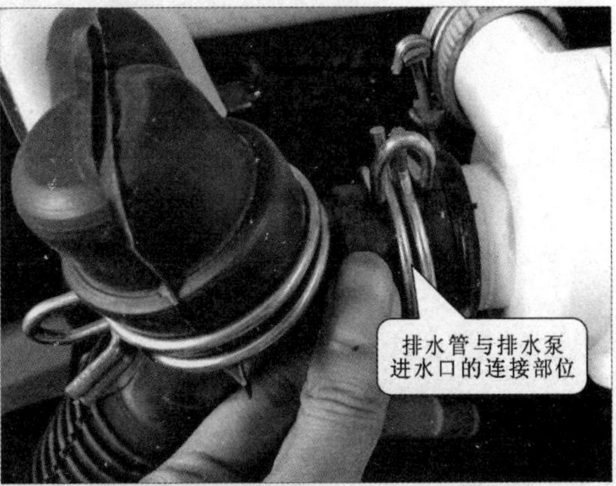

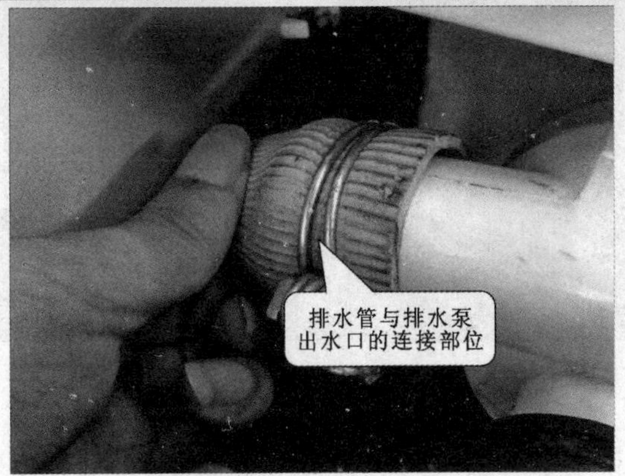

图 6–15　排水管的检查方法

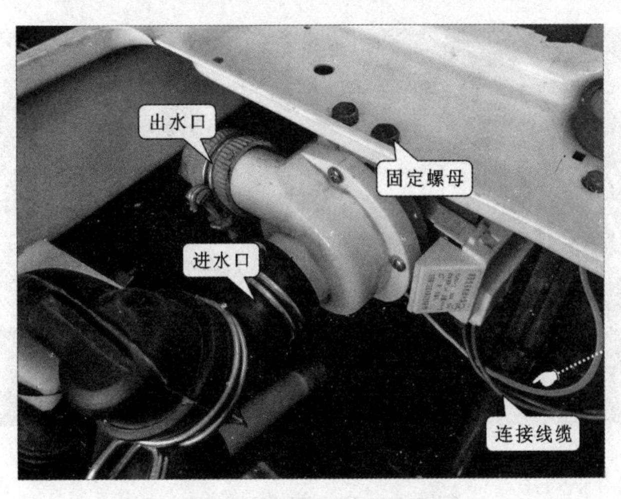

图 6–16　排水泵的固定方式

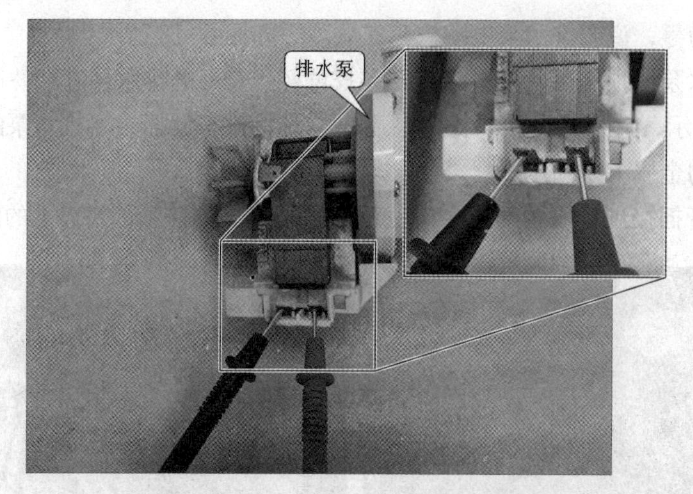

图 6-17　排水泵电动机的检测方法

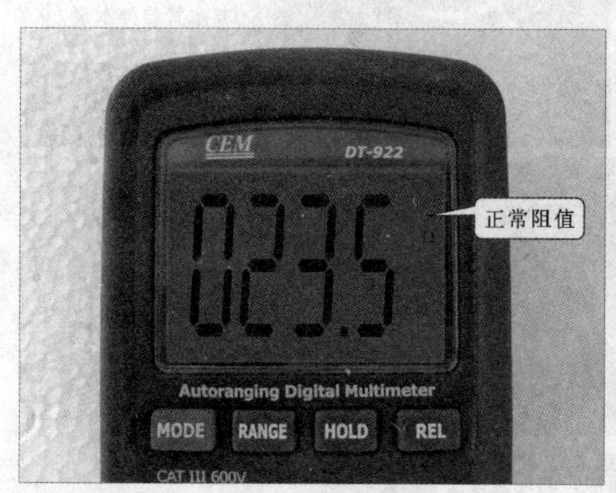

图 6-18　使用万用表检测排水泵电动机

将连接插件分别插接到排水泵的接线端子以及接地端上，最后将排水泵放置到安装位置上，对其固定孔，使用扳手拧紧两颗固定螺母。然后通电试机，排水正常，故障排除。

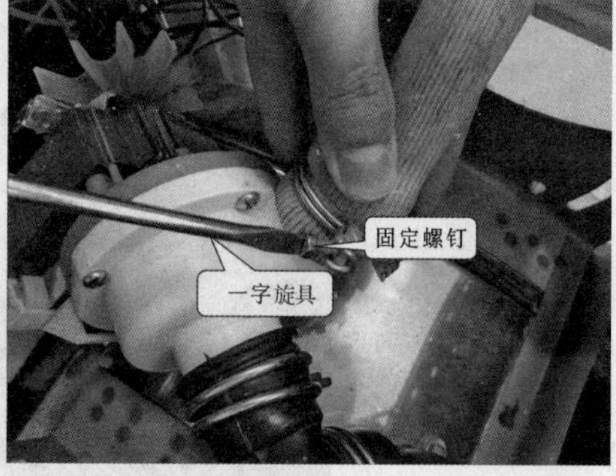

（1）

图 6-19　排水泵的更换方法

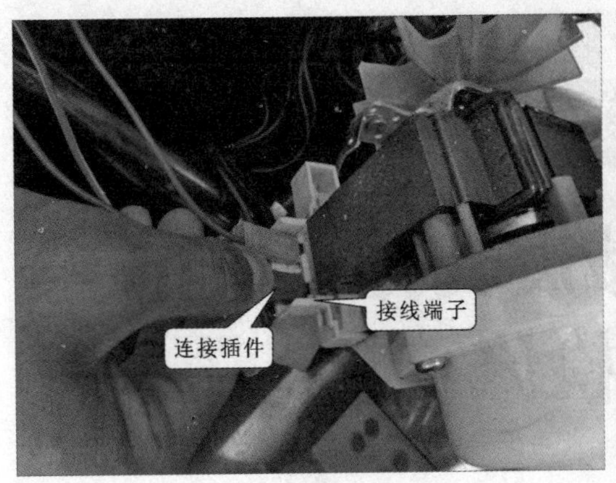

（2）

续图 6-19　排水泵的更换方法

第7章
全自动洗衣机减震支撑系统的故障检修

7.1 全自动洗衣机减震支撑系统的结构特点

7.1.1 波轮式洗衣机减震支撑系统的结构特点

波轮式洗衣机中的减震支撑系统主要用来支撑洗衣桶，减少洗衣机各部件之间由于运动和摩擦造成的损伤，降低撞击产生的噪声，对洗衣机起到支撑和保护作用。

波轮式洗衣机的减震支撑系统是由箱体、吊杆支撑装置以及底座构成的。

1. 波轮式洗衣机的箱体

波轮式洗衣机的箱体是由金属外壳和围框两部分构成的，如图 7–1 所示。箱体除起到支撑、装饰作用外，还对洗衣机内部零部件起到支撑和固定的作用。

2. 波轮式洗衣机的吊杆支撑装置

吊杆支撑装置用来悬挂支撑洗衣桶，该装置可有效减少洗衣桶的震动，保持洗衣桶的平衡。吊杆支撑装置主要是由挂头、吊杆、减震毛毡和阻尼装置组成的，如图 7–2 所示。

吊杆支撑装置的一端通过挂头悬挂安装在箱体四角的球面凹槽处，另一端通过阻尼装置安装在洗衣桶的吊耳处，如图 7–3 所示。通过吊杆支撑装置，波轮式洗衣机的洗衣桶就可以均衡的吊装在箱体中。

3. 波轮式洗衣机的底座

底座也是波轮式洗衣机的重要支撑部分，它一般采用塑料材质，既减少了使用金属材料制作的成本，又很好地起到了防锈蚀的作用。如图 7-4 所示，在底座上有四个底脚和一个排水管出口，其中三个底脚是固定的，一个底脚是可调节的。

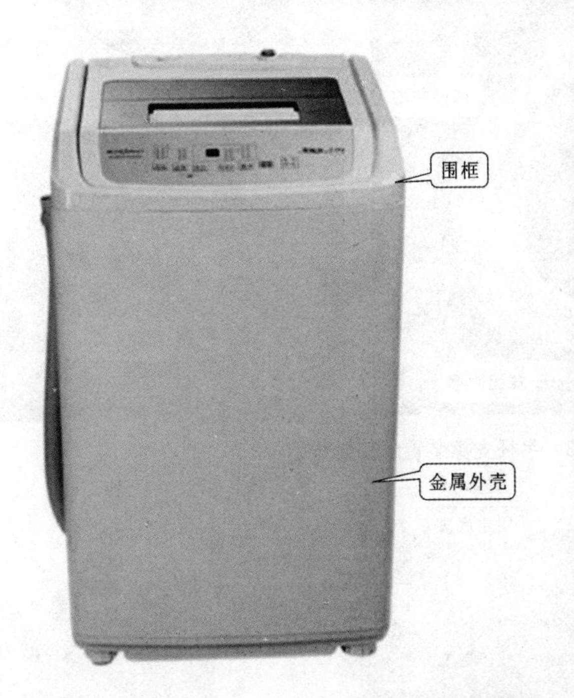

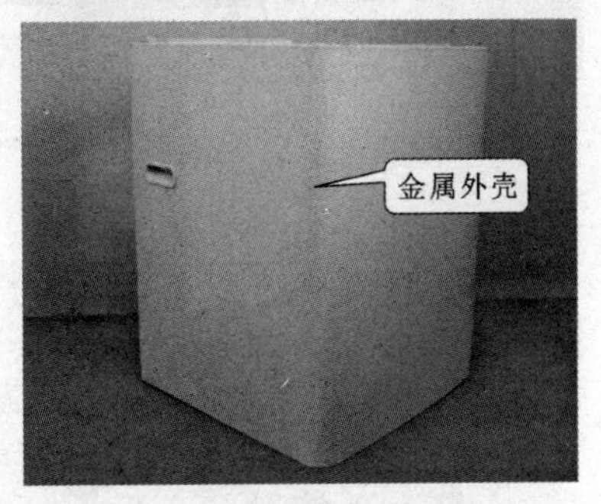

图 7-1　箱体

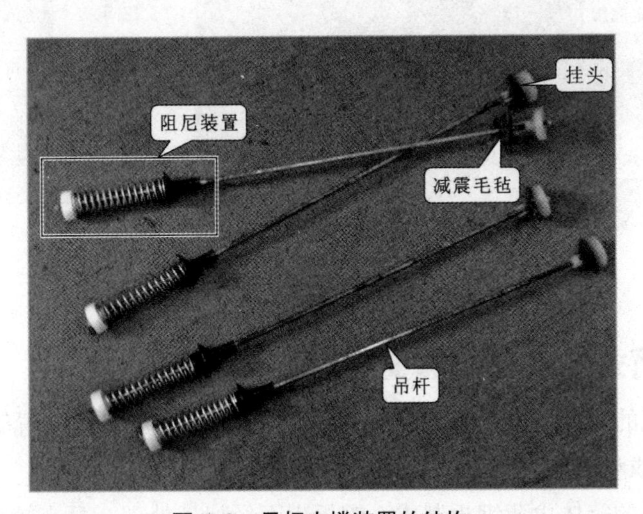

图 7-2　吊杆支撑装置的结构

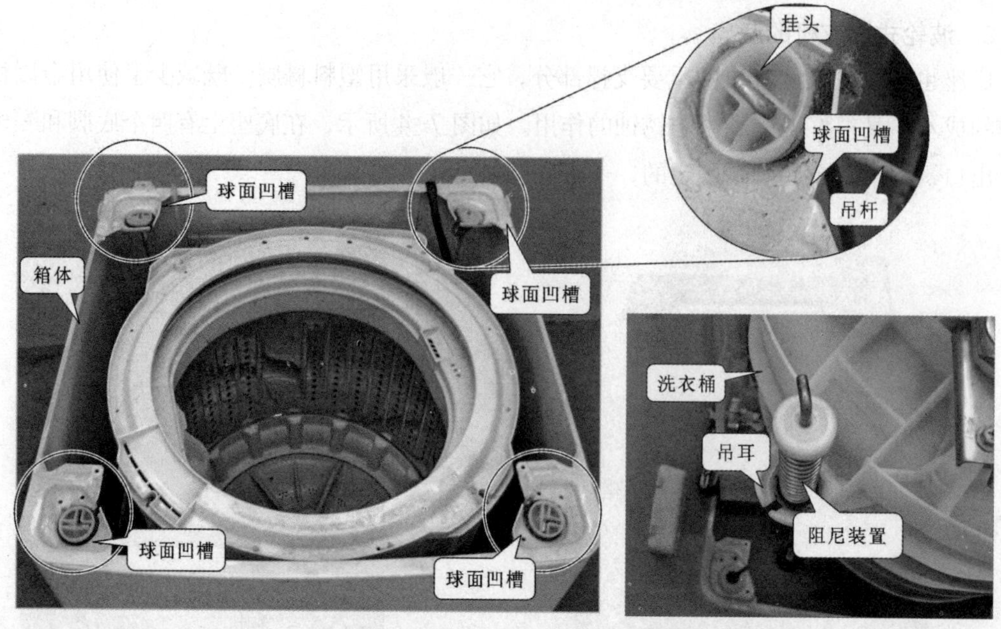

图 7-3　吊杆支撑装置的安装位置

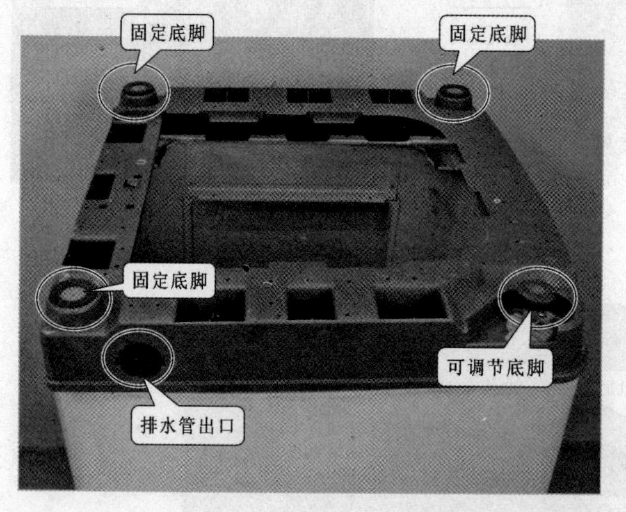

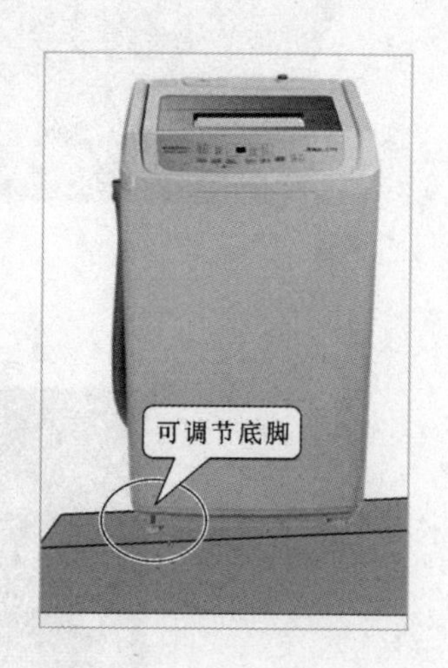

图 7-4　底座

7.1.2 滚筒式洗衣机减震支撑系统的结构特点

滚筒式洗衣机的减震支撑系统是由箱体、减震支撑装置和平衡装置等构成的。

1. 滚筒式洗衣机的箱体

滚筒式洗衣机的箱体由薄钢板制成，钢板表面经加工处理，具有较高的耐腐蚀性，箱体的各个部分通过焊接和铆接连接在一起。图 7-5 所示为滚筒式洗衣机的箱体。

2. 滚筒式洗衣机的减震支撑装置

滚筒式洗衣机的减震支撑装置主要由吊装弹簧和减震器构成，在洗衣机工作过程中，二

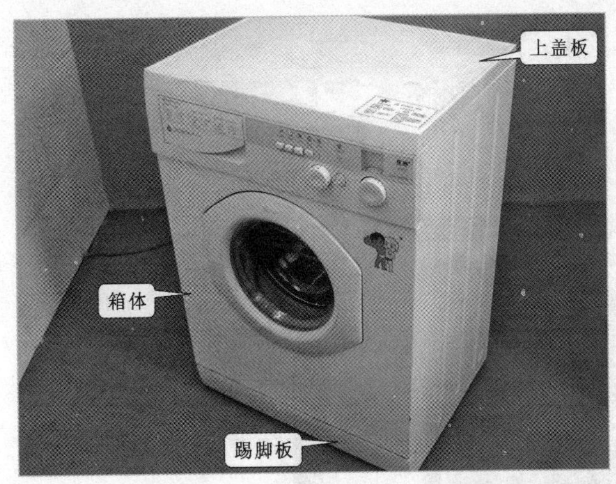

图 7–5　滚筒式洗衣机的箱体

者相互配合支撑洗衣机的洗衣桶，维持洗衣桶的平衡，有效减轻震动。

通常滚筒式洗衣机内设有两个吊装弹簧，安装在滚筒式洗衣机的顶部，吊装弹簧的其中一端与箱体连接，另一端与洗衣桶连接，通过弹簧两端的挂钩分别与洗衣桶和箱体进行固定，如图 7–6 所示。由于吊装弹簧承受着滚筒较大的重力，因此弹簧的强度高，外形较粗大。

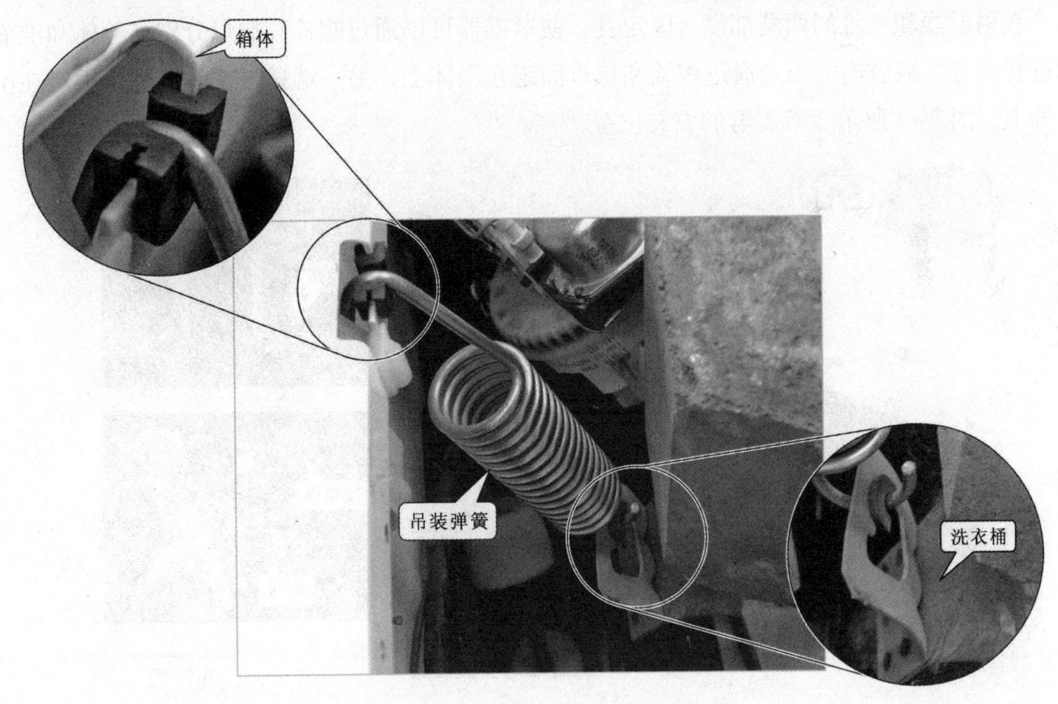

图 7–6　吊装弹簧的实物外形及安装位置

滚筒式洗衣机内设有两个减震器，安装在滚筒式洗衣机的底部，减震器的作用是减小洗衣桶在高速旋转过程中产生的震动，维持滚筒式洗衣机的平衡，如图 7–7 所示。该减震器主要由细长状的阻尼器和气缸组成，阻尼器以橡胶高分子材料为主要原材料制成，插接在气缸内，可以来回拉伸。

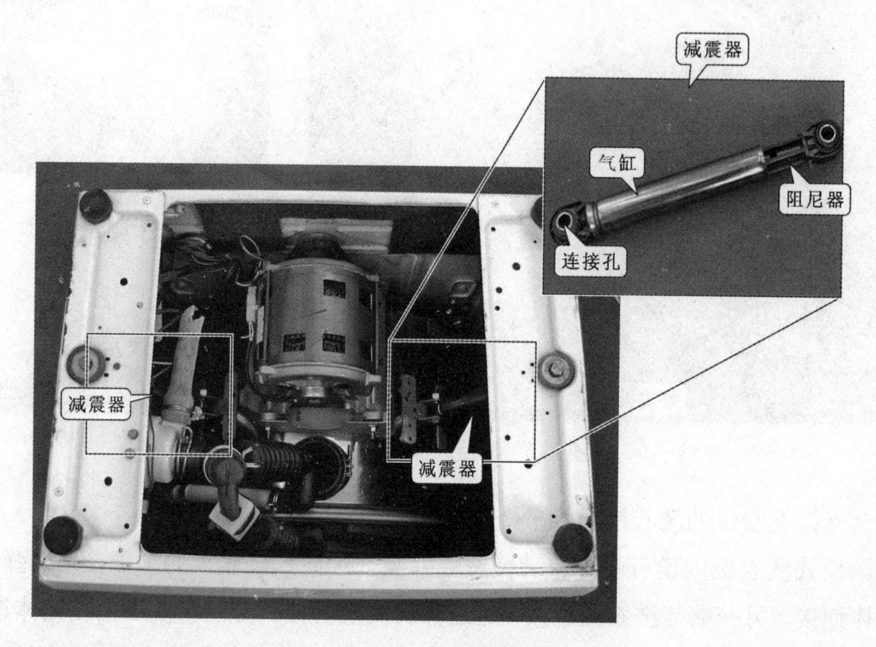

图 7-7　减震器

在阻尼器和气缸的两端都设有固定孔，使减震器可以通过螺栓和螺母分别与箱体和洗衣桶进行固定，减震器的一端通过螺栓和螺母固定在箱体上，另一端通过螺栓和螺母固定在洗衣桶上。图 7-8 所示为减震器的安装位置。

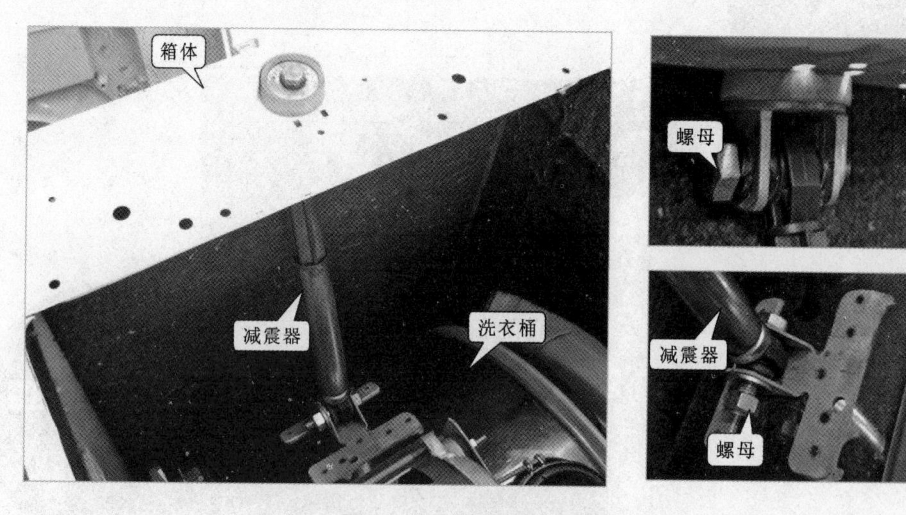

图 7-8　减震器的安装位置

3. 滚筒式洗衣机的平衡装置

滚筒式洗衣机的平衡装置主要由上平衡块、前平衡块和后平衡块等构成，其中上平衡块为滚筒洗衣机的主要平衡装置，除了对洗衣桶进行固定外，还可以增加洗衣桶的重量，以便平衡洗衣桶的重心。上平衡块安装于洗衣机洗衣桶的上端，通过两对螺栓和螺母进行固定，上平衡块通常由水泥制成，重量较大，如图 7–9 所示。

图 7–9　上平衡块的安装位置

前平衡块呈两个半圆形，安装在滚筒洗衣机洗衣桶前端的两侧，分别由两对螺栓和螺母进行固定，如图 7–10 所示。

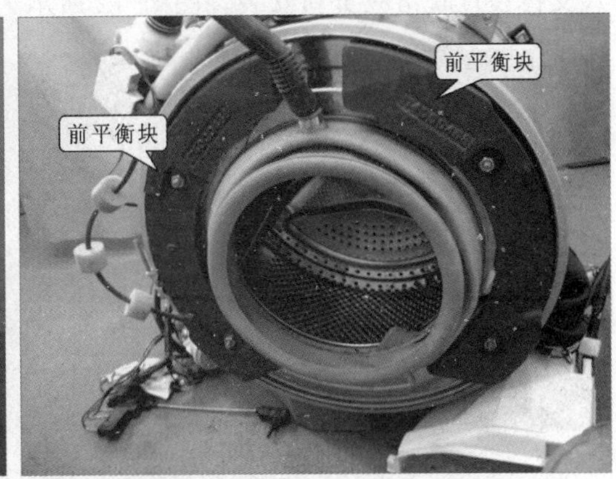

图 7–10　前平衡块的安装位置

滚筒式洗衣机后平衡块安装在洗衣机洗衣桶的后端，呈“Y”字形，分别由三对螺栓和螺母进行固定，如图 7–11 所示。

图 7–11　后平衡块的安装位置

7.2 全自动洗衣机减震支撑系统的故障检修

7.2.1 波轮式洗衣机减震支撑系统的故障检修

对波轮式洗衣机的减震支撑系统进行检修时，主要检查吊杆式支撑装置和底座的状态是否正常。

1. 波轮式洗衣机吊杆支撑装置的检查与更换

用时间长的波轮式洗衣机，其吊杆式支撑装置可能出现脱落、生锈或损坏现象，若洗衣机洗涤时箱体出现明显的晃动或噪声，应重点对吊杆式支撑装置进行检查，首先需要查看吊杆式支撑装置与箱体、盛水桶之间的悬挂部位是否良好，然后查看挂头与球面凹槽之间的泡沫塑料或毛毡是否良好，若泡沫塑料或毛毡损坏应及时使用可代替物进行更换，接着需要查看吊杆式支撑装置是否生锈，若锈迹严重可进行打磨和清理，并涂抹适量润滑油即可；若吊杆式支撑装置脱落应重新安装。图 7-12 所示为波轮式洗衣机吊杆式支撑装置的检修方法。

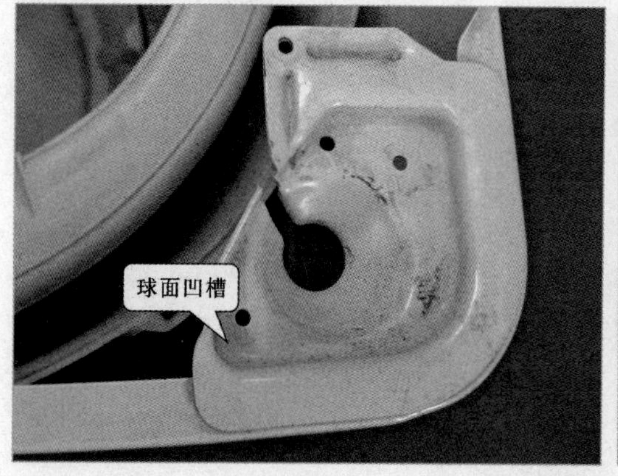

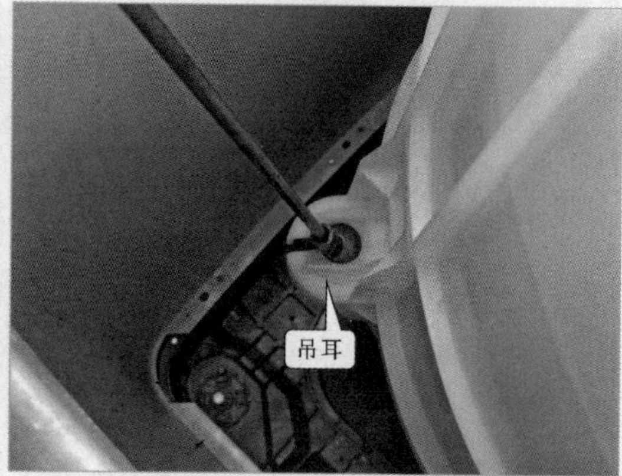

（1）

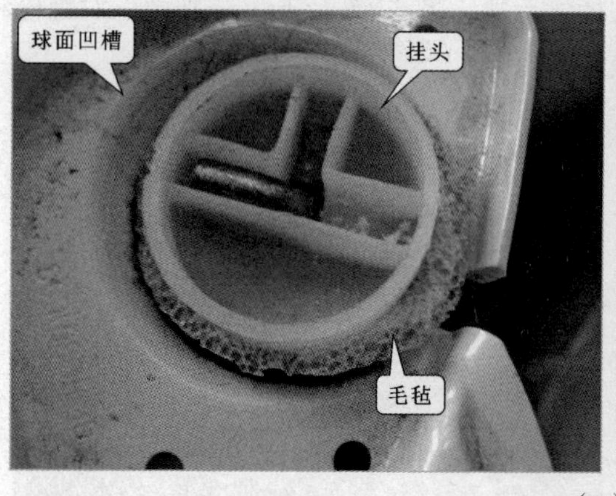

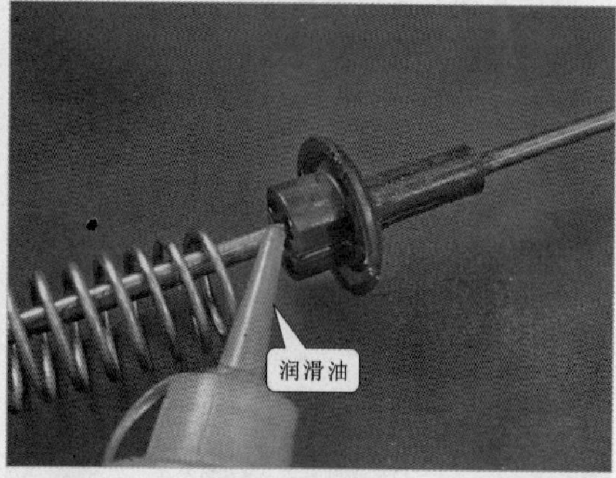

（2）

图 7-12 波轮式洗衣机吊杆式支撑装置的检修方法

如果吊杆式支撑装置本身发生损坏且无法修复时，就需要对其进行拆卸更换，进行更换时首先需要用力将洗衣桶向上抬起，然后将吊杆式支撑装置的挂头从球面凹槽中取下，接着将阻尼装置从洗衣桶的吊耳中取出，最后将新的吊杆式支撑装置安装到相应的位置，完成更换，具体方法如图 7-13 所示。

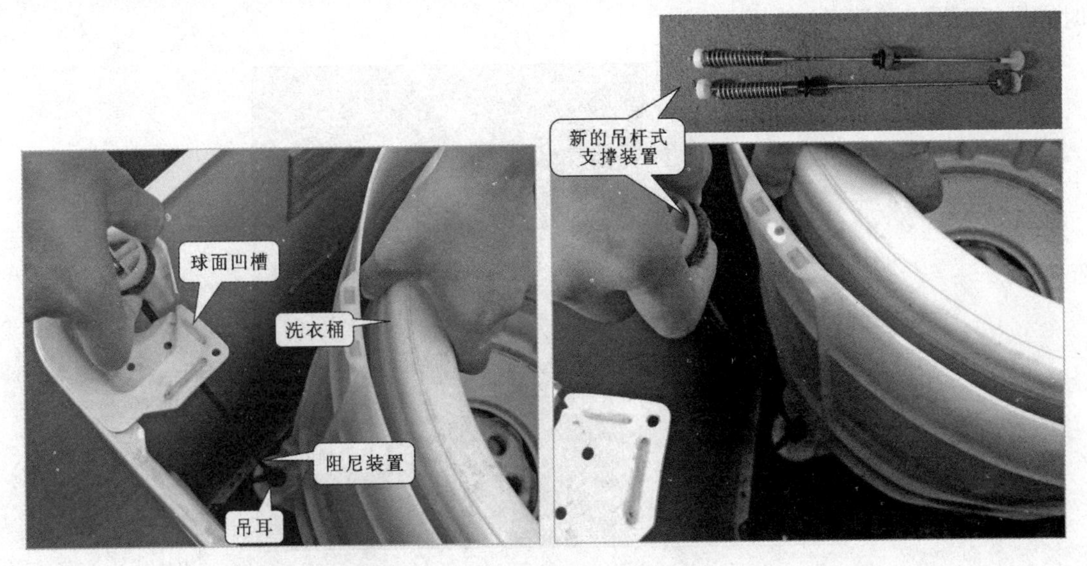

图 7-13　吊杆式支撑装置的拆卸更换方法

2. 波轮式洗衣机底座的检查

底座因长时间承受洗衣机的晃动，其可调节底脚可能会出现松动现象，从而影响波轮式洗衣机的平衡，就需要对底座进行检查。检查底座上的可调节底脚是否松动，若松动，使用扳手将其重新调节好，如图 7-14 所示。

图 7-14　波轮式洗衣机底座的检修方法

7.2.2 滚筒式洗衣机减震支撑系统的故障检修

滚筒式洗衣机减震支撑装置主要由吊装弹簧和减震器构成，两种器件都有可能出现问题。

1. 吊装弹簧的检查与更换

滚筒式洗衣机减震支撑装置的吊装弹簧是与箱体、洗衣桶挂接在一起的，时间长了可能会出现脱落或吊装弹簧本身失去弹性等问题，从而引起洗衣桶不平衡的情况，需要对吊装弹簧进行检查。检查时先查看吊装弹簧与箱体、盛水桶之间的挂接部位是否良好，若吊装弹簧脱落应重新安装；还需要检查吊装弹簧的弹性是否良好，若吊装弹簧失去弹性引起性能异常时应进行更换，如图 7–15 所示。

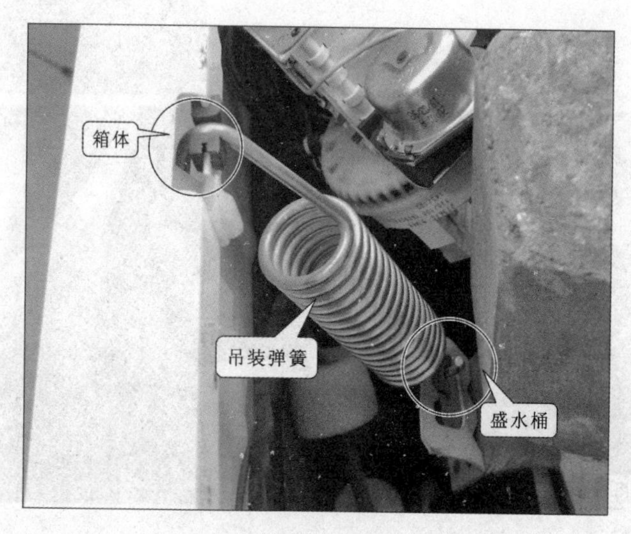

图 7–15　吊装弹簧的检查方法

对吊装弹簧进行更换时应先将洗衣桶用力向上抬起，使用钳子将吊装弹簧从挂槽中取出，然后用手将吊装弹簧的另一端从滚筒的挂槽中抽出，即可取下吊装弹簧，再将洗衣桶向上抬起，将新的吊装弹簧下方的挂钩安装到洗衣桶的挂槽中，最后使用钳子用力向上拉拽吊装弹簧的挂钩，将其安装到洗衣机箱体上，完成更换。吊装弹簧的拆卸替换方法如图 7–16 所示。

2. 滚筒式洗衣机减震器的检查与更换

滚筒式洗衣机的减震器是通过螺栓和螺母与箱体、洗衣桶固定在一起的，时间长了可能会出现固定部位不牢固，阻尼器上的密封垫与阻尼器脱离，或者减震器本身性能不良等现象，因此需要对减震器进行检查。

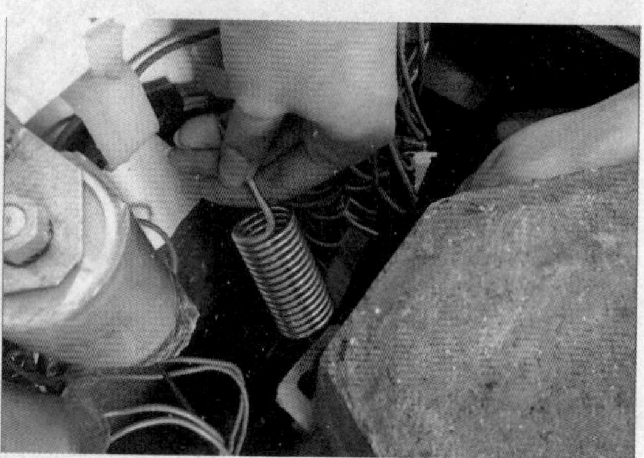

（1）

图 7–16　吊装弹簧的拆卸更换方法

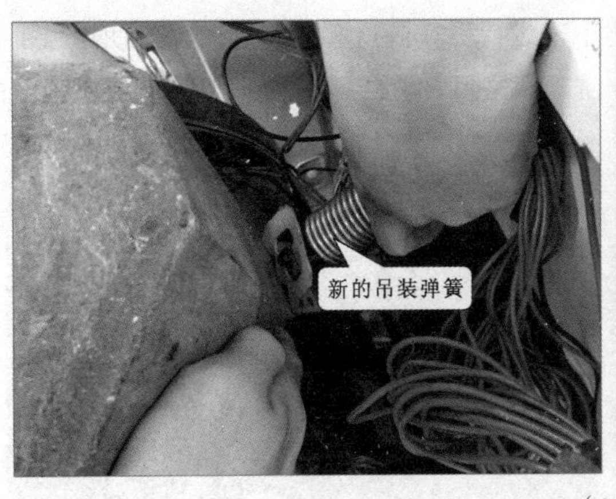

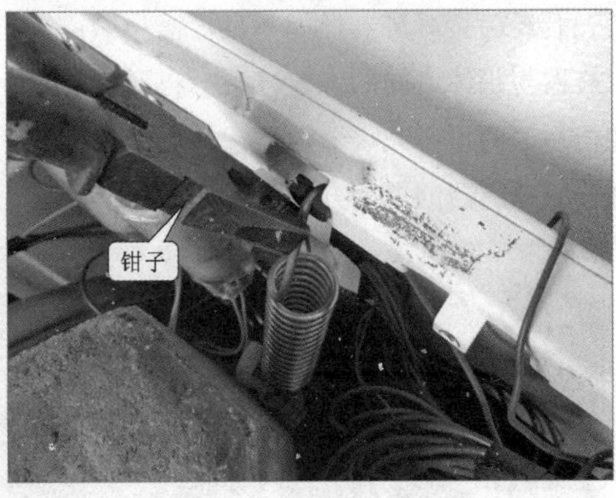

（2）

续图 7-16　吊装弹簧的拆卸更换方法

检查时首先需要查看减震器的固定部位是否牢固，若减震器松动，应将螺母重新拧紧；接着查看减震器的阻尼器拉伸性是否平滑、良好，若拉伸性能不良，应对阻尼器进行清洁或更换；再检查阻尼器上的密封垫是否与阻尼器脱离，若有，重新粘连密封垫，若损坏，更换良好的密封垫；最后粘连好密封垫后，应对阻尼器加注润滑油，增强阻尼器与气缸之间的润滑性，减震器的检修方法如图 7–17 所示。

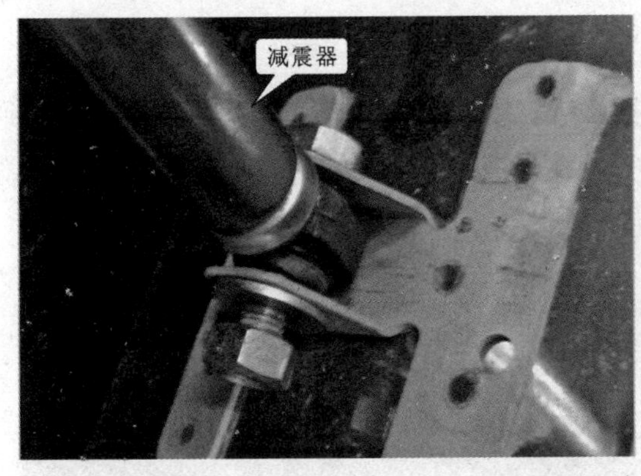

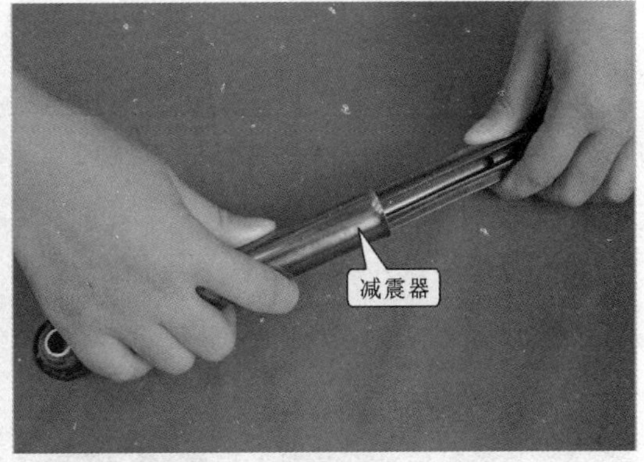

（1）

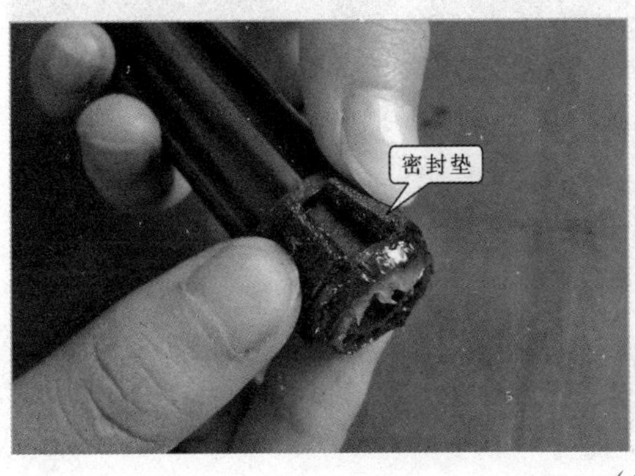

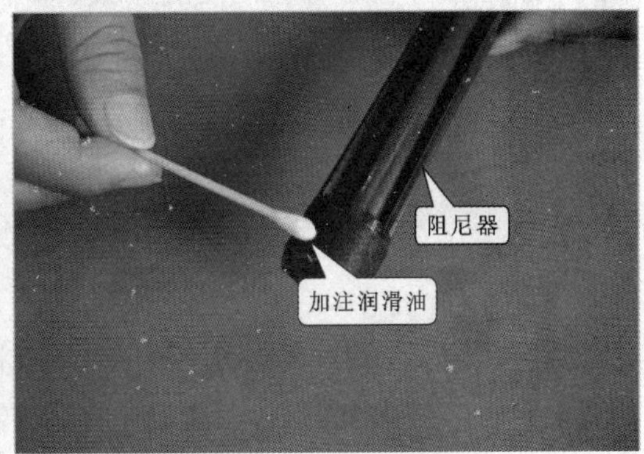

（2）

图 7–17　减震器的检查方法

若经检查减震器性能不良，需将减震器拆下来进行更换。拆卸减震器时，先使用扳手将减震器与箱体之间的螺栓拧下，再对减震器与洗衣桶之间的连接部位进行拆卸，取下两端的螺栓后，即可将减震器拆下，最后使用一个扳手固定住螺栓，用另一扳手拧螺母，即可取下螺栓。减震器的拆卸方法如图 7–18 所示。

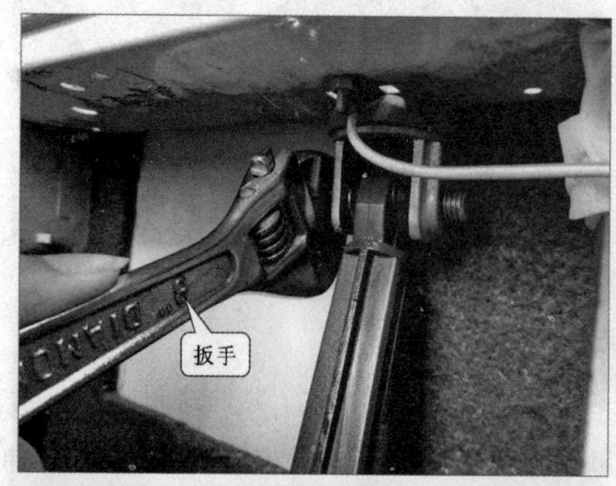

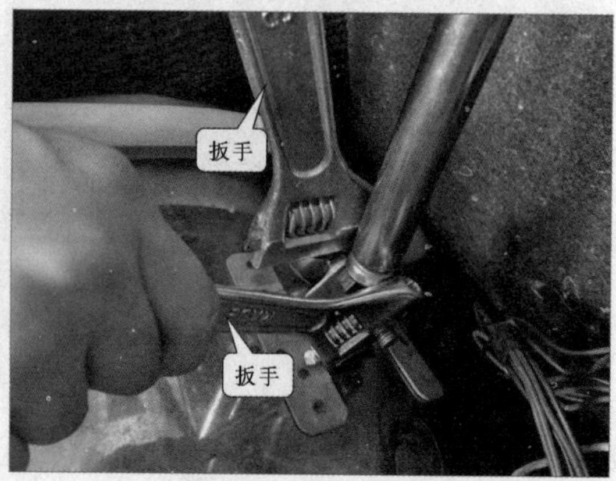

图 7–18　减震器的拆卸方法

将减震器拆卸下来以后，即可对其进行更换。进行更换时，首先需要将新的减震器放到与箱体和洗衣桶相连接的位置，减震器一端的安装孔与箱体上的安装架对准，减震器另一端安装孔与洗衣桶上的安装架对准，方法如图 7–19 所示。

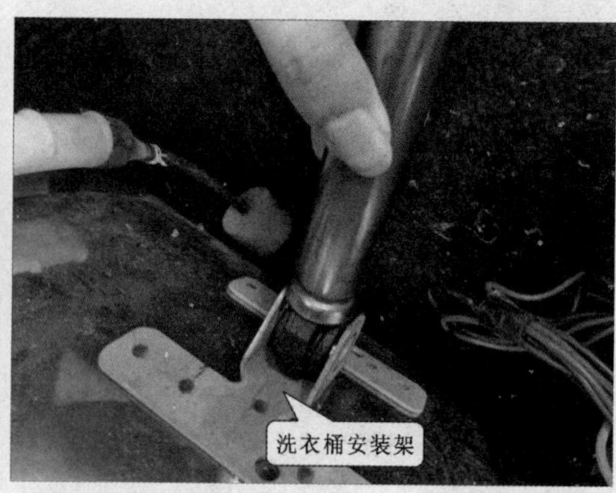

图 7–19　减震器的安装

然后将螺栓安装到减震器与箱体以及洗衣桶的连接部位上，如图 7–20 所示。

最后，使用扳手拧紧螺栓及螺母，将减震器固定好，完成更换，如图 7–21 所示。

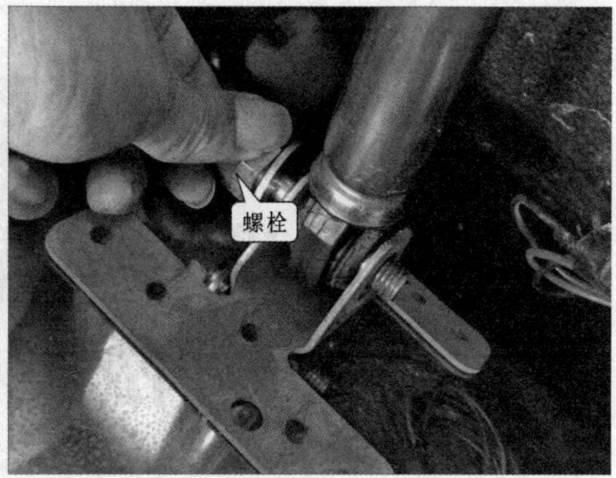

图 7-20　减震器的连接

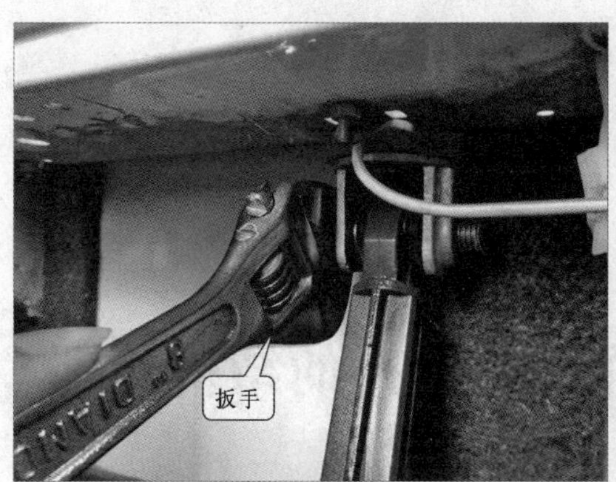

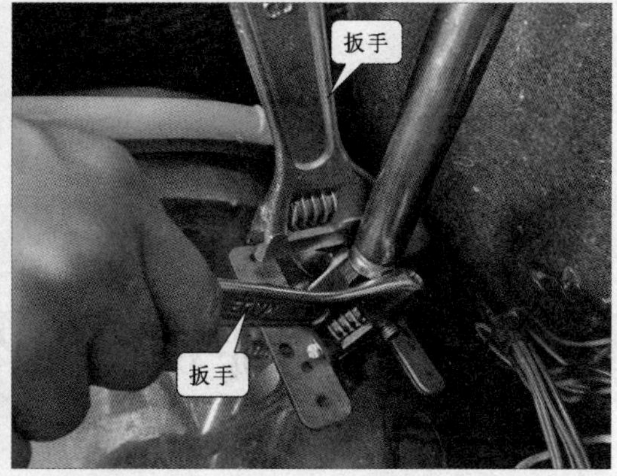

图 7-21　减震器的固定

第8章

全自动洗衣机操作控制电路的故障检修

8.1 全自动洗衣机操作控制电路的结构原理

8.1.1 全自动洗衣机操作控制电路的结构特点

洗衣机的操作控制电路是由各种电子元器件组合连接而成，如图 8–1 所示。由图可知，操作控制电路是以操作控制电路板为主体，并通过操作控制电路板上的连接接口与洗衣机中各机电部件相关联，确保对各电子元器件和机电部件的供电及工作状态进行控制。要了解洗衣机操作控制电路的工作原理，首先要从操作控制电路中的基本元器件入手，了解洗衣机操作控制电路的结构、特征及功能特点。

由图 8–1 可知，操作控制电路板主要是由微处理器、晶体、电源变压器、整流元件、三端稳压器、双向晶闸管、蜂鸣器及操作按键、滤波电容、状态指示灯等构成。

这些元器件都是洗衣机操作控制电路中非常重要的电子元器件，相互关联构成电路，工作时相互配合，通过操作控制电路板上提供的连接接口，与相关联的机电部件提供工作电压和控制信号，确保洗衣工作的顺利进行。

1. 微处理器

在洗衣机的操作控制电路中，微处理器是整机的控制核心。微处理器内部程序可对输入的人工指令信号进行识别，然后输出相应的控制信号，实现对整机各功能的控制，同时还将洗衣机的工作状态信息传递给指示灯，进行显示。

图 8–2 所示为惠而浦 W14231S 型波轮式洗衣机操作控制电路中微处理器的实物外形及

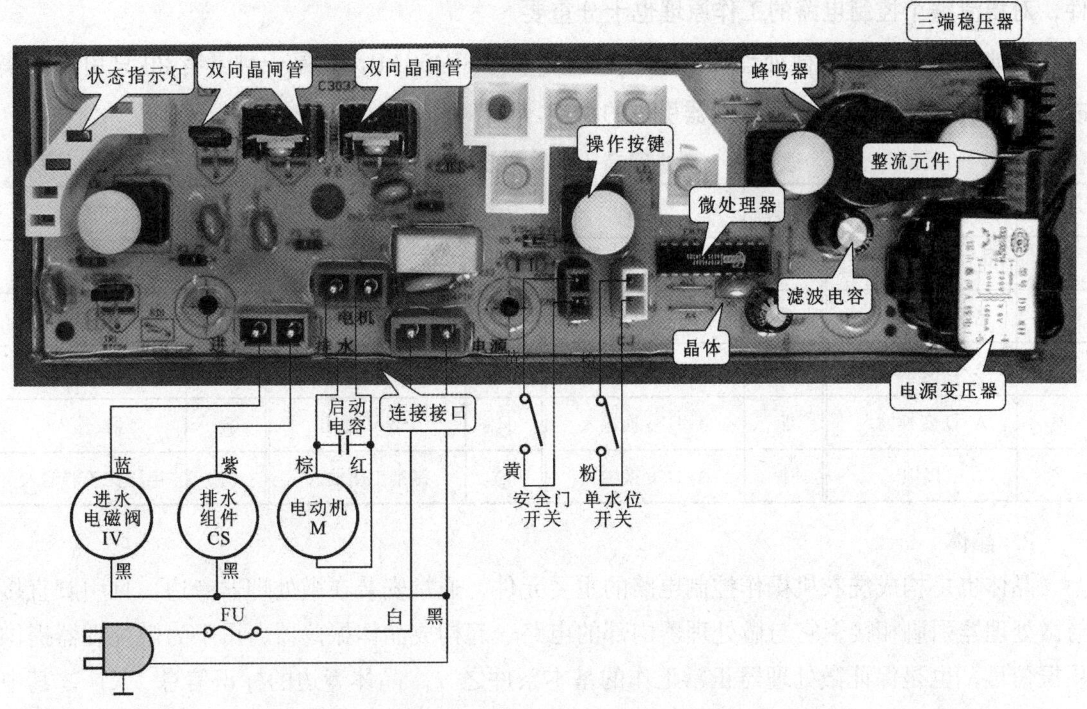

图 8-1 洗衣机的操作控制电路

引脚功能，洗衣机操作控制电路中的微处理器大都为多引脚的双列直插式集成电路，且外形多为黑色矩形块元件，在操作控制电路板上较为明显，比较容易识别。

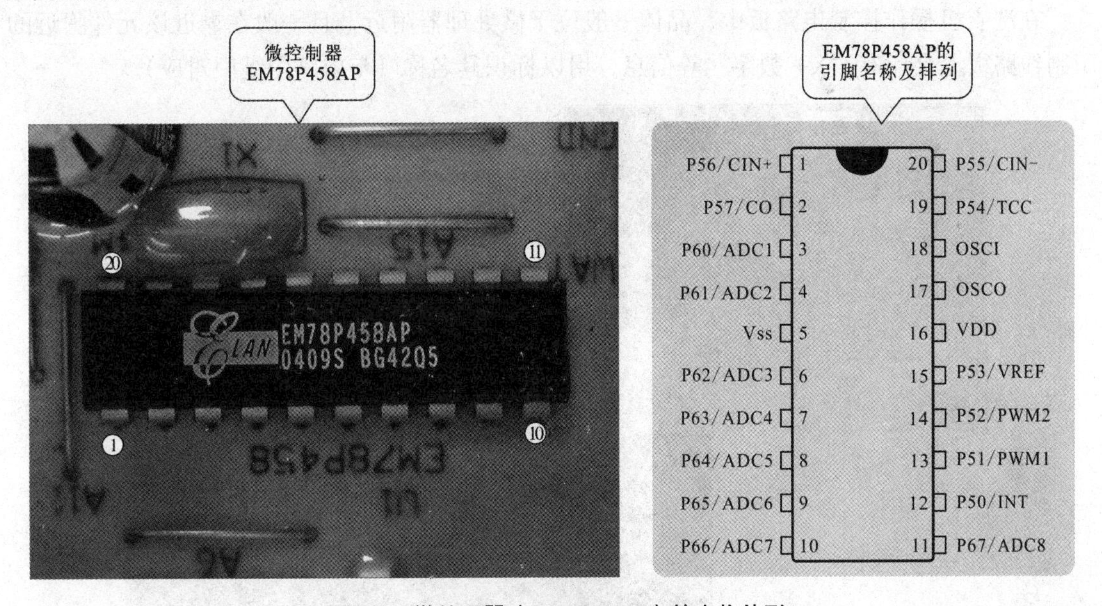

图 8-2 微处理器（EM78P458AP）的实物外形

【信息扩展】

在微处理器的表面通常会标注该微处理器的型号，根据该参数标识便可进一步查询到微处理器的引脚功能。知晓每个引脚的具体功能，是弄清其与外围元件或电路的关系的必要条

件，对搞清整个控制电路的工作原理也十分重要。

例如，当前洗衣机微处理器的型号标识为 EM78P458AP，它是一种具有 20 只引脚的集成电路。表 8-1 所列为该微处理器引脚的功能。

表 8-1 微处理器（EM78P458AP）的引脚功能

引脚	功能	引脚	功能	引脚	功能	引脚	功能
①	电压比较器输入	⑥	A/D 变换输入	⑪	A/D 变换输入	⑯	电源供电
②	电压比较器输入	⑦	A/D 变换输入	⑫	复位	⑰	晶振信号输出
③	A/D 变换输入	⑧	A/D 变换输入	⑬	PWM 输出	⑱	晶振信号输入
④	A/D 变换输入	⑨	A/D 变换输入	⑭	PWM 输出	⑲	触发输入
⑤	接地	⑩	A/D 变换输入	⑮	基准电压输入	⑳	电压比较器输入

2. 晶体

晶体也是构成洗衣机操作控制电路的重要元件，通常安装在微处理器旁边，且引脚直接与微处理器引脚相接，它与微处理器内部的电路一起构成晶体振荡器，用于为微处理器提供晶振信号，也是保证微处理器正常工作的基本条件之一。晶体旁边的标识信息“X1”，其中字母“X”为晶体在电路中常用的文字符号，数字“1”表示晶体的序号。

图 8-3 所示为惠而浦 W14231S 型波轮式洗衣机操作控制电路板上晶体的外形特性及相关识别信息。

在洗衣机操作控制电路板中，晶体一般位于微处理器附近，且一般在靠近该元件附近的印制线路板上会印有“X+ 数字”等信息，用以标识其名称（与电路图纸中对应）。

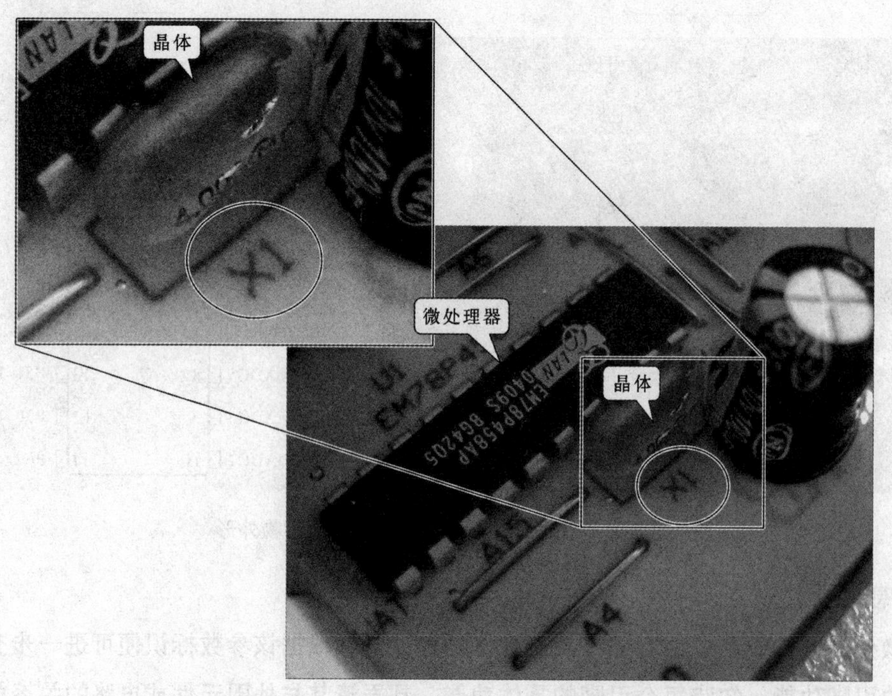

图 8-3 惠而浦 W14231S 型波轮式洗衣机操作控制电路板上的晶体

3. **电源变压器**

洗衣机操作控制电路中的电源变压器多为降压变压器，用于将交流供电接口送来的交流220 V电压降压为交流低压，再将交流低压送往后级整流二极管、滤波电容整流滤波后，变为直流电压为其他元器件供电。

图8–4所示为惠而浦W14231S型波轮式洗衣机操作控制电路板上的电源变压器外形。

图8–4　惠而浦W14231S型波轮式洗衣机操作控制电路板上的电源变压器

通过电源变压器上标签中显示的绕组结构可知，电源变压器初级绕组侧（输入端）电压为交流220 V；次级绕组侧（输出端）电压为交流9.6 V，额定输出电流为160 mA。

洗衣机操作控制电路板上的电源变压器是一种具有明显外形特征的元器件。电源变压器多采用块状外形，体积较其他元件大一些，且在外壳上一般贴有型号及绕组的结构等标识。另外，一般在靠近该元件附近的印制线路板上会印有“T+数字”等信息（有些用字母“B+数字”），用以标识其名称（与电路图中对应）。

4. **整流元件**

洗衣机操作控制电路中的整流元件主要是指整流二极管，其作用是将前级电源变压器送来的交流电压整流为直流电压，用于为操作控制电路板中需要直流电压的元器件供电。

图8–5所示为惠而浦W14231S型波轮式洗衣机操作控制电路板上的整流元件，由图可知，整流二极管通常安装在电源变压器附近，整流二极管附近印有“D1、D2……”文字标识，字母“D”为整流二极管的文字符号，数字“1、2……”为整流二极管的序号，作为二极管的名称标识，该标识与电路图中对应。

【要点提示】

由四只整流二极管组成的整流电路一般称为桥式整流电路，将交流电压整流为直流电压后输出，可实现全波整流，如图8–6所示。电路中，交流电正半周，电流I1经VD2、负载R、VD4形成回路，负载上电压UR为上正下负；交流电负半周时，电流I2经VD3、负载R、VD1形成回路，负载上电压UR仍为上正下负，这样整流堆输入的是交流电压输出的则是直

流电压，从而实现了全波整流。

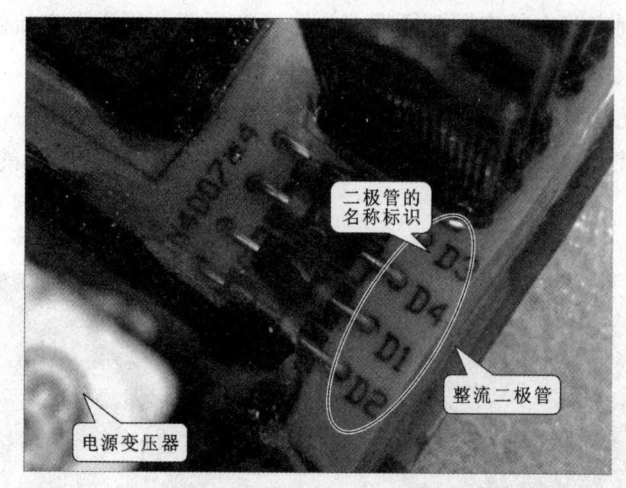

图 8-5　惠而浦 W14231S 型波轮式洗衣机操作控制电路板上的整流元件

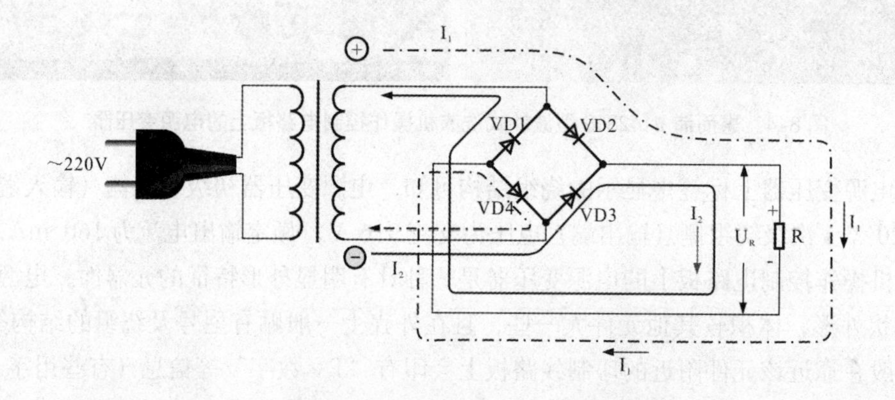

图 8-6　桥式整流堆实现全波整流

5. 三端稳压器

三端稳压器是洗衣机操作控制电路中常用的稳压器件，主要是用于将整流元件输出的直流电压进行稳压后，供给后级需要直流电压供电的元件，确保这些元件能够工作在稳定的直流电压条件下工作。

洗衣机操作控制电路板上的三端稳压器一般安装在散热片上，外形与普通晶体管相似，具有三只引脚，插装在操作控制电路板上，如图 8-7 所示。

由图可知，三端稳压器的型号为LM7805，可将输入的直流电压稳定为直流5 V电压输出。

6. 双向晶闸管

双向晶闸管也称为双向可控硅，可实现交流电的无触点控制，具有以小电流控制大电流、动作快等优点。在洗衣机控制电路中，主要通过其导通和截止特性来控制洗衣机的电动机、进水电磁阀、排水系统等部件是否接通交流电源，使用较为广泛。

洗衣机操作控制电路板中常用的双向晶闸管与普通晶体管外形也很相似，具有三个引脚

图 8-7　惠而浦 W14231S 型波轮式洗衣机操作控制电路板上的三端稳压

(控制极、第一电极 T1、第二电极 T2)，如图 8-8 所示。由于该类器件受温度影响很大，温度过高将容易产生误动作，因此大都安装在散热片上或易于散热的位置。另外，该类器件外壳上都明确标有型号标识，可根据型号快速准确识别。

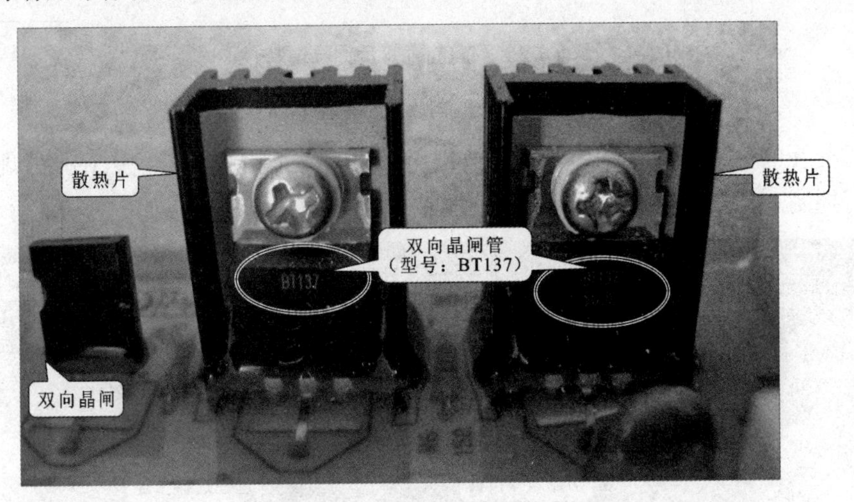

图 8-8　惠而浦 W14231S 型波轮式洗衣机操作控制电路板上的双向晶闸管

【信息扩展】

双向晶闸管可以等效为 2 个单向晶闸管反向并联，使其具有双向导通的特性，允许两个方向有电流流过，如图 8-9 所示。双向晶闸管第一电极 T1 与第二电极 T2 间，无论所加电压极性是正向还是反向，只要控制极 G 和第一电极 T1 间加有正、负极性不同的触发电压，就可触发晶闸管导通，并且失去触发电压，也能继续保持导通状态。当第一电极 T1、第二电极 T2 电流减小至小于维持电流或 T1、T2 间的电压极性改变且没有触发电压时，双向晶闸管才会截止，此时只有重新送入触发电压才可以导通。

7. 操作按键及状态指示灯

操作按键及状态指示灯是洗衣机操作控制电路中主要的指令输入和状态显示部件，也是

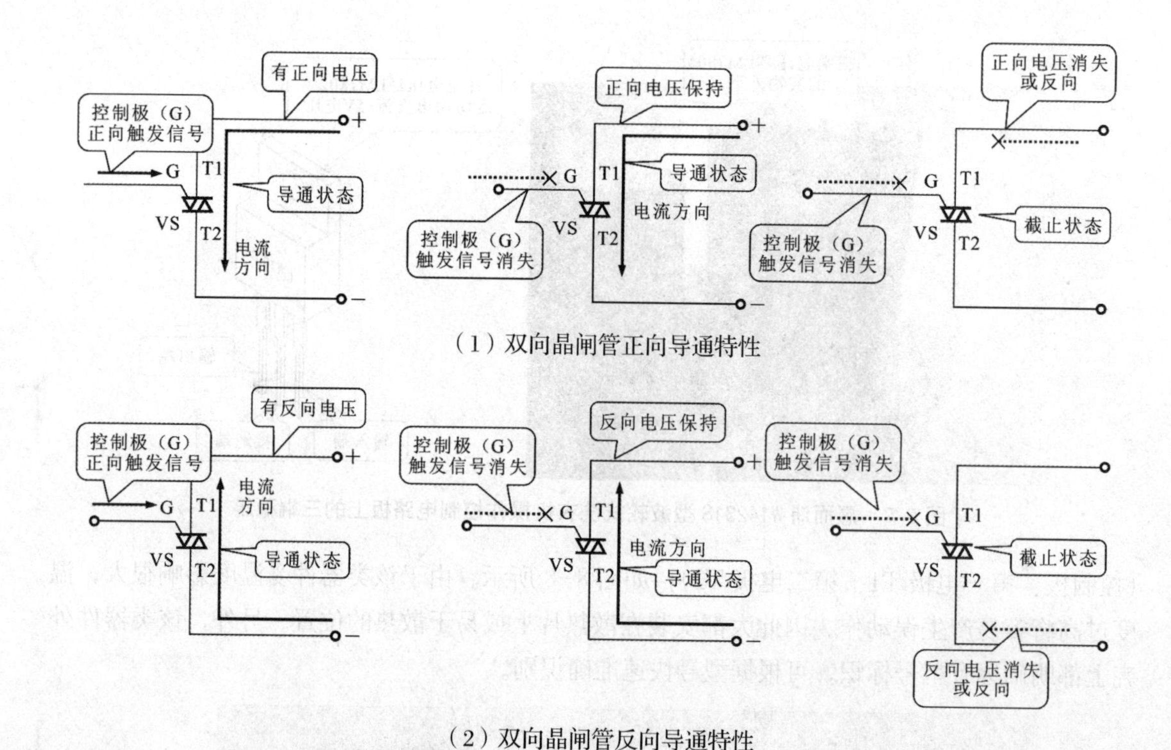

（1）双向晶闸管正向导通特性

（2）双向晶闸管反向导通特性

图 8-9　双向晶闸管的基本特性

实现人机交互的关键部件。其中，操作按键用来输入人工指令信号，送到微处理器中，对洗衣机进行控制；状态指示灯主要用来显示洗衣机当前的工作状态，如图 8-10 所示。

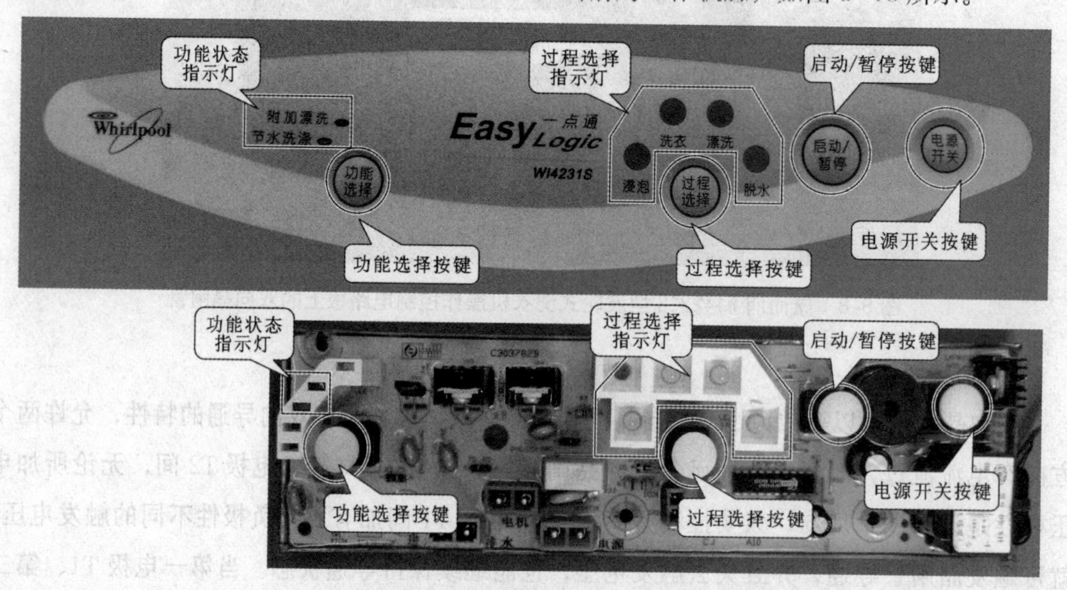

图 8-10　洗衣机操作控制电路板上的操作按键及状态指示灯

洗衣机操作控制电路板中的操作按键多为键钮结构，通常在按键旁边印有“SW”字母标识；状态指示灯实际上是发光二极管，用“LED”标识，大都安装在操作按键附近，如图 8-11 所示。

图 8-11　操作按键及状态指示灯在电路板中的标识

8. 蜂鸣器

蜂鸣器是一种电声器件，主要是在微处理器的控制下发出“嘀嘀”声，对洗衣机洗涤完毕的状态进行提醒或进行故障警示。

洗衣机操作控制电路板上的蜂鸣器多为黑色圆柱形器件，电路中，蜂鸣器用字母“BZ”标识，数字“1”表示其在电路中的序号。图 8-12 所示为惠而浦 W14231S 型波轮式洗衣机操作控制电路板上蜂鸣器的实物外形。

图 8-12　惠而浦 W14231S 型波轮式洗衣机操作控制电路板上蜂鸣器的实物外形

8.1.2 全自动洗衣机操作控制电路的工作原理与电路分析

1. 全自动洗衣机操作控制电路的工作原理

全自动洗衣机操作控制过程可以从洗衣机操作控制电路的整机电路框图入手，以“供电”和“控制信号”为两条主线，建立起洗衣操作控制电路部分中各主要元器件或单元电路之间的控制关系，如图 8-13 所示。

将洗衣机通电开机后，交流 220 V 电压送入洗衣机中，一路经电源供电电路变换和稳压后，输出直流低压为微处理器等电路元器件供电；另一路为电动机和电磁阀供电。

人工指令通过操作按键等送入微处理器中，经微处理器识别后，输出控制信号送入驱动电路中，由驱动电路控制相关部件的晶闸管或继电器工作，使相关部件开始工作，进行进水、

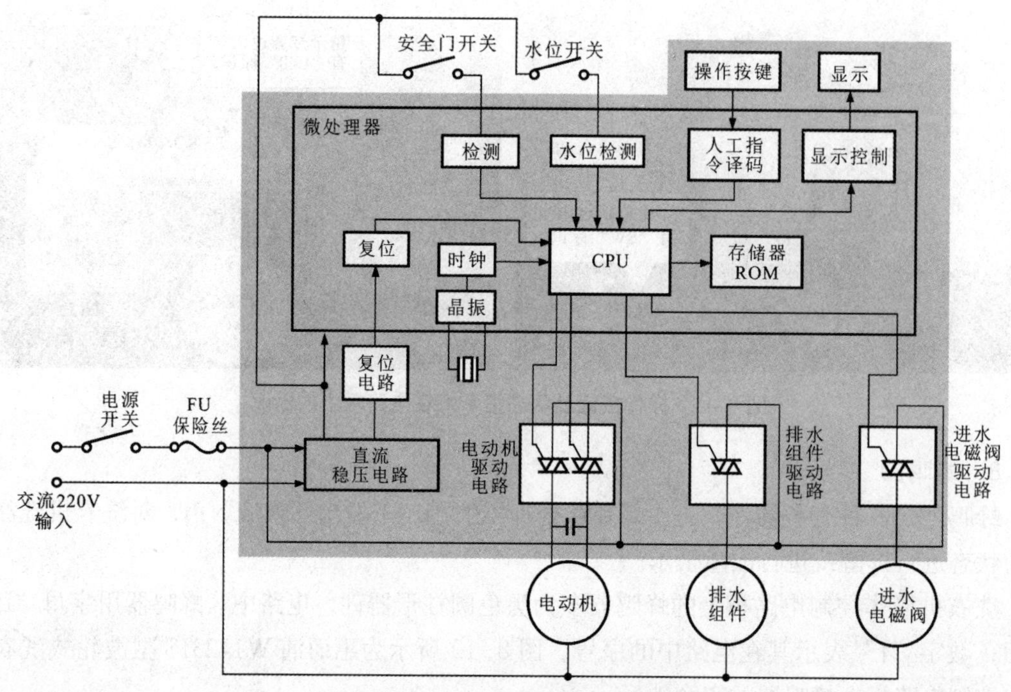

图 8-13　典型洗衣机整机电路框图

排水和洗涤等作业。

同时，水位开关将水位检测信号送至微处理器，安全门开关将洗衣机门或上盖的状态信号送至微处理器，洗衣机中的传感器对水位、水温等进行检测，并将检测信号送入微处理器，由微处理器协调各部分的工作。

对于典型洗衣机操作控制电路系统的整机电路框图，可以将其加以变化，变成整机电路功能关系图，这样可以有助于理清各元器件或电路单元之间的控制关系，如图 8-14 所示。

从图 8-14 可以看到，它的控制核心是微处理器。工作时，用户通过操作控制电路板为洗衣机输入人工操作指令。微处理器首先通过传感器和检测电路接收水位传感器、温度检测器和门开关的信息。然后根据内部程序输出控制信号，送到继电器 /LED 驱动电路。通过继电器控制供水电磁阀、软水剂阀以及洗涤电动机的双向晶闸管，从而实现自动洗涤。在工作中发光二极管显示工作状态，蜂鸣器发出提示音配合洗衣机的工作。

交流 220 V 电源除为电动机和电磁阀供电外，还经过电源变压器、整流滤波和稳压电路形成直流电压为微处理器和控制电路供电。

【信息扩展】

随着人们生活水平的提高，洗衣机越来越智能、环保，新器件、新工艺也在洗衣机电路系统中得到了应用，图 8-15 所示为变频洗衣机中操作控制电路部分的整机电路功能关系图。

从图中可以看到，数字信号控制器（IEC60730）是整个洗衣机的控制核心，它除具有与普通洗衣机控制电路的功能之外，还具有为变频电动机（洗涤电动机）驱动电路提供 PWM 信号功能。变频电动机的驱动电路由栅极驱动电路和三相逆变器等组成。控制器输出的信号经栅极驱动电路去驱动逆变器。逆变器输出三相驱动信号加给变频电动机，交流 220 V 电源

经桥式整流和功率周数校正电路，形成 300 V ~ 450 V 的直流电压为逆变器供电。直流电源将 300 V 的直流电压稳压成低压直流电压为微处理器和控制电路供电。

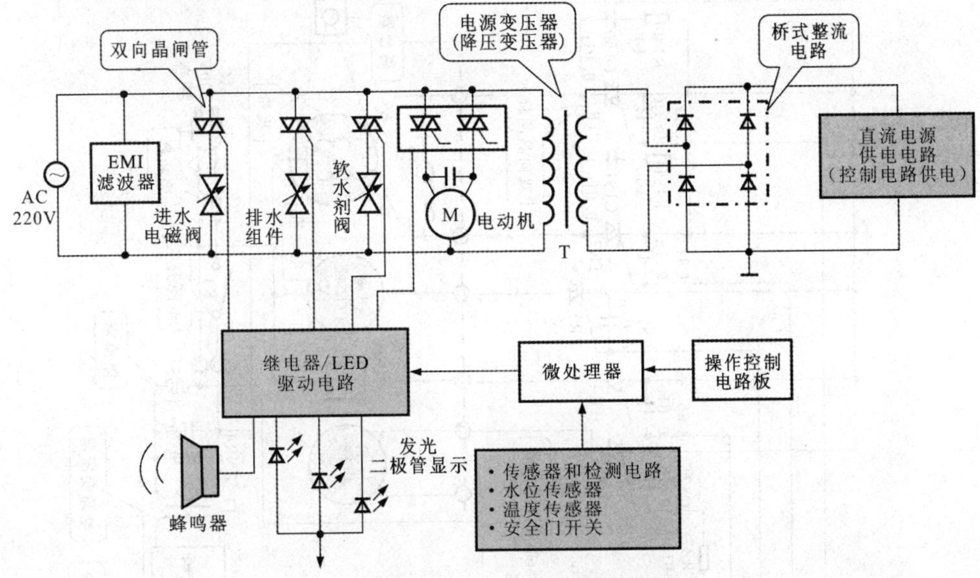

图 8-14　典型普通洗衣机的整机电路框图

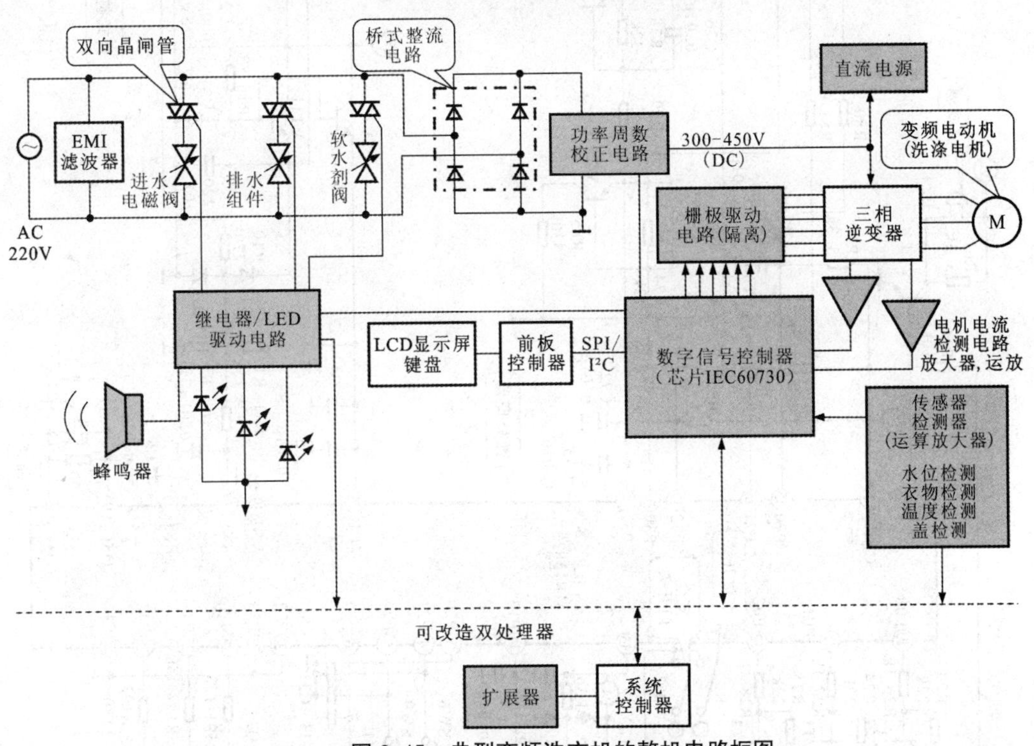

图 8-15　典型变频洗衣机的整机电路框图

2. 全自动洗衣机操作控制电路分析

图 8-16 所示为海尔 XQB45-A 型波轮式洗衣机的电路图，由图可知，该电路主要由熔断器 FU、电源开关 K1（继电器 K）、电源变压器 T1、桥式整流堆 DB1、微处理器 IC1（MN15828）、晶体 X1、双向晶闸管（TR1 ~ TR5）、排水组件 CS、进水电磁阀 IV、电动机、

安全门开关K2、水位开关K3以及操作按键SW6～SW11、状态指示灯LED1～LED7等构成。

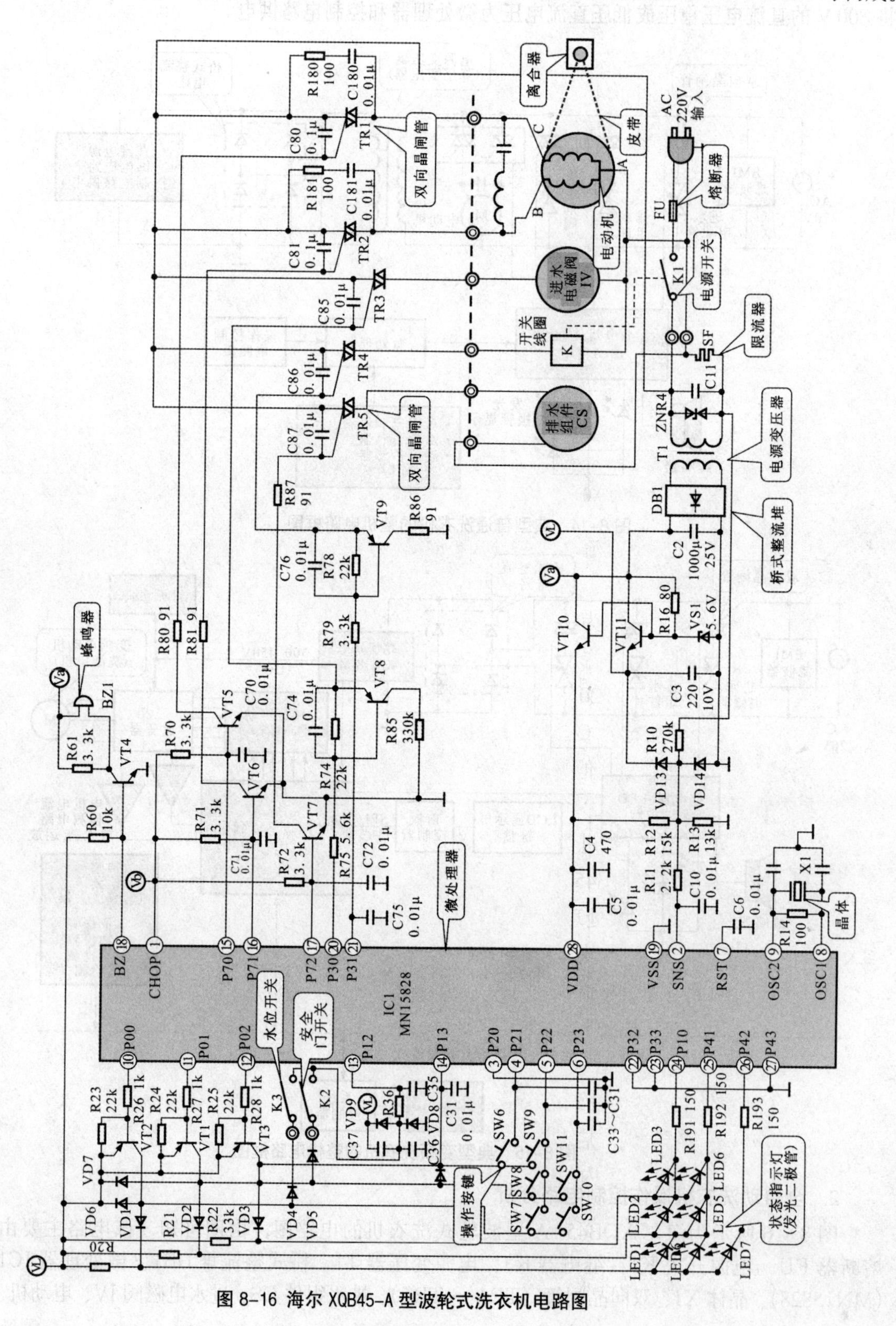

图 8-16 海尔 XQB45-A 型波轮式洗衣机电路图

为了更好地了解控制电路的工作过程，可以将整机电路划分成6个单元电路，即电源电路、进水控制电路、洗涤控制电路、排水控制电路、脱水控制电路和安全门开关检测电路。

(1) 电源电路的分析过程

图8-17所示为海尔XQB45-A型波轮式洗衣机的电源电路部分，该电路主要是由熔断器FU、电源开关K1、电源变压器T1、桥式整流堆DB1等元器件构成的。

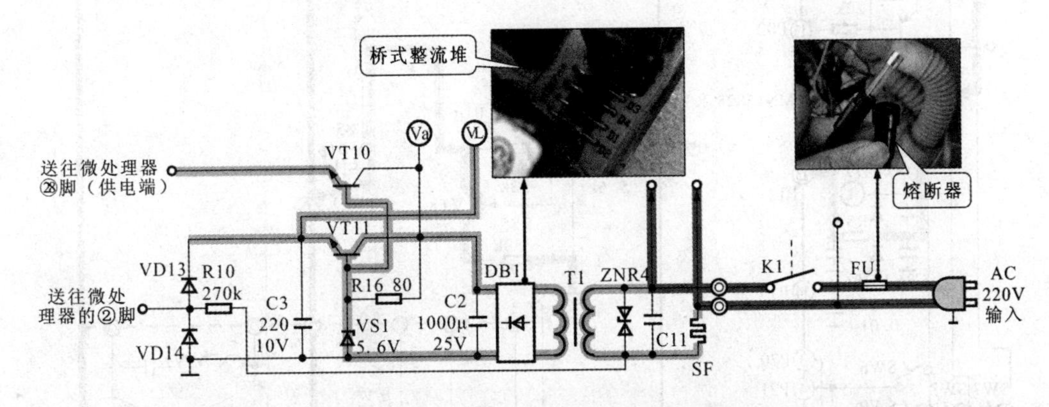

图8-17 海尔XQB45-A型波轮式洗衣机的电源电路部分的分析过程

当洗衣机通电开机后，交流220 V电压经电源插头送入电源电路中，经熔断器FU、电源开关K1后分为两路：

- 一路直接输出交流电压为洗衣机中需要交流供电的部件供电（送往排水电磁阀、电动机、进水电磁阀等部件）；
- 另一路，电源变压器将220 V交流高压降为交流低压后送入桥式整流堆DB1进行整流，输出的直流电压再经滤波电容C2滤波，VT11、VT10稳压后，输出稳定的直流电压主要用于为电路板中的微处理器及其他需要直流供电的元器件供电（送往水位开关、安全门开关、蜂鸣器等部件）。

(2) 进水控制电路的分析过程

图8-18所示为海尔XQB45-A型波轮式洗衣机的进水控制电路，由图可知，该电路部分主要是由水位开关K3、微处理器IC1的相关控制引脚（⑩脚、⑬脚、⑳脚）、晶体三极管VT8、双向晶闸管TR3、进水电磁阀IV器件等构成的。

启动洗衣机前，首先设定洗衣机洗涤时的水位高度，水位开关K3闭合，然后按下“启动／暂停”操作按键将“启动”信号经⑥脚送入微处理器IC1中。

微处理器收到“启动”信号后，由⑩脚输出控制信号，使晶体管VT2导通，5 V电压经VT2，加到水位开关K3的一端，此时水位开关未检测到设定的水位，开关仍处于断开状态；

同时，在微处理器收到“启动”信号后，由于水位开关仍处于断开状态，此时微处理器IC1的⑬脚检测到低电平，经内部程序识别后，控制其⑳脚输出驱动信号，送入晶体管VT8的基极，晶体管VT8导通，触发双向晶闸管TR3导通。

双向晶闸管TR3导通后，交流220 V电压经双向晶闸管后为进水电磁阀IV供电，进水电磁阀工作，洗衣机开始进水。

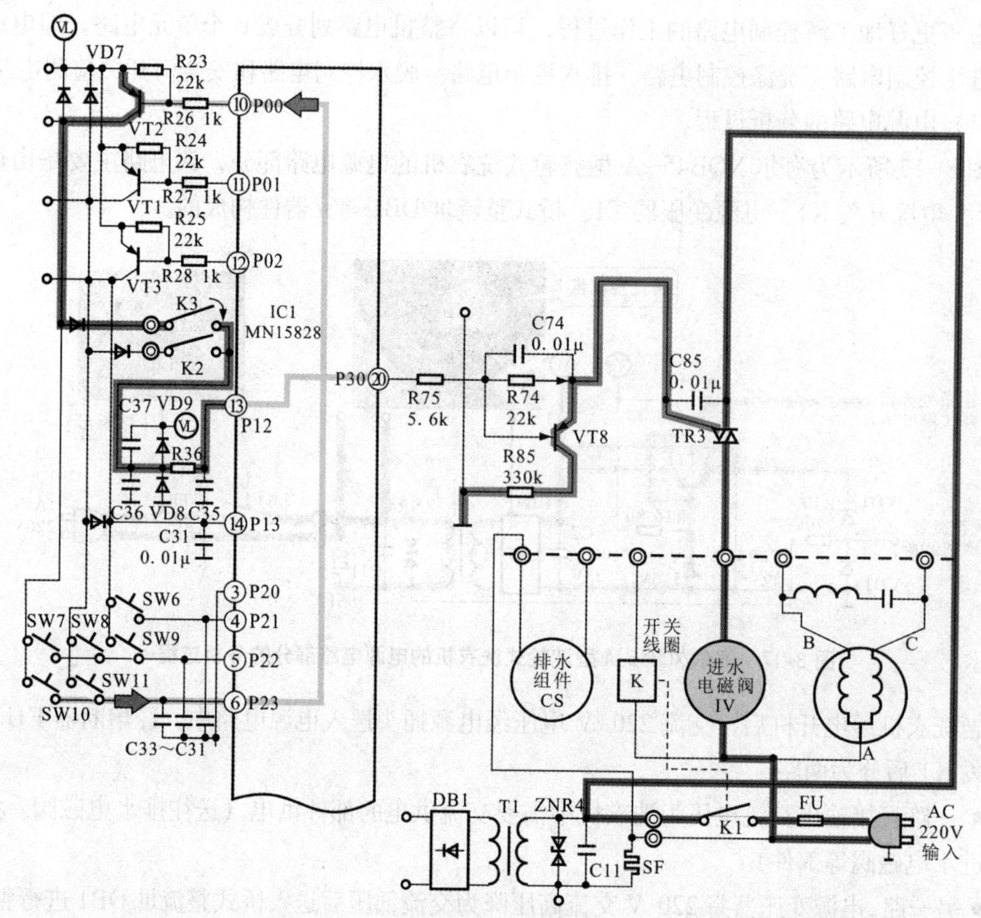

图 8-18 海尔 XQB45-A 型波轮式洗衣机的进水控制电路部分的分析过程

当水位开关 K3 检测到洗衣机内水位上升到设定位置时，触点闭合，微处理器 IC1 的⑬脚检测到高电平，控制微处理器的⑳脚停止输出驱动信号，晶体管 VT8 截止，双向晶闸管 TR3 控制极上的触发信号消失，同时 TR3 第一、第二电极电压因交流电压的交流特性而反向，双向晶闸管 TR3 截止，进水电磁阀停止工作，洗衣机停止进水。

(3) 洗涤控制电路的分析过程

图 8-19 所示为海尔 XQB45-A 型波轮式洗衣机的洗涤控制电路，由图可知，该电路主要是由微处理器 IC1 的相关控制引脚（⑮、⑯脚）、晶体三极管 VT5 和 VT6、双向晶闸管 TR1 和 TR2、电动机、离合器等器件构成的。

当洗衣机停止进水后，微处理器内部定时器启动，此时，洗衣机进入“浸泡”状态，洗衣机操作显示面板上的“浸泡”指示灯点亮。

当定时时间到达后，微处理器在内部程序控制下，由⑮脚、⑯脚轮流输出驱动信号，分别经晶体管 VT5、VT6 后，送到双向晶闸管 TR1、TR2 的控制极，TR1、TR2 轮流导通，电动机得电开始正、反向旋转，通过皮带将动力传输给离合器，离合器带动洗衣机内波轮转动，洗衣机进入“洗涤”状态，洗衣机操作显示面板上的“洗衣”状态指示灯点亮。

在洗涤开始的同时，微处理器内部定时器开始对洗涤时间进行计时（用户选择洗涤模

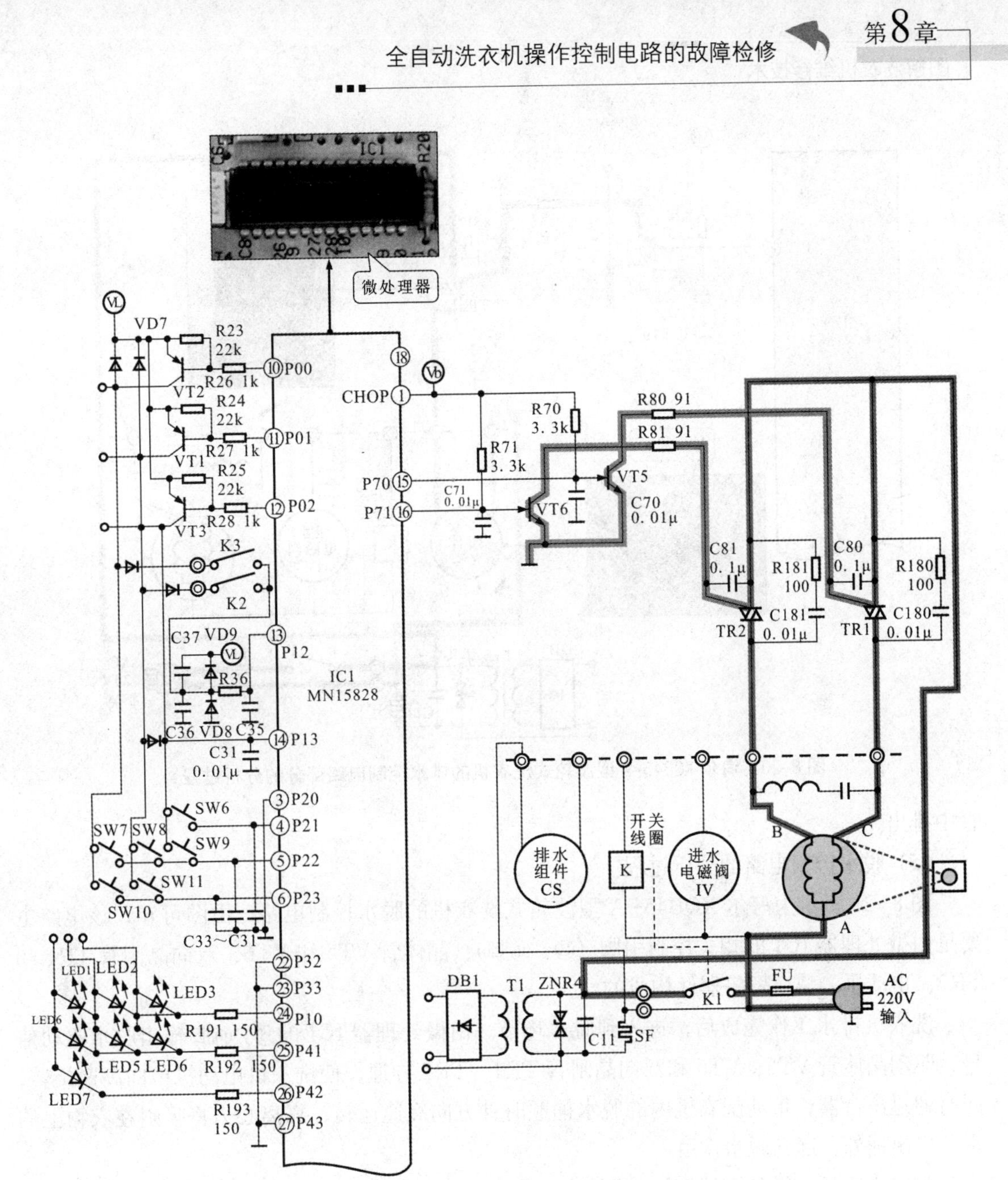

图 8-19 海尔 XQB45-A 型波轮式洗衣机的洗涤控制电路部分的分析过程

式不同，如普通洗涤、节水洗涤、加长洗涤等，定时器设定时间不同）；当计时时间到达后，微处理器⑮脚、⑯脚停止输出驱动信号，电动机停止工作，洗涤完成。

（4）排水控制电路的分析过程

图 8-20 所示为海尔 XQB45-A 型波轮式洗衣机的排水控制电路，由图可知，该电路主要是由微处理器 IC1 的相关控制引脚（⑰脚）、晶体管 VT7、双向晶闸管 TR5、排水组件 CS 等器件构成的。

当洗衣机停止洗涤后，微处理器在内部程序作用下，由⑰脚输出控制信号，经晶体管 VT7 放大后送到双向晶闸管 TR5 的控制极，双向晶闸管 TR5 导通，排水组件 CS 得电，内部电磁铁牵引器牵引排水阀动作，使排水阀打开，洗衣机桶内的水便顺着排水阀出口从排水

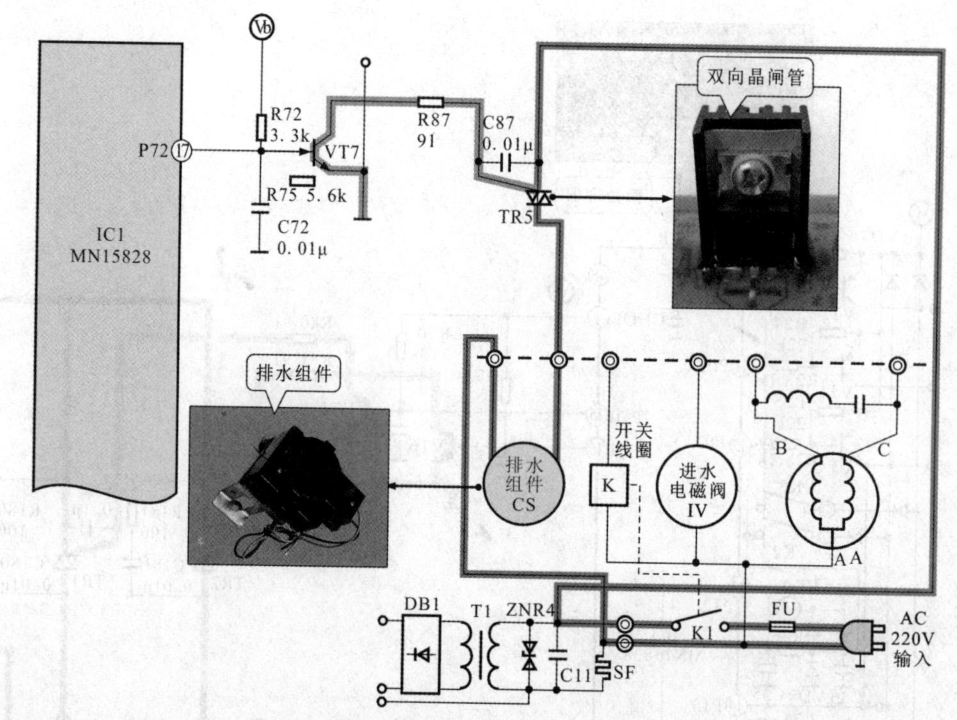

图 8-20　海尔 XQB45-A 型波轮式洗衣机的排水控制电路部分的分析过程

管中排出。

（5）脱水控制电路的分析过程

图 8-21 所示为海尔 XQB45-A 型波轮式洗衣机的脱水控制电路，由图可知，该电路主要是由微处理器 IC1 的相关控制引脚（⑮、⑯脚）、晶体管 VT5 和 VT6、双向晶闸管 TR1 和 TR2、电动机、离合器等器件构成的。

洗衣机排水工作完成后，进入到脱水环节。由微处理器 IC1 的⑮、⑯脚输出脱水驱动信号，驱动晶体管 VT5、VT6 和双向晶闸管 TR1、TR2 导通，使洗衣机电动机单向高速旋转，同时通过离合器，带动洗衣机内的脱水桶顺时针方向高速运转，靠离心力将吸附在衣物上的水分甩出桶外，起到脱水作用。

脱水完毕后，微处理器 IC1 控制排水组件 CS 和洗涤电动机停止工作。之后，微处理器 IC1 的⑱输出蜂鸣器控制信号，经晶体管 VT4 放大后，驱动蜂鸣器 BZ1 发出提示音，提示洗衣机洗涤的衣物完成，然后操作控制面板上的指示灯全部熄灭，完成衣物的洗涤工作。

（6）安全门开关检测电路的分析过程

图 8-22 所示为海尔 XQB45-A 型波轮式洗衣机的安全门开关检测电路，该电路主要是由微处理器 IC1 的相关控制引脚（⑬、⑭脚）、安全门开关 K2 及外围元件构成的。

当洗衣机上盖处于关闭状态时，安全门开关 K2 闭合。当按下洗衣机“启动 / 暂停”操作按键后，微处理器⑪脚输出控制信号使晶体管 VT1 导通，5 V 电压经 VT1 为安全门开关供电，然后将该电压送至微处理器的⑬脚。

当微处理器⑬脚能够检测 5 V 电压时，⑮、⑯脚才可输出驱动信号，控制洗衣机洗涤或

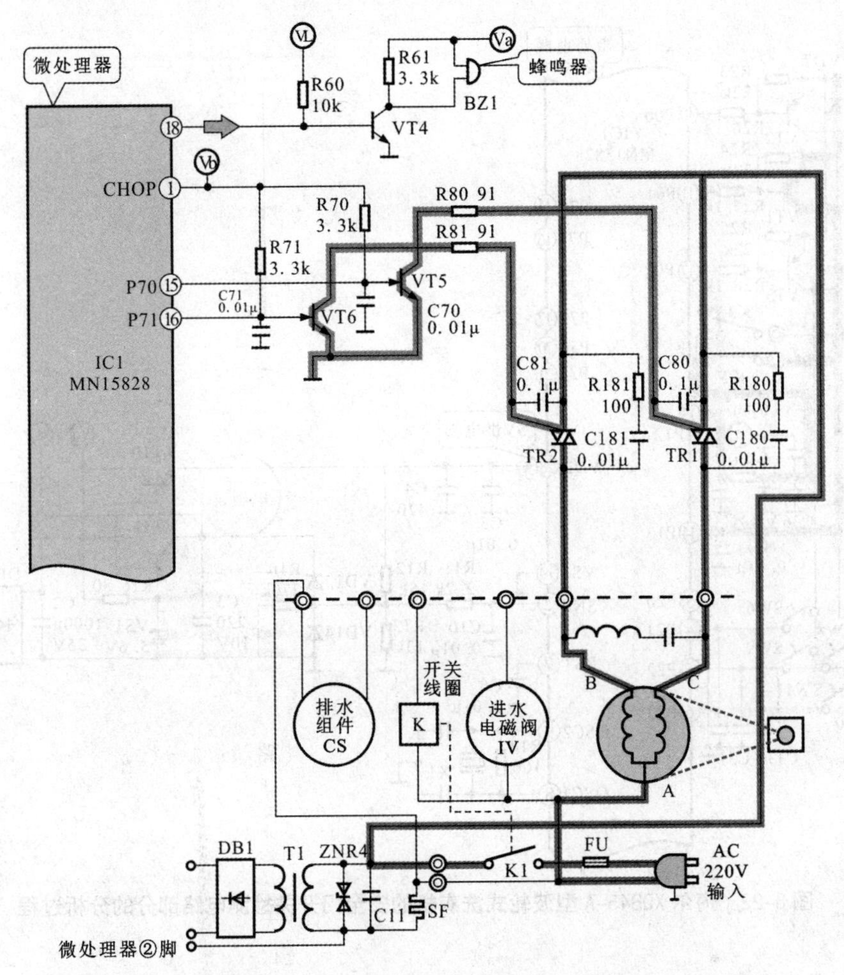

图 8-21　海尔 XQB45-A 型波轮式洗衣机的脱水控制电路部分的分析过程

脱水。

若上盖被打开，微处理器检测不到经过安全门开关的 5 V 电压，便会暂停⑮脚、⑯脚的信号输出，洗衣机电动机立即断电，停止洗涤工作，待上盖关闭后，继续进行工作。

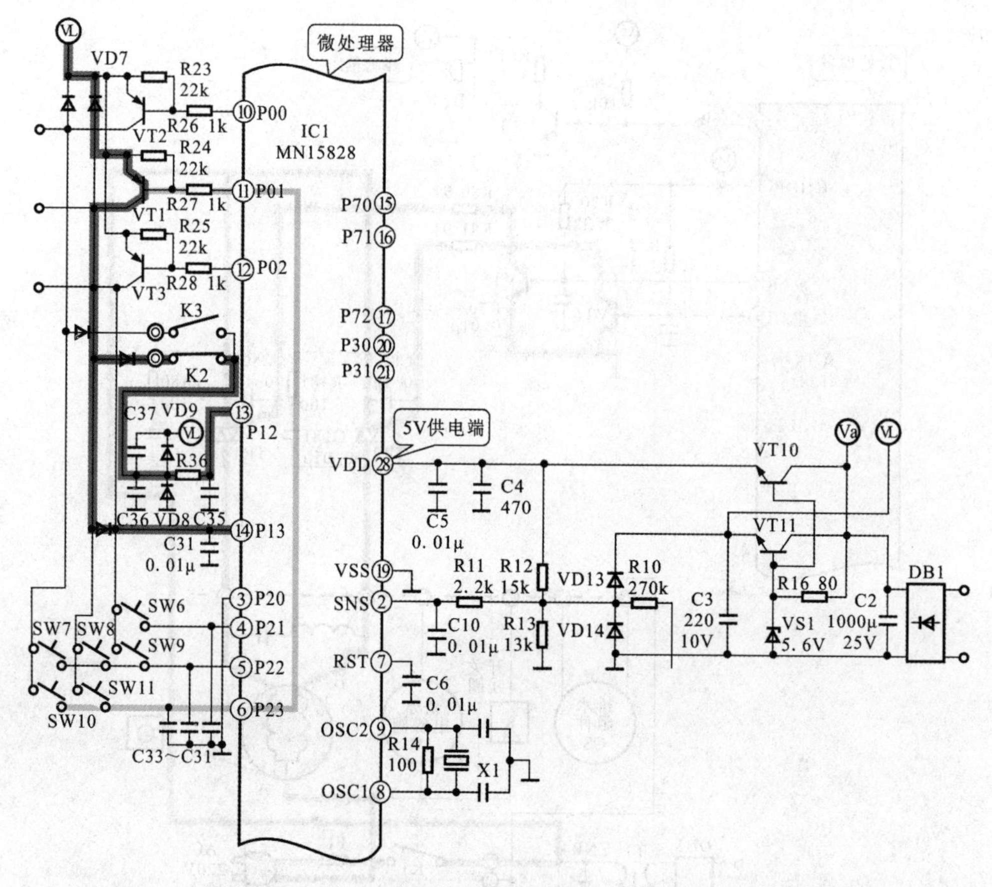

图 8-22　海尔 XQB45-A 型波轮式洗衣机的安全门开关检测电路部分的分析过程

8.2 全自动洗衣机操作控制电路的故障检修

8.2.1 全自动洗衣机操作控制电路的检修分析

洗衣机的操作控制电路部分贯穿所有功能的实现，若电路部分出现故障，常会引起洗衣机所有功能或部分功能失常。若出现故障应首先根据实际故障现象，结合洗衣机电路的信号流程和控制关系，对电路系统中的测试点进行分析，为下一步实际测试做好准备，图 8-23 所示为洗衣机控制电路的检修流程。

首先检测交流输入电路中的熔断器是否正常，然后检测电动机的交流供电电压、排水组件的交流供电电压、进水电磁阀的交流供电电压是否正常，接着检测安全门开关向微处理器送入的高电平信号是否正常，最后检测水位开关向微处理器送入的高电平信号是否正常。

【要点提示】

由于洗衣机电路系统的防水需求，大部分洗衣机的操作控制电路板都用防水胶进行封闭，因此检测电路系统时，通常无法对操作控制电路板上的元器件进行检测，只能通过对连接接

口的测试来判断相关部件是否正常。

通常，若连接接口部分输出信号正常，而受控部件（如排水组件、进水电磁阀、电动机、离合器、状态指示灯）无法正常工作，则多为受控部件损坏。

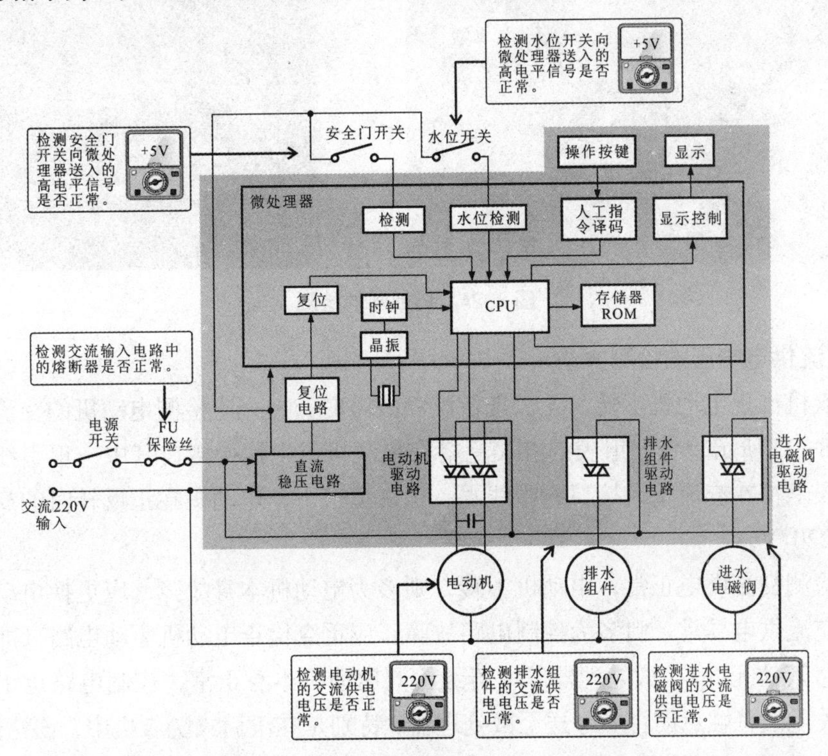

图 8-23　洗衣机操作控制电路的检修流程

8.2.2 全自动洗衣机操作控制电路的检修方法

1. 熔断器的检测

洗衣机电路系统出现故障时，应先查看熔断器是否损坏。熔断器的检测方法有两种：一是观察法，即用眼睛直接观察，看熔断器是否有烧断、烧焦迹象；二是检测法，即用万用表对熔断器进行检测，将万用表的红、黑表笔分别搭在熔断器两端，观察其电阻值，判断熔断器是否损坏。

熔断器就是一个保险丝，若测得熔断器两端的电阻值趋于零，则说明熔断器正常；若测得熔断器两端电阻值为无穷大，则说明熔断器已损坏，具体检测方法如图 8-24 所示。

【要点提示】

洗衣机熔断器通过熔断器盒串接在洗衣机交流 220 V 供电引线的相线中，起到过流、过载保护的作用。

引起熔断器损坏的原因很多，主要是由于洗衣机中电路部分过载或元器件短路引起的。

因此，当发现熔断器损坏，不仅要更换匹配的熔断器，而且还应检查负载电路中是否短路或过载情况，否则开机后仍会烧坏熔断器。

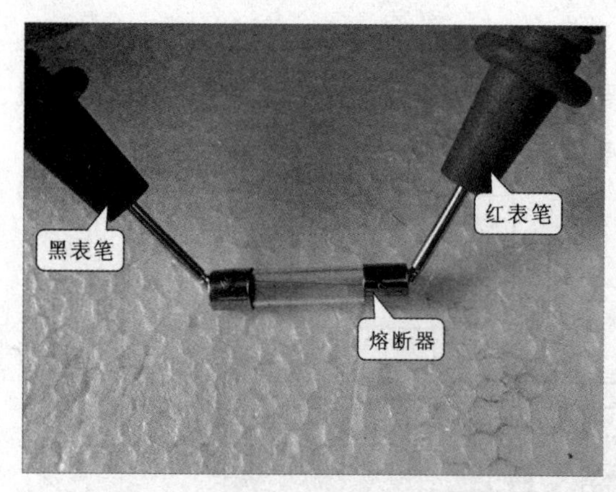

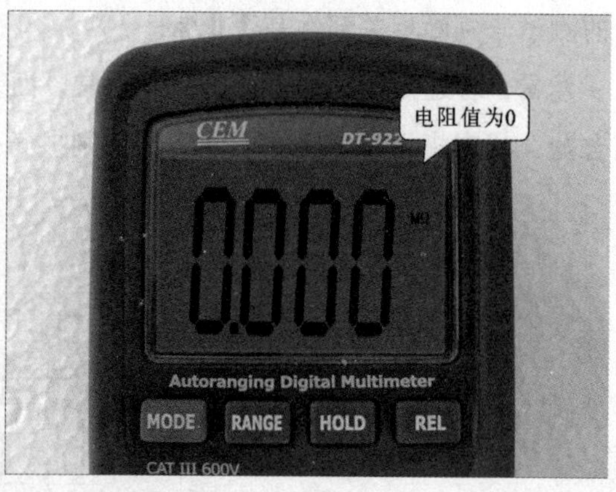

图 8-24　熔断器的检测

2. 交流供电电压的检测方法

当洗衣机出现电动机不转，无法进行洗涤故障时，首先应检测电动机的交流供电是否正常，如图 8-25 所示，将万用表的红表笔搭在电动机供电连接接口其中一根引线接口上，万用表的黑表笔搭在交流输入接口的零线端，正常情况下，电动机在正反转时的交流供电电压均为交流 220 V。

若经检测交流供电正常，电动机不转，则多为电动机本身故障，应更换电动机；若无交流供电或交流供电异常，则多为控制电路故障，应重点检查电动机驱动电路（即双向晶闸管和控制线路其他元件）、微处理器等；若经检测电动机本身正常，控制电路也正常，则多为安全门开关无法将触点闭合信号送至微处理器，特别是在滚筒式洗衣机中，该特征更加明显，此时，则应对安全门开关进行检测。

3. 排水组件供电电压的检测

若洗衣机出现无法排水或排水不止等故障时，首先应检测排水组件的供电电压是否正常，如图 8-26 所示。将万用表的红表笔搭在电路板与排水组件连接接口（供电接口）上，万用表的黑表笔搭在交流输入接口的零线端，万用表的挡位旋钮调整至电压挡，正常情况下，万用表可检测到 220 V 的交流电压。

若经检测交流供电正常，排水组件仍无法正常排水或排水异常，则多为排水组件本身故障，应进行进一步检测或更换排水组件；若无交流供电或交流供电异常，则多为控制电路故障，应重点检查排水组件驱动电路（即双向晶闸管和控制线路其他元件）、微处理器等。

4. 进水电磁阀供电电压的检测

若洗衣机出现无法进水或进水不止等故障，首先应检测进水电磁阀的供电电压是否正常，如图 8-27 所示，将万用表的红表笔搭在电路板与进水电磁阀连接接口（供电接口）上，万用表的黑表笔搭在交流输入接口的零线端，万用表的挡位旋钮调整至电压挡，正常情况下，万用表可检测到 220 V 的交流电压。

若经检测交流供电正常，进水电磁阀仍无法正常排水或排水异常，则多为进水电磁阀本身故障，应进行进一步检测或更换进水电磁阀；若检测无交流供电或交流供电异常，则多为控制电路故障，应重点检查进水电磁阀驱动电路（即双向晶闸管和控制线路其他元件）、微处理器等；若经检测进水电磁阀本身正常，控制电路也正常，则多为洗衣机水位开关无法将水位信号送至微处理器中，应对水位开关部分进行检测。

5. 安全门信号的检测

若洗衣机出现电动机不转，但电动机本身及操作控制电路部分也均正常时，应重点检测安全门开关能否向微处理器送入的高电平信号，具体检测方法将万用表的红表笔搭在安全门开关与微处理器连接的接口上，将万用表的黑表笔搭在电路中的接地端，万用表的挡位旋钮调整至电压挡，安全门开关在关闭状态时，在其连接接口处应测得 +5 V 直流电压，如图 8–28 所示。

若将洗衣机门或上盖关闭后（即安全门开关闭合），微处理器引脚端仍无高电平信号，则多为安全门开关内部触点损坏，应更换安全门开关；若将洗衣机门或上盖关闭后（即安全

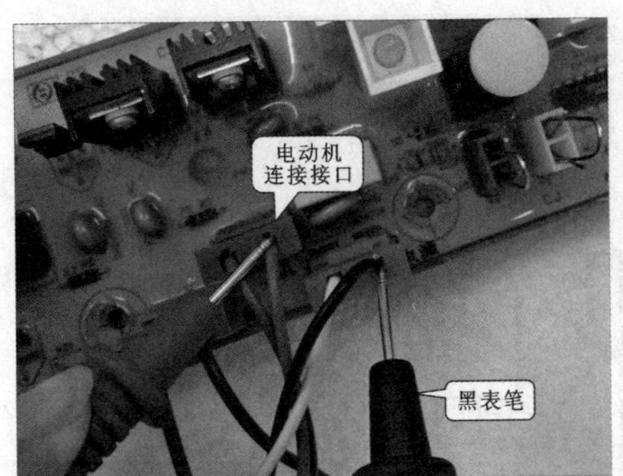

（1）

（2）

图 8–25　洗衣机电动机交流供电电压的检测方法

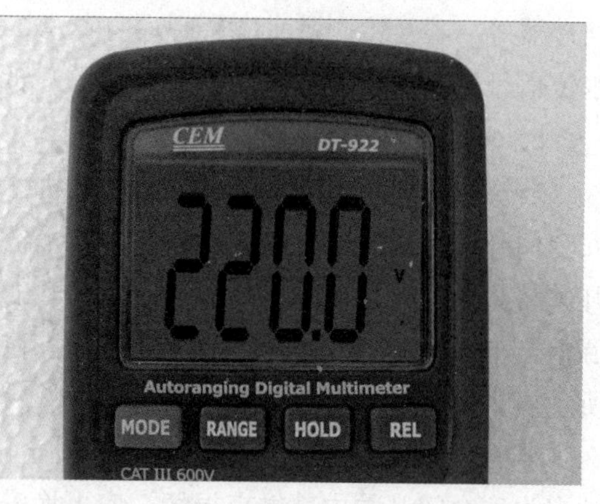

（1）

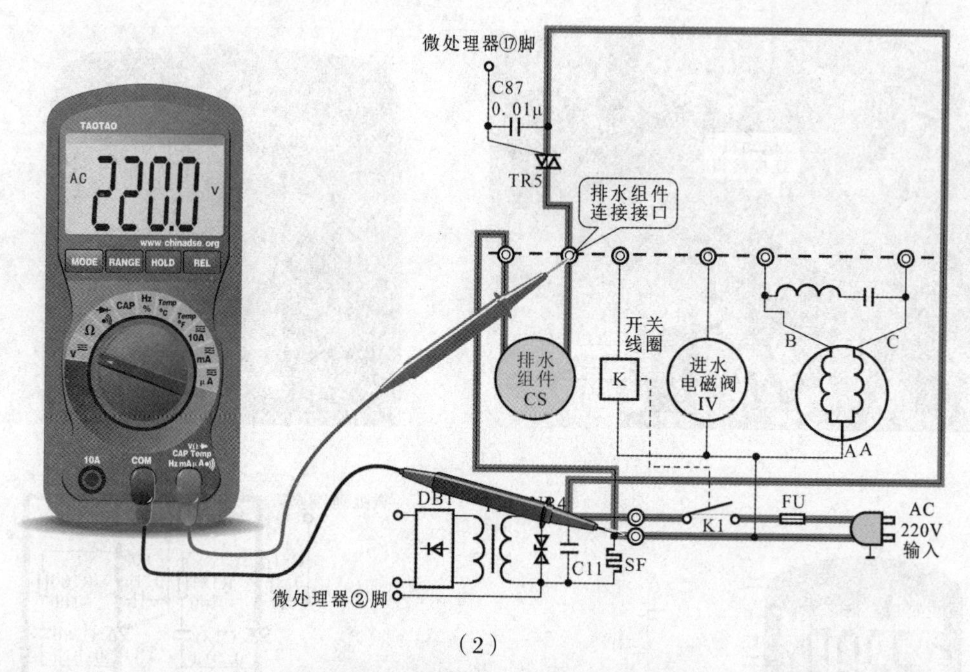

（2）

图 8-26　排水组件供电电压的检测方法

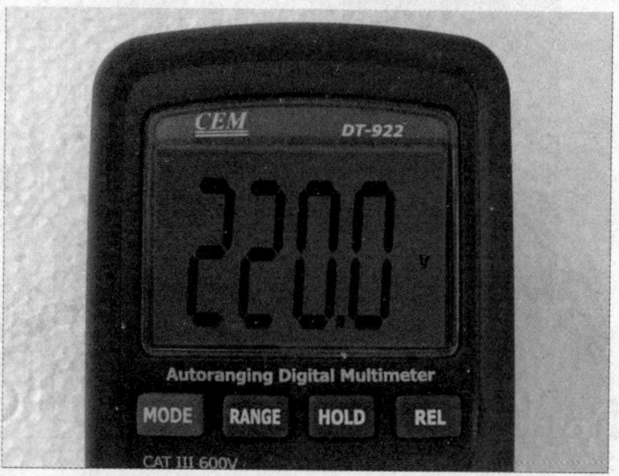

（1）

图 8-27　进水电磁阀供电电压的检测方法

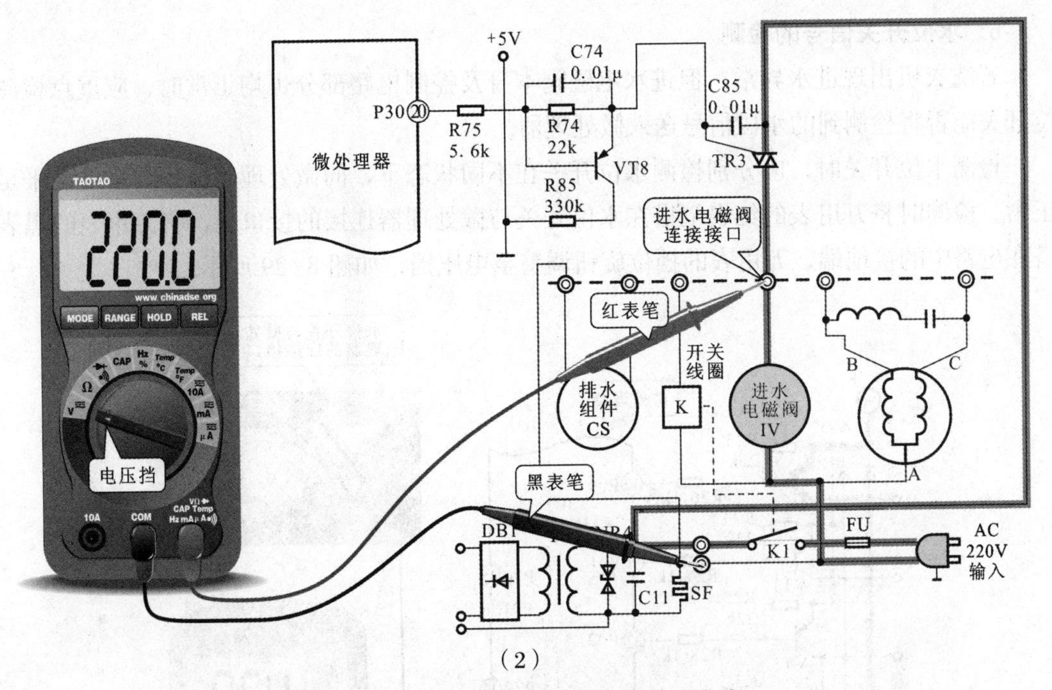

续图 8-27　进水电磁阀供电电压的检测方法

门开关闭合），微处理器引脚端有高电平信号，但控制端仍无法输出电动机控制信号，则多为微处理器损坏或内部程序存在错误，应检查微处理器的工作条件（供电电压、晶振信号），若条件正常，则应更换微处理器或更换整个操作控制电路板。

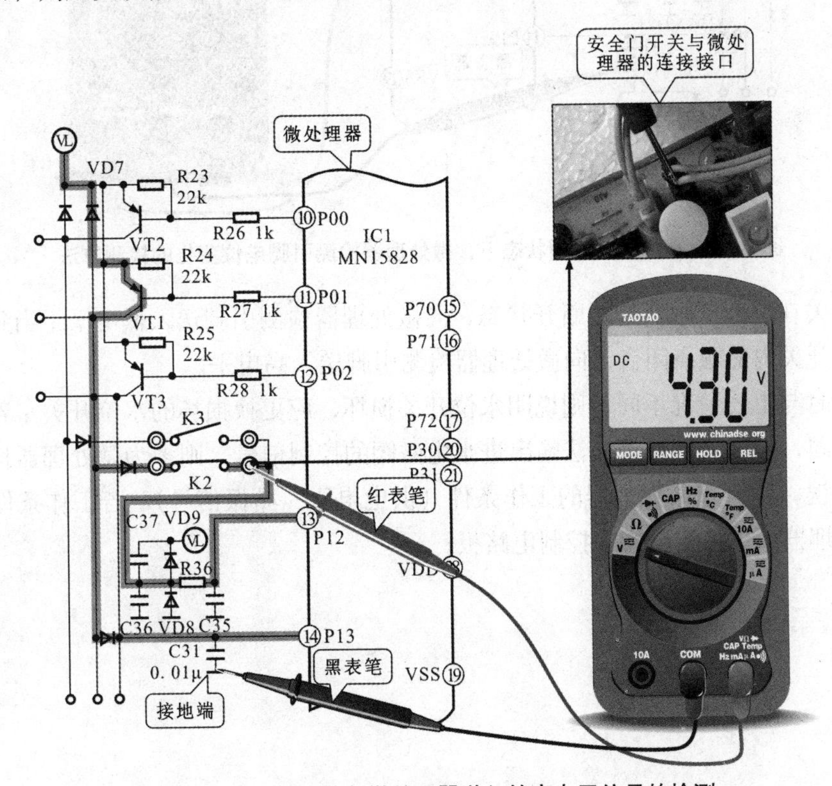

图 8-28　安全门开关向微处理器送入的高电平信号的检测

6. **水位开关信号的检测**

若洗衣机出现进水异常，但进水电磁阀本身及控制电路部分也均正常时，应重点检测水位开关能否将检测到的水位信号送入微处理器。

检测水位开关时，应分别检测水位开关在不同状态下，向微处理器送入的高低电平是否正常。检测时将万用表的红表笔搭在水位开关与微处理器连接的接口上，将万用表的黑表笔搭在电路中的接地端，万用表的挡位旋钮调整至电压挡，如图 8–29 所示。

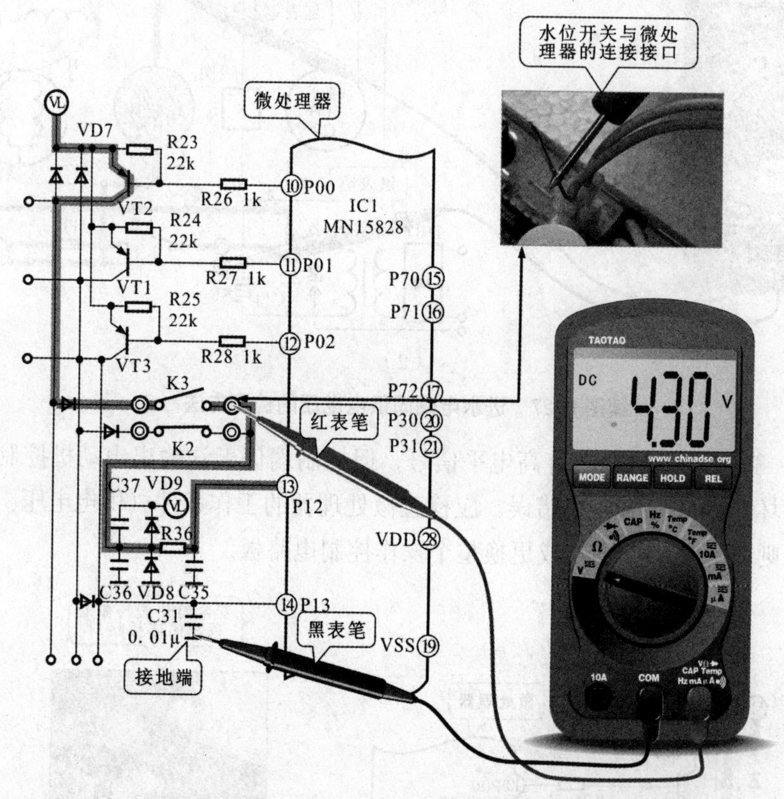

图 8–29 水位开关不同状态下，微处理器检测引脚电位变化的检测方法

水位开关在常态下触点处于断开状态，向微处理器检测引脚送入低电平；当到达设定水位后，水位开关内部触点闭合，向微处理器检测引脚送入高电平。

若实测时与上述情况不同，则说明水位开关损坏，应更换损坏的水位开关；若实测时与上述情况相同，但微处理器仍无法输出进水电磁阀的控制信号，则多为微处理器损坏或内部程序存在错误，应检查微处理器的工作条件（供电电压、晶振信号），若工作条件正常，则应更换微处理器或更换整个操作控制电路板。

第 9 章

全自动洗衣机其他电器部件的故障检修

9.1 程序控制器的结构和故障检修

9.1.1 程序控制器的结构特点

程序控制器与操作控制电路相比，是一种简单的洗衣机电气控制装置。它通常安装于操作面板洗涤方式控制旋钮的后部，通过控制旋钮选择适合的洗涤方式进行洗涤，并对输入的信号进行控制，如图 9–1 所示。

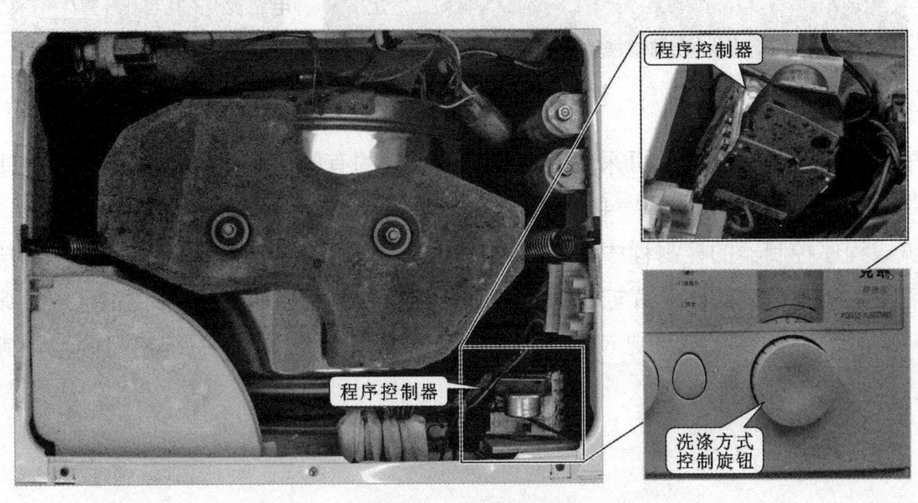

图 9–1 程序控制器

程序控制器是通过机械传动定时动作的方式，根据预设的角度定时运转，并按一定的时间输出控制信号，控制洗衣机工作状态，图 9–2 所示为典型程序控制器实物外形。

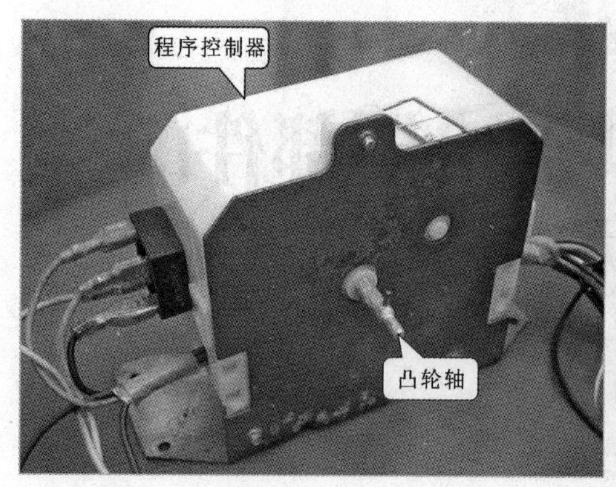

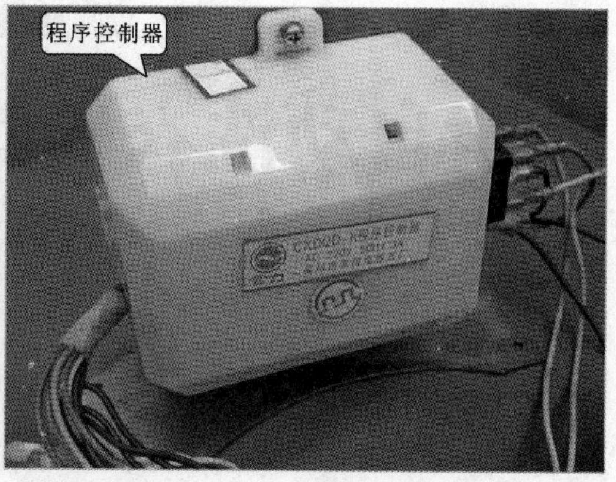

图 9–2　程序控制器的基本结构

机械式程序控制器内部关联性的配件主要有同步电动机、凸轮组、开关滑块、触片组、主轴、波动弹簧、棘爪、快跳棘轮、限制臂等部件，如图 9–3 所示。

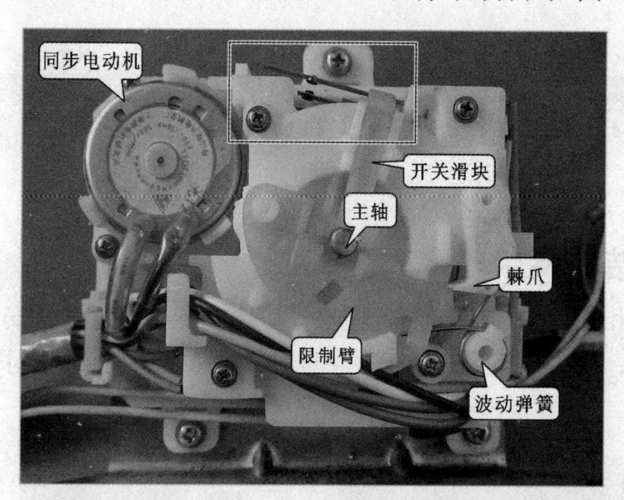

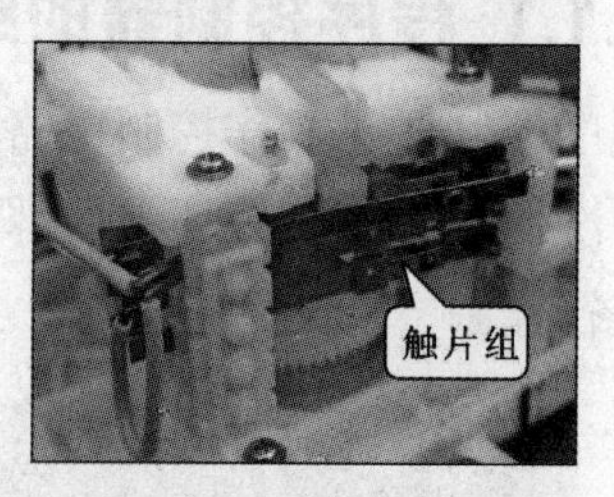

图 9–3　程序控制器内部结构

程序控制器中的同步电动机采用的是 3W 或 5W 的有刷电动机，同步电动机通过驱动齿轮组，带动凸轮组旋转，如图 9–4 所示。

机械式程序控制器的控制程序和时间预设在凸轮组的四周轮廓上，凸轮在旋转的过程中，通过凸轮组上不同半径的凸轮片控制触片上触点开关的通断和通断时间，如图 9–5 所示。触片上触点的开启 / 闭合状态与洗衣机、启动电容、进水系统、排水系统相配合，控制洗衣机的运行。

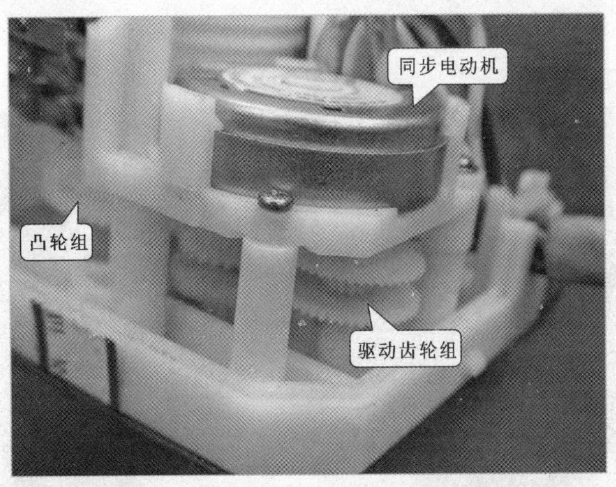

图 9-4　同步电动机与驱动齿轮组的连接

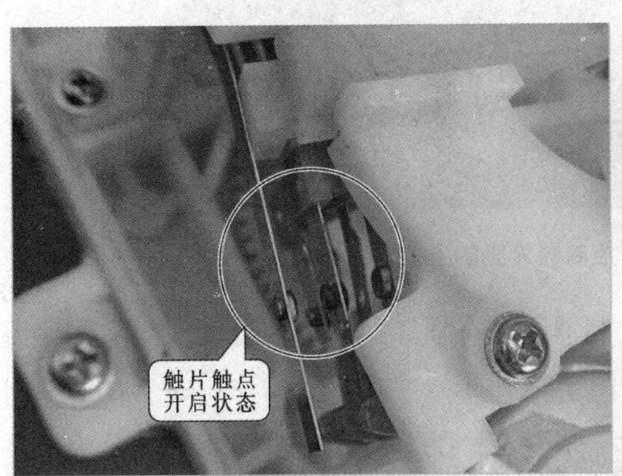

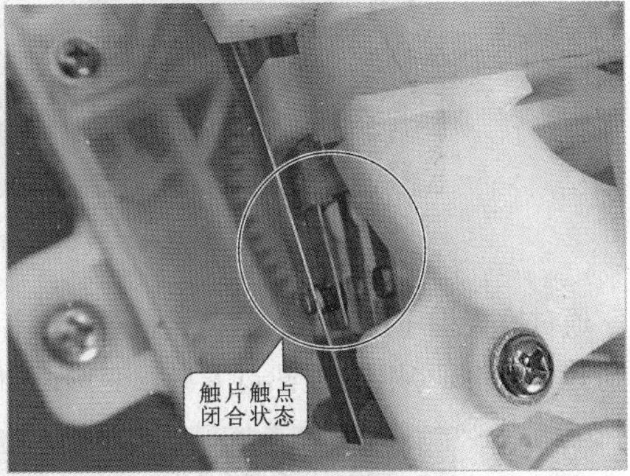

图 9-5　程序控制器触点的开启 / 闭合状态

9.1.2 程序控制器的故障检修

在对程序控制器进行检修时，首先需要将程序控制器取下，然后再对其性能进行检测，从而判断程序控制器是否存在故障。

使用一字旋具将程序控制器外壳两端的卡扣撬开，如图 9-6 所示。

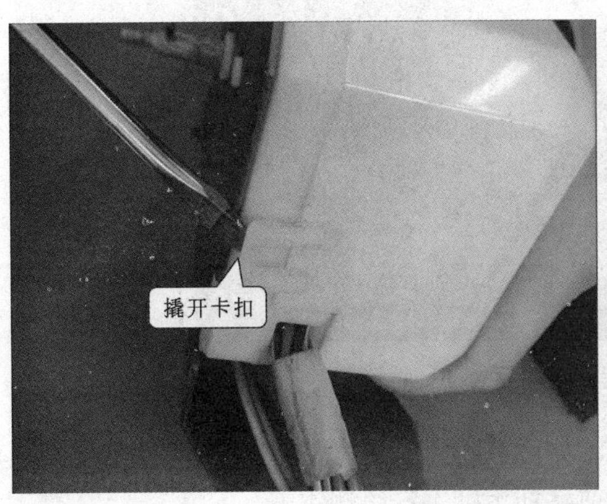

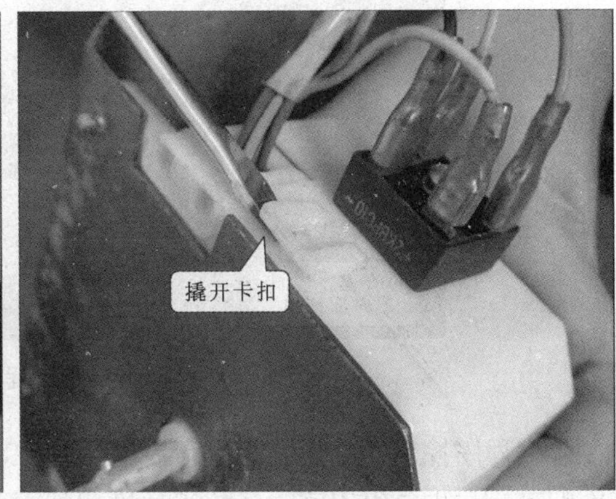

图 9-6 撬开程序控制器外壳的卡扣

将卡扣撬开后，便可以直接将程序控制器外壳的上盖取下，此时，即可看到程序控制器的内部结构，如图 9−7 所示。

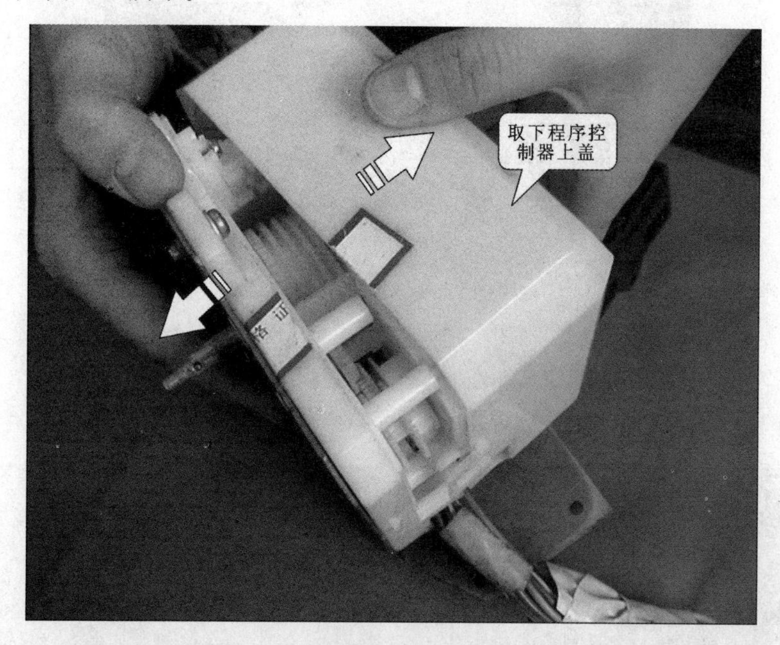

图 9-7　取下程序控制器外壳的上盖

通过检查程序控制器内部结构检查程序控制器是否有损坏的器件，可以先查看程序控制器的开关滑块是否因为受热过大导致变形，如图 9−8 所示。

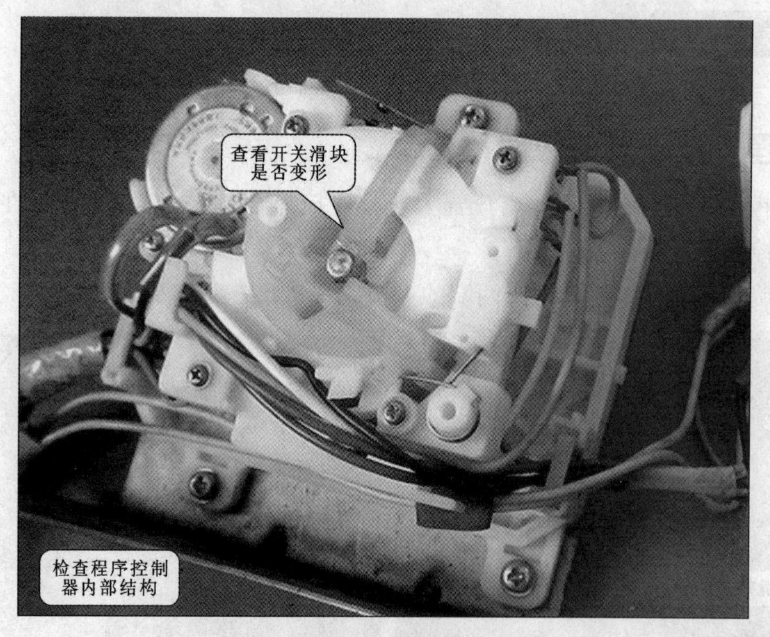

图 9-8 检查程序控制器内部

检查程序控制器的齿轮组是否有磨损现象，如图 9−9 所示，若出现磨损现象，直接将其更换即可。与齿轮组不同，凸轮组的检测就需要转动主轴进行检测查看。

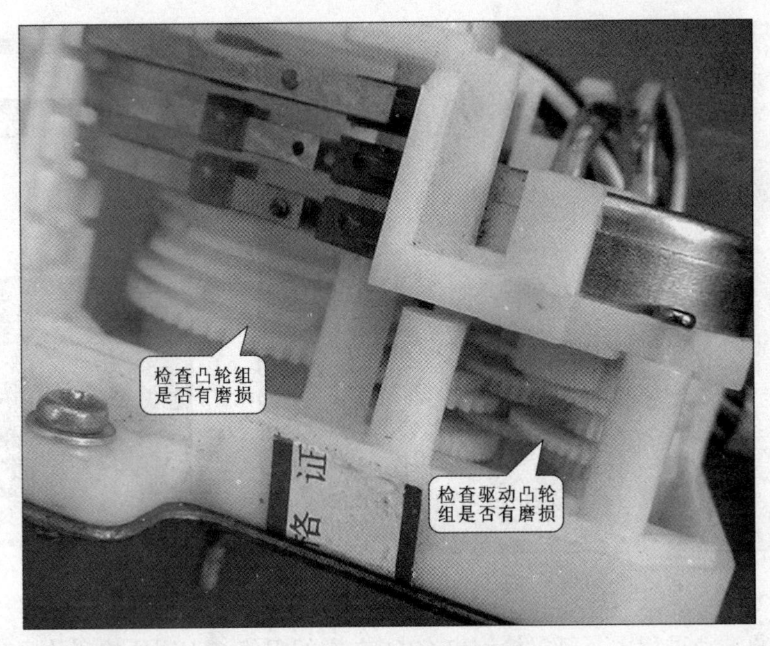

图 9-9　检查程序控制器齿轮组

若齿轮组没有损坏，再检查程序控制器两端的触片组。触片组正常时，旋转主轴（控制开关），使洗衣机处在不同的工作状态，触片组的位置也会有变化，如图 9-10 所示。若在旋转控制开关的过程中，触片组无任何反应表明触片组中的触片有损坏，查找出损害的触片并进行更换即可。

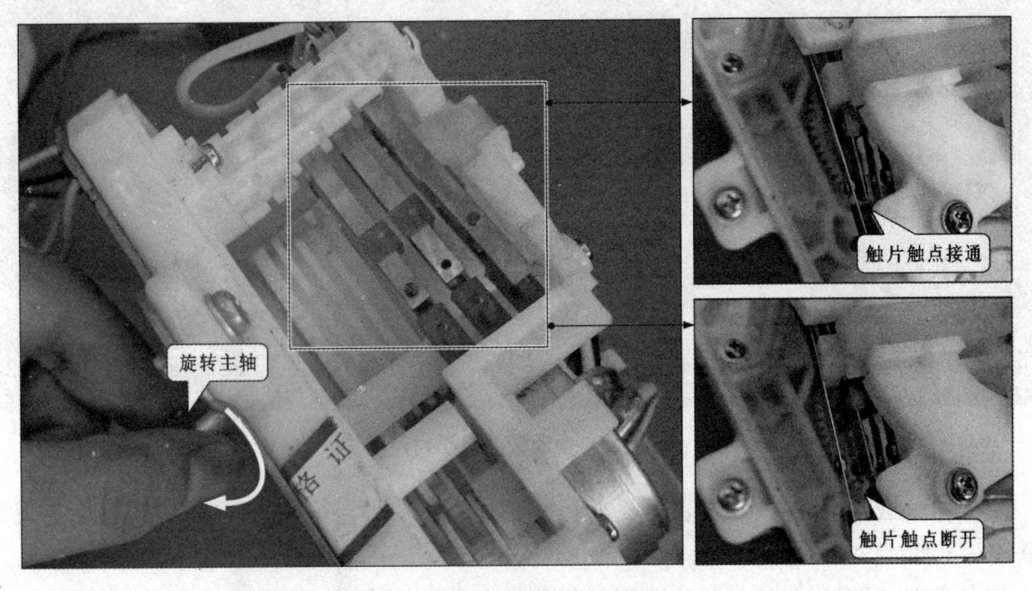

图 9-10　检查触片组位置变化

经检测后，程序控制器的主轴、齿轮组和凸轮组等均正常，再使用万用表检测程序控制器的同步微电机的电阻。在检测同步微电机时，由于所检测的同步微电机为有刷电机，因此，在检测时会出现无法检测出阻值的情况，需要通过转动主轴进行检测，如图 9-11 所示。

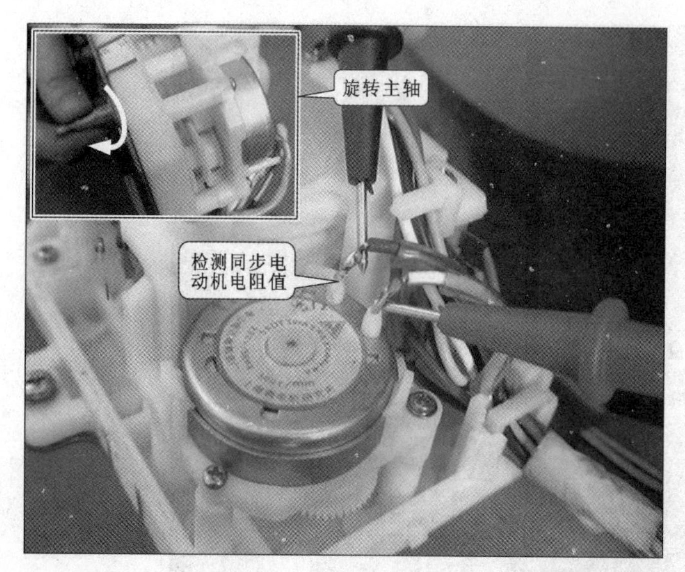

图 9-11　检测同步微电机

若在主轴的转动过程中，可以检测出 60Ω 左右的阻值，表明所检测的同步微电机没有损坏；若无论怎样旋转主轴，都无法检测出同步微电机的阻值，表明该电机已经损坏，需要对其进行更换。

如果是智能程序控制器，如图 9-12 所示，这种控制器的机械部件与控制电路板相连，检修时还要对程序控制器的电路板进行检测。

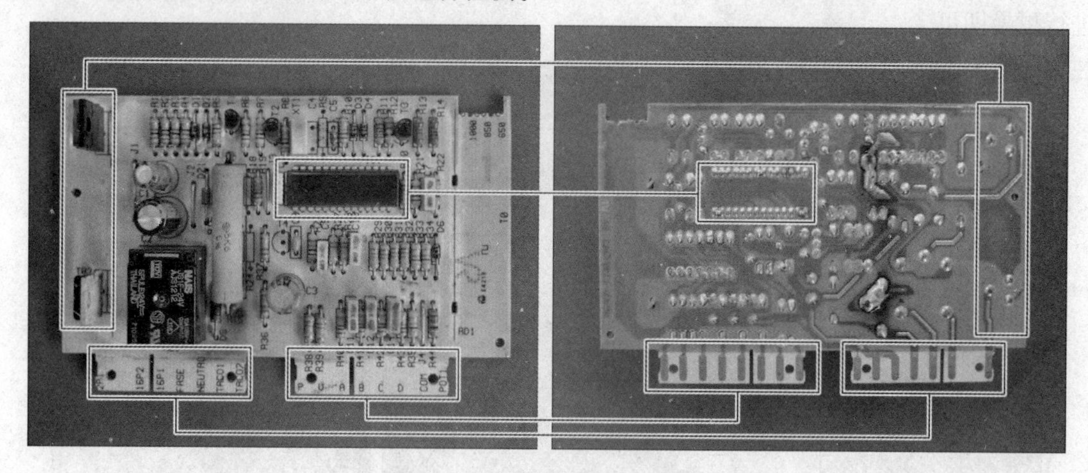

图 9-12　电路板的引脚对照图

对电路板进行检测时，通过表面观察查看电路板上的元器件是否损坏、烧坏、击穿等现象，如图 9-13 所示。

微处理器（IC1）是电路板中主要的元器件之一，检测时，主要通过检测其各引脚的对地阻值是否正常。图 9-14 所示为微处理器（IC1）的检测，测得对地阻值见表 9-1。

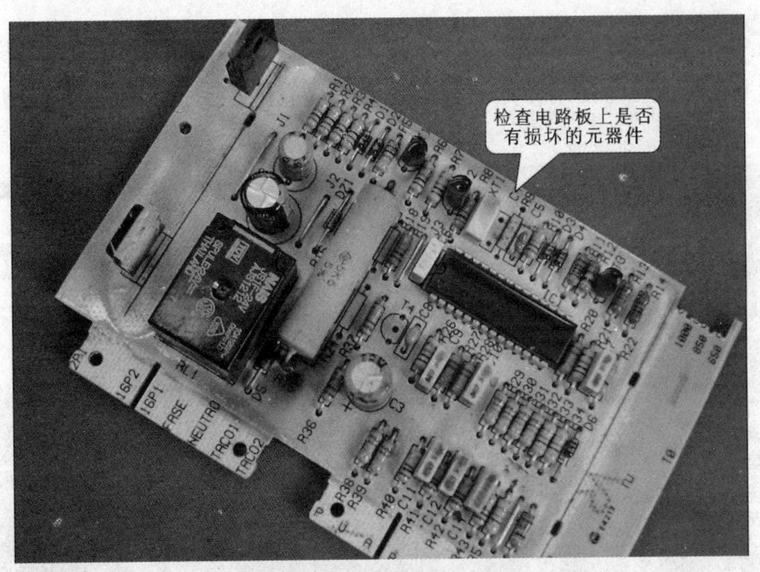

图 9-13 观察电路板表面是否有损坏的器件

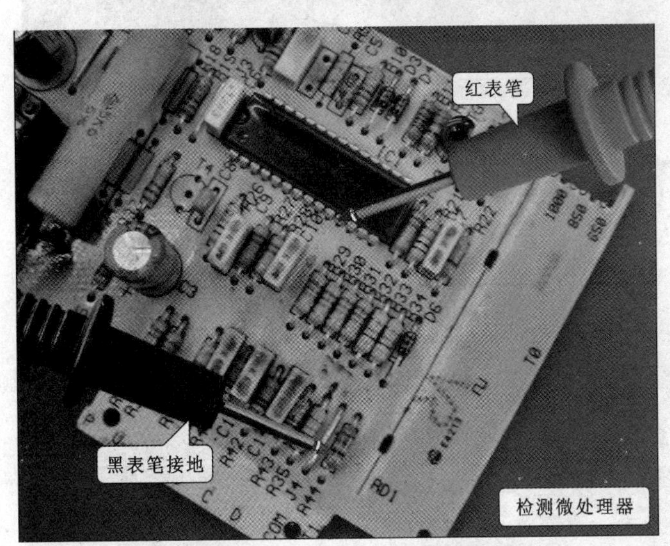

图 9-14 微处理器（IC1）的检测

表 9-1 微处理器（IC1）各引脚的对地阻值

引脚	对地阻值	引脚	对地阻值	引脚	对地阻值	引脚	对地阻值
1	0×1 k	8	23×1 k	15	5.8×1 k	22	0×1 k
2	0×1 k	9	23×1 k	16	5.8×1 k	23	0×1 k
3	27×1 k	10	28×1 k	17	5.8×1 k	24	16.5×1 k
4	18.5×1 k	11	28×1 k	18	5.8×1 k	25	16.5×1 k
5	22×1 k	12	28×1 k	19	5.8×1 k	26	31×1 k
6	20×1 k	13	28×1 k	20	5.8×1 k	27	31×1 k
7	32×1 k	14	28×1 k	21	0×1 k	28	15×1 k

在电路板中，二极管是比较容易损坏的器件。检修电路板的过程中，同样需要对二极管进行检测。图 9–15 所示为使用万用表分别检测二极管的正反向阻抗是否正常。

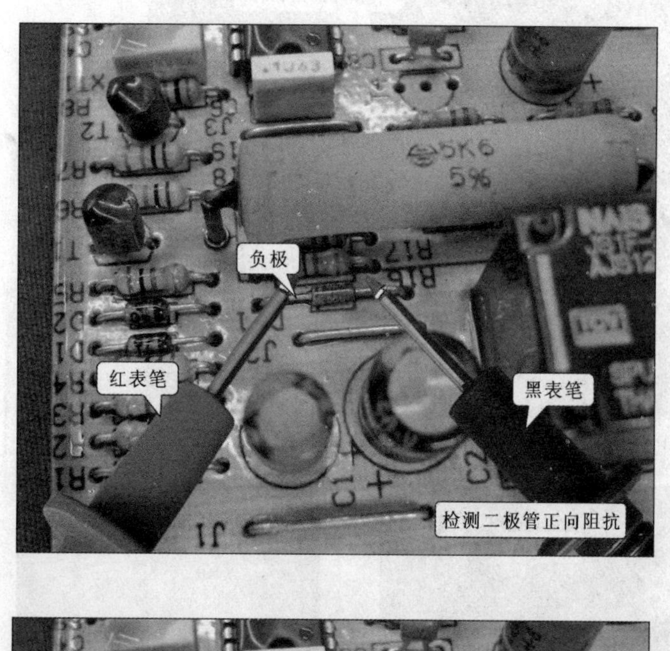

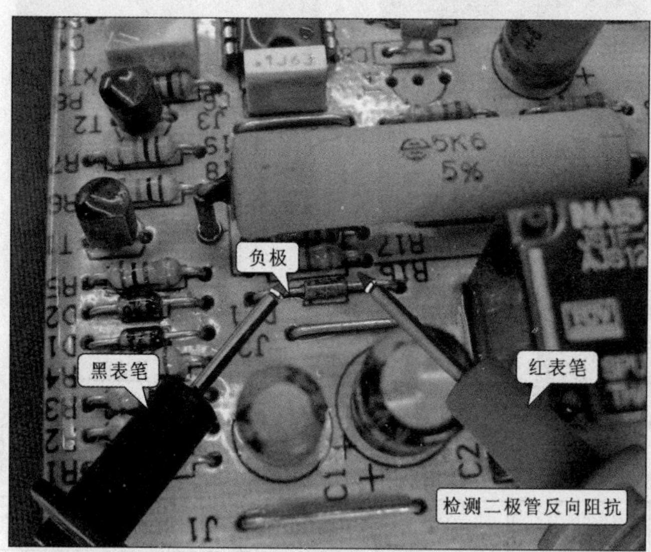

图 9–15　检测二极管的正反向阻抗

在对二极管进行在路检测时，由于其他器件的在路干扰其正反向阻抗都可以检测到一定的阻值，即测得该二极管的正向阻抗为 4 kΩ，反向阻抗为 16 kΩ。若在开路检测时，其反向阻抗应为无穷大。

在电路板中，主要有晶振为微处理器提供晶振信号，如图 9–16 所示。该晶振的引脚有一个接地，另外的引脚分别与微处理器相连。

检测时，使用黑表笔搭在晶振的接地端，红表笔分别检测晶振的其他两个引脚，如图 9–17

所示，此时均可以测得 30 kΩ 的阻值。

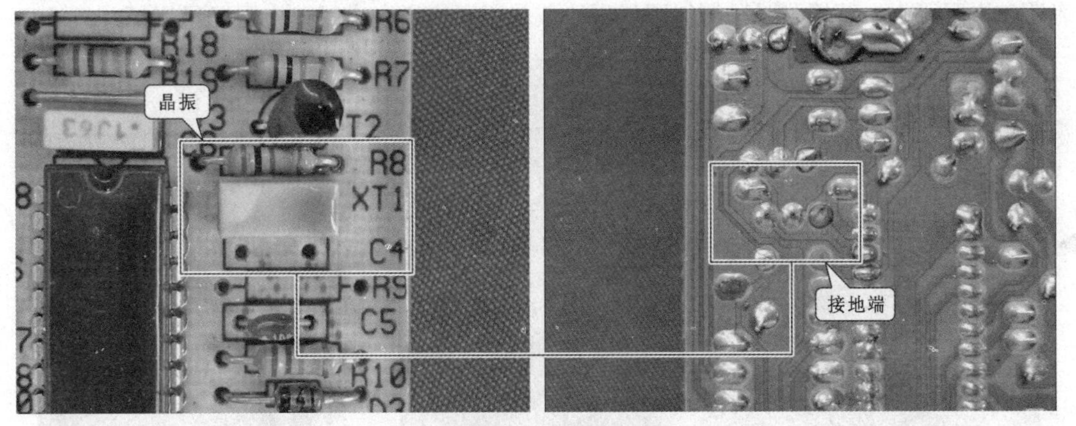

图 9-16 晶振

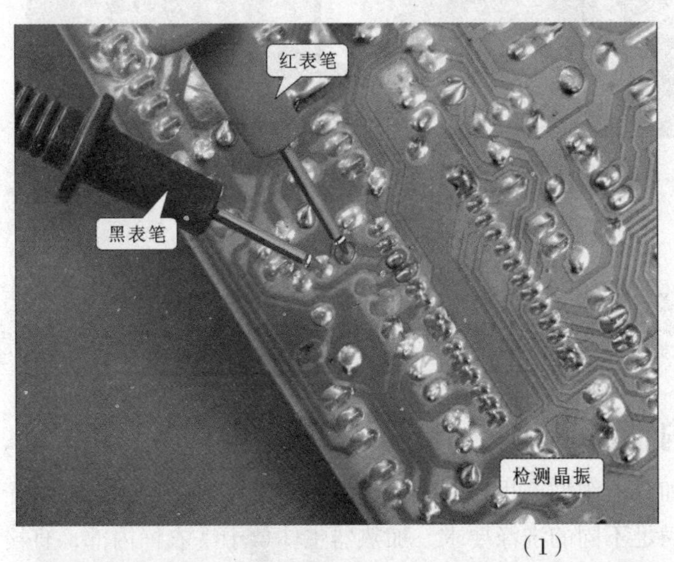

（1）

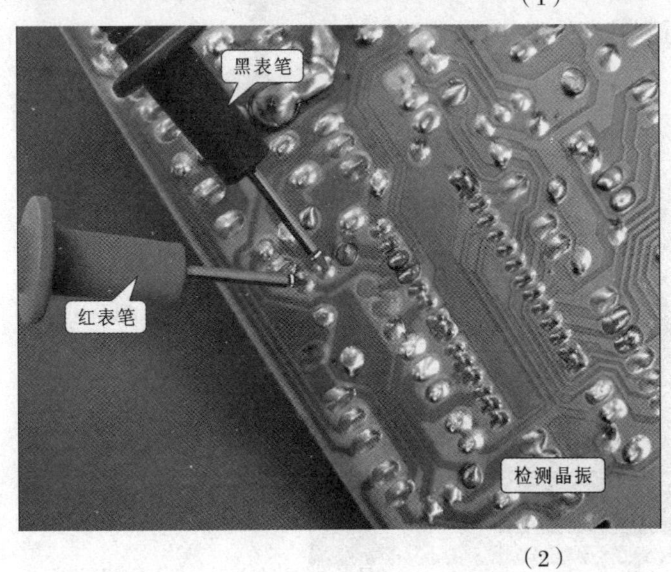

（2）

图 9-17 检测晶振

图 9–18 所示为使用万用表检测水泥电阻是否正常。若检测时，测得电阻值为 4 kΩ，表明该电阻正常；若检测时，测得阻值很小或趋于无穷大，表明该电阻已经损坏。

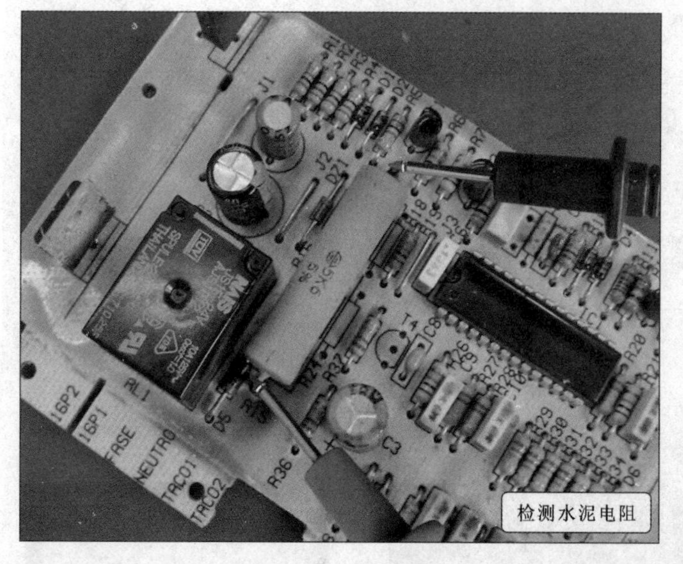

图 9–18 检测水泥电阻

9.2 加热组件的结构和故障检修

9.2.1 加热组件的结构特点

通常滚筒式洗衣机中设置有加热器组件，用来在洗涤过程中对洗涤水进行加热，从而提高滚筒式洗衣机的洗涤效果，以满足不同的洗涤要求。加热器主体位于洗衣桶内部，直接与洗涤水接触，在洗衣机背部可以看到其连接插件，如图 9–19 所示。

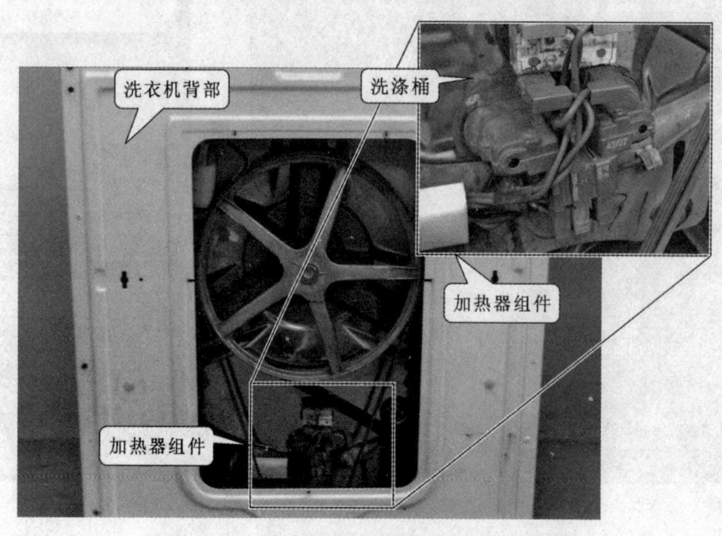

图 9–19 洗衣机加热器组件的安装位置

加热器组件主要是由加热器、温度控制器、感温头和水温传感器等构成的。其中加热器、感温头和水温传感器安装在洗衣桶上，温度控制器通过感温管与感温头相连，安装在操作面板上，通过旋钮对温度控制器的加热温度进行设定。图 9–20 所示为加热器组件的结构。

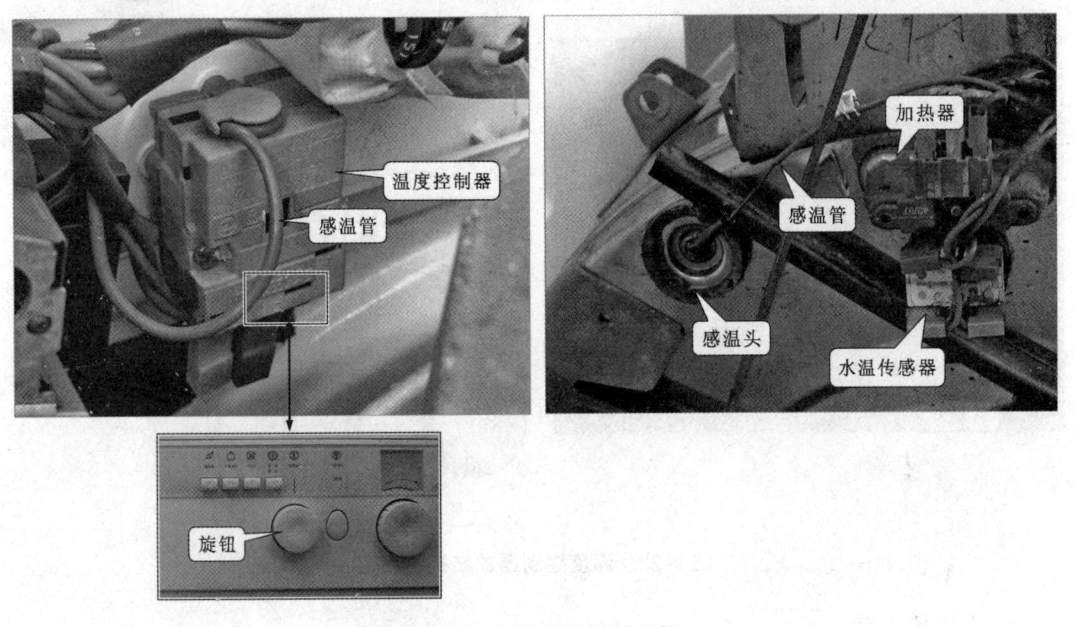

图 9–20 加热器组件的结构

1. 加热器

加热器固定在洗衣桶最下方，其加热管呈 U 形，带有 3 个接线端子，中间位置的接线端子常与接地线相连，两侧的接线端子与供电源相连，如图 9–21 所示。

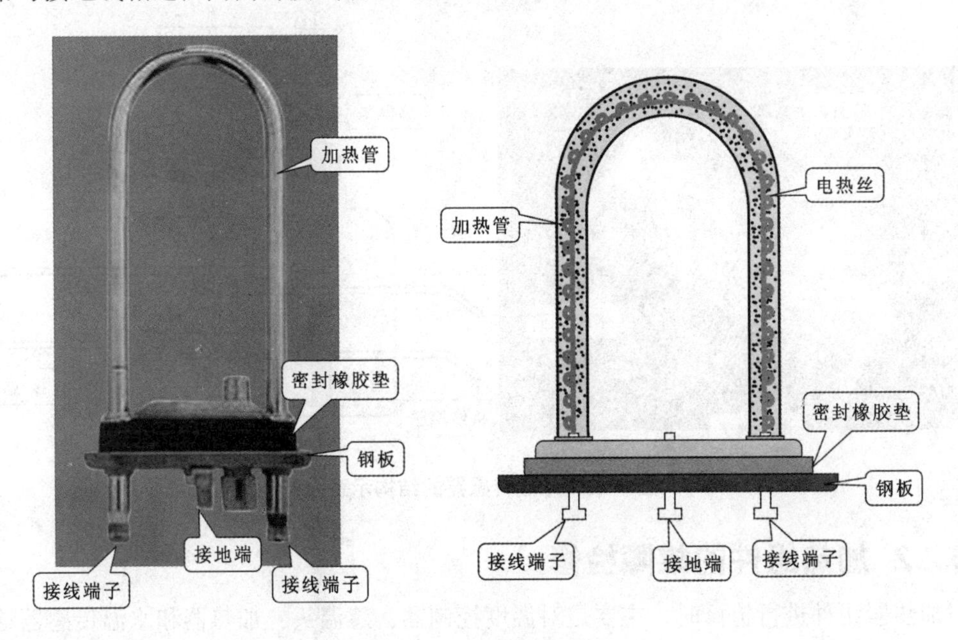

图 9–21 加热器的结构

2. 温度控制器

图 9–22 所示为温度控制器的结构示意图。从图中可以看出，温度控制器是由调温螺杆、波纹管、触动杆、动／静触点等构成。感温头通过感温管与温度控制器内部的波纹管相连。

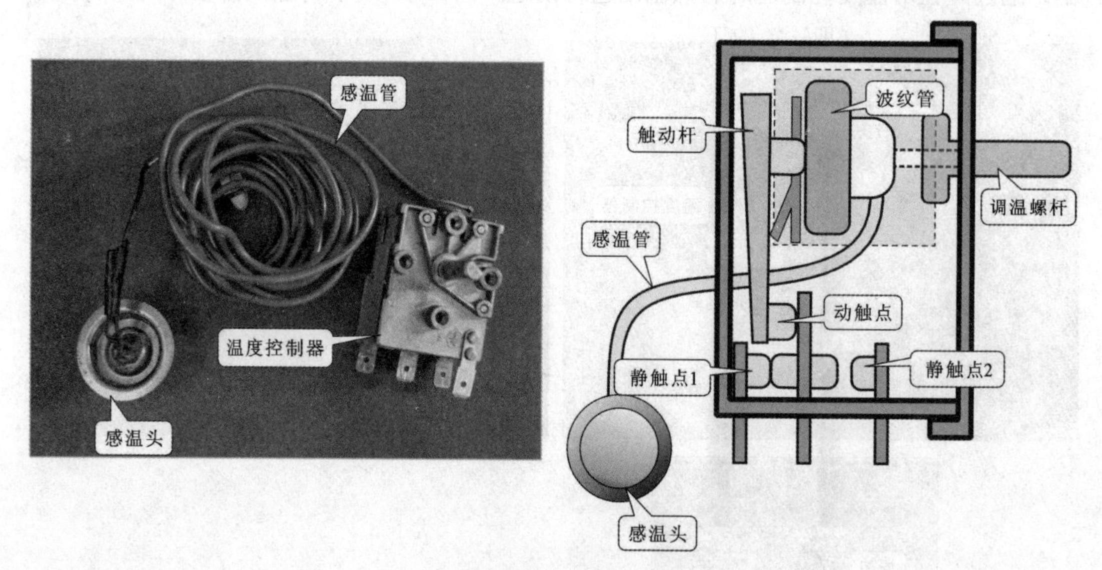

图 9–22　温度控制器的结构示意图

3. 水温传感器

图 9–23 所示为水温传感器的结构示意图。从图中可以看出，温度控制器是由凹凸双金属片、感温头、顶杆、常开／常闭触点等构成。水温传感器主要起到保护的作用，一旦温度控制器控温能力失常，水温传感器可以及时根据温度切断加热器的供电，确保洗衣机加热洗涤的安全。

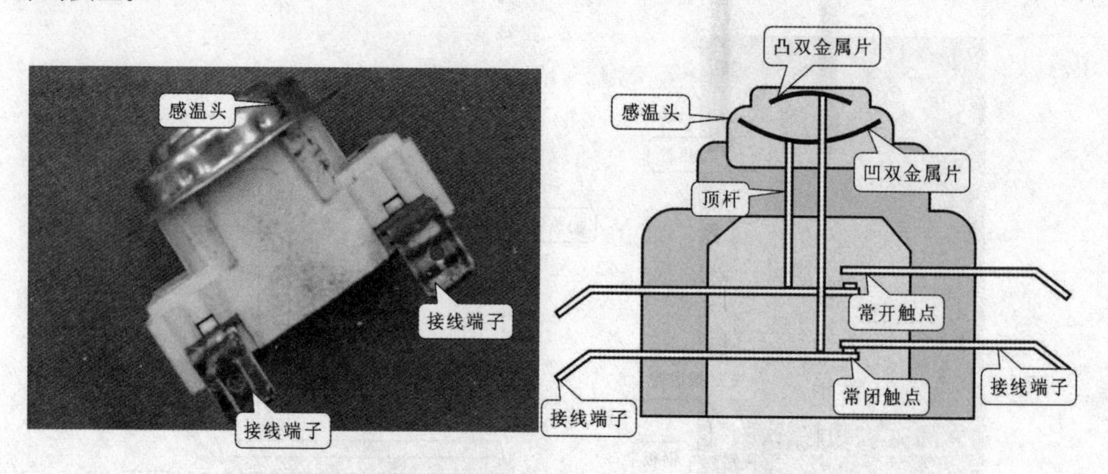

图 9–23　水温传感器的结构示意图

9.2.2 加热组件的故障检修

对加热器组件进行检修时，主要是对温度控制器、感温头、加热器和水温传感器这四个组成部件进行检测。

1. **温度控制器的检测与更换**

温度控制器通过固定螺钉固定在洗衣机的操作面板上，与温度控制旋钮相连。拆卸时，按下旋钮使其弹出，转动旋钮并将其拔下，使用旋具将固定螺钉拧下，然后向洗衣机内侧轻轻用力，将温度控制器取下，取下温度控制器后，拔下温度控制器上的连接引线，如图 9–24 所示。

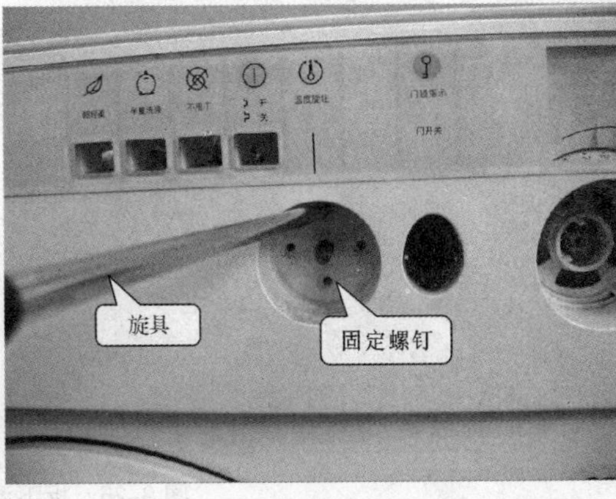

（1）

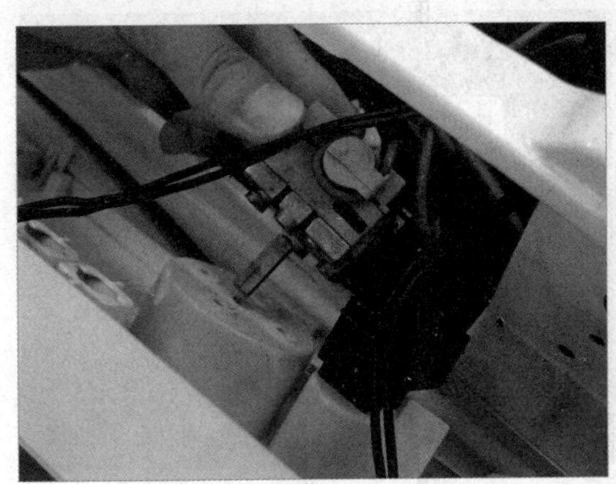
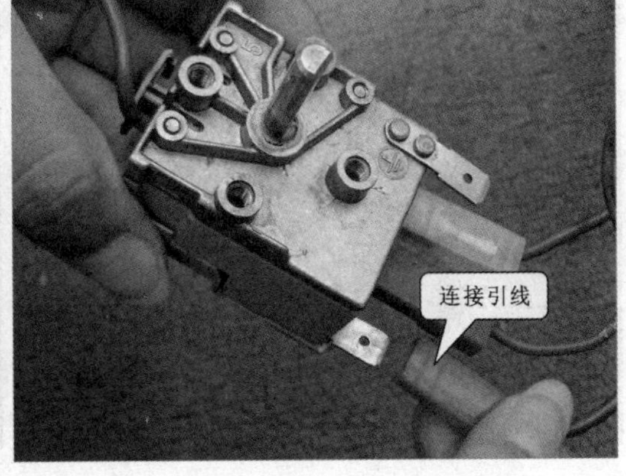

（2）

图 9–24　温度控制器的拆卸方法

加热器不加热或加热异常时，应先对温度控制器进行检查。将温度控制器拆开后，检查内部的触点以及触动杆等是否良好，首先使用一字旋具将温度控制器外壳上的卡扣撬开，拆下外壳，如图 9–25 所示。

然后使用旋具撬动触动杆，检查触动杆与触点间接触是否良好，拧下触动杆一侧的固定螺钉，如图 9–26 所示。

再然后，取下触动杆和弹片，如图 9–27 所示。

接着，检查波纹管的表面是否有损坏的现象、波纹管与感温管的连接部位是否有腐蚀、破损的现象，如图 9–28 所示。

再将温度控制器的接线端子取下，旋转调温旋钮，观察调温螺杆上的金属弹片是否有上下动作的现象，如图 9–29 所示。

若温度控制器内部部件损坏，则需要根据原温度控制器的型号、规格参数，选择大小、引脚等均相同的部件进行代换，将连接插件插到新温度控制器的接线端上，将连接好的温度控制器安放到滚筒式洗衣机中，如图 9–30 所示。

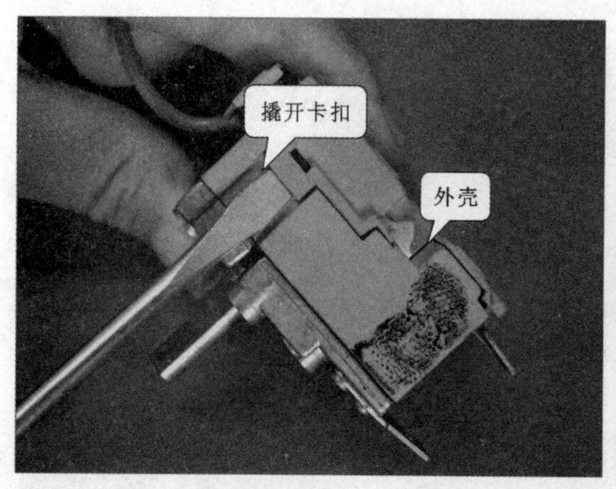

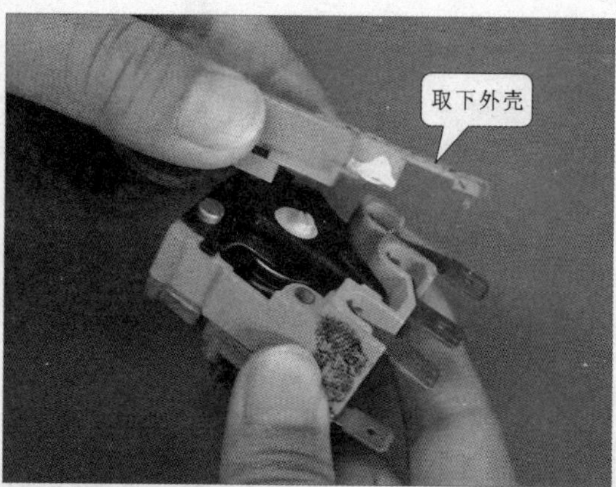

图 9–25　拆下温度控制器外壳

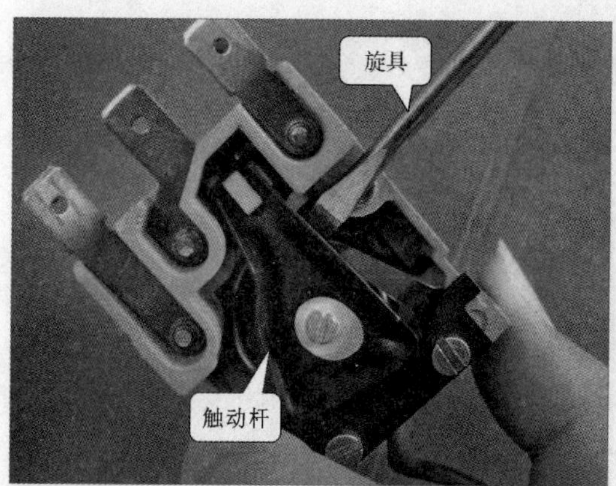

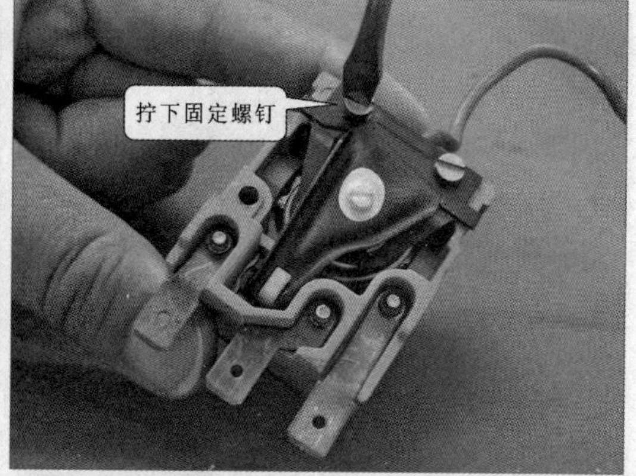

图 9–26　拧下固定螺钉

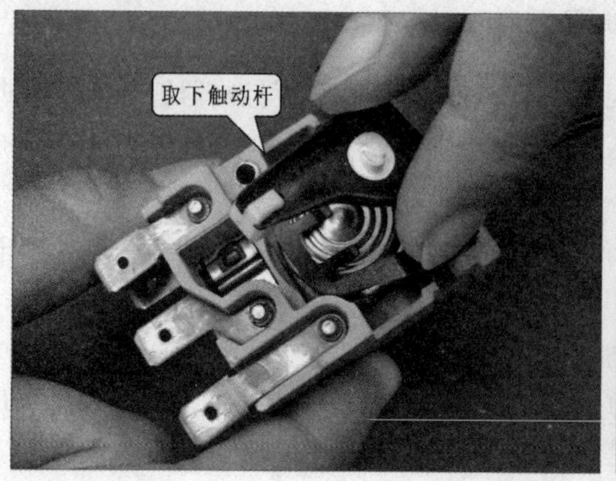

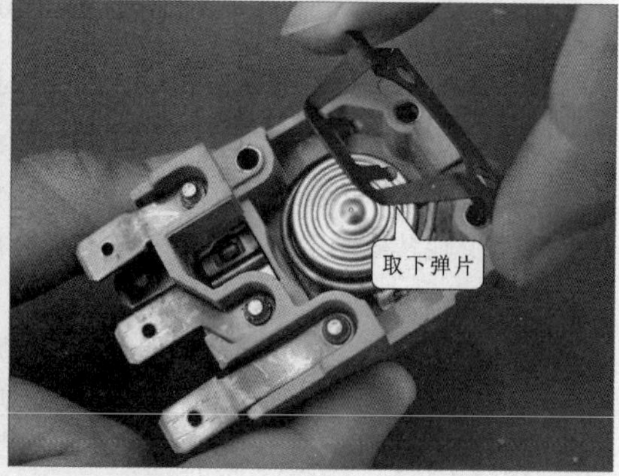

图 9–27　取下触动杆和弹片

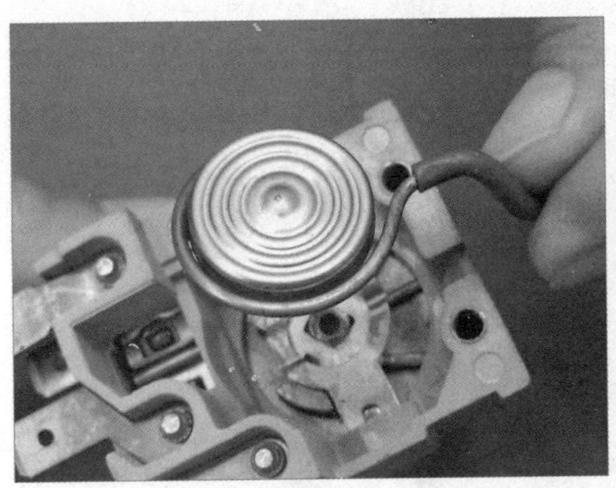

图 9-28　检查波纹管

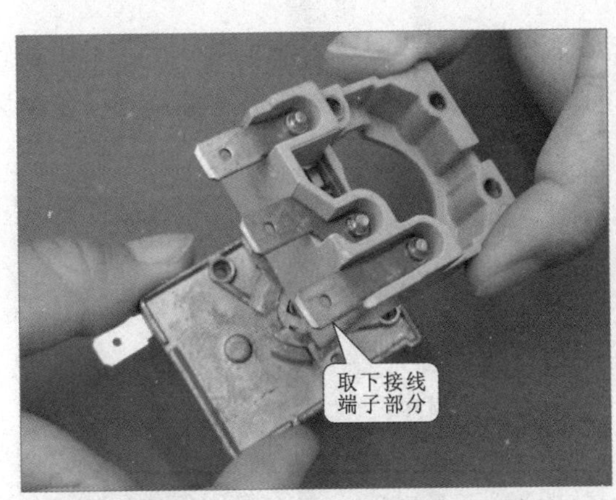

图 9-29　取下接线端子

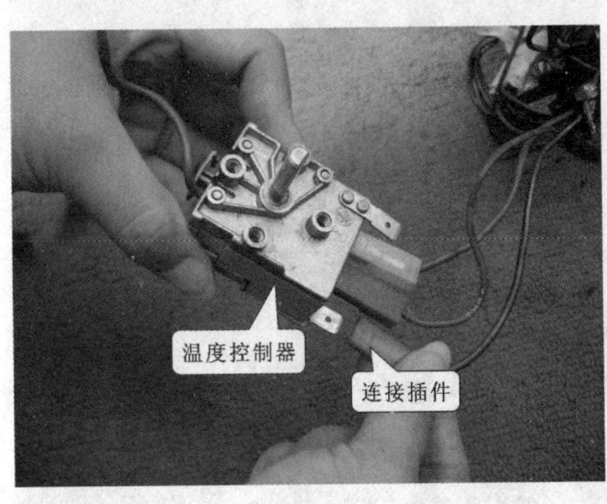

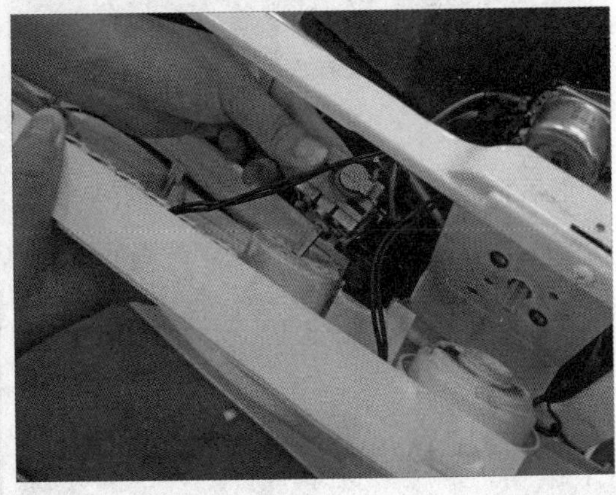

图 9-30　安放温度控制器

接下来，使用固定螺钉把温度控制器固定在洗衣机的操作面板上，将温度控制旋钮安装到调温螺杆上，完成温度控制器的更换，如图 9-31 所示。

2. 感温头的检测与更换

加热组件工作异常，并且初步检查温度控制器性能良好，则接下来应继续对加热器组件中的感温头进行检查，若感温头损坏应及时进行更换。

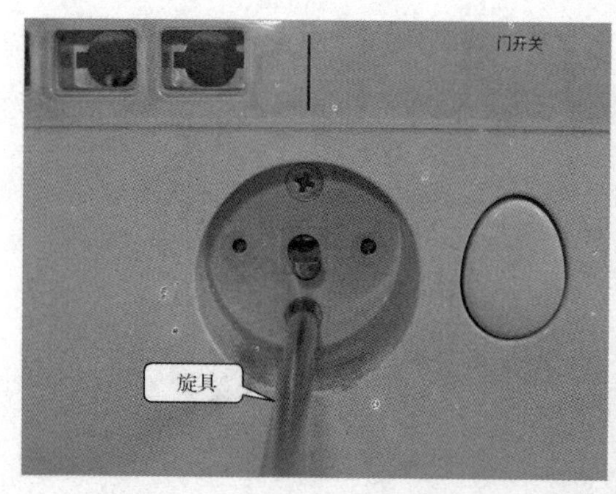

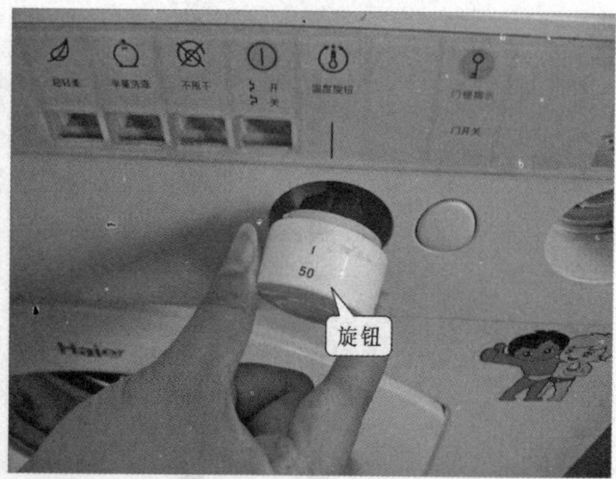

图 9-31　固定控制器及安装旋钮

加热器组件中的感温头一般直接安装在洗衣桶上，在拆卸时选用较小的一字旋具，在感温头的周围的橡胶圈上轻轻撬动，使感温头四周均匀撬起，轻轻向外拔出感温头，以免损坏感温管，如图 9-32 所示。

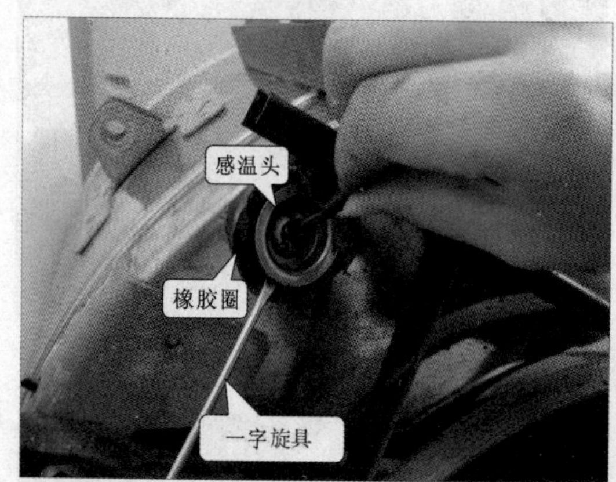

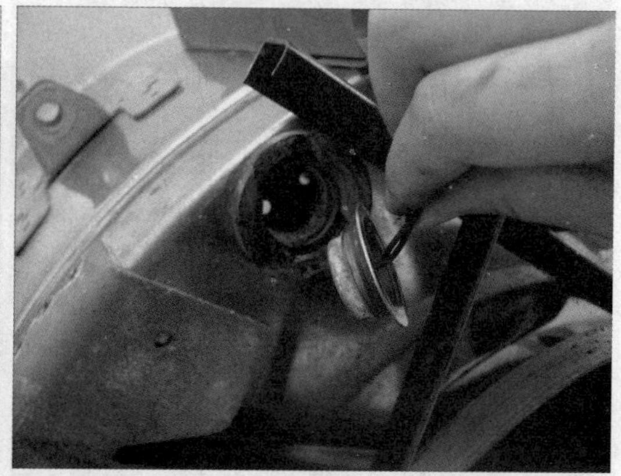

图 9-32　拔出感温头

然后将固定感温管的卡子取下，并撬开相关的固定卡扣，如图 9-33 所示。

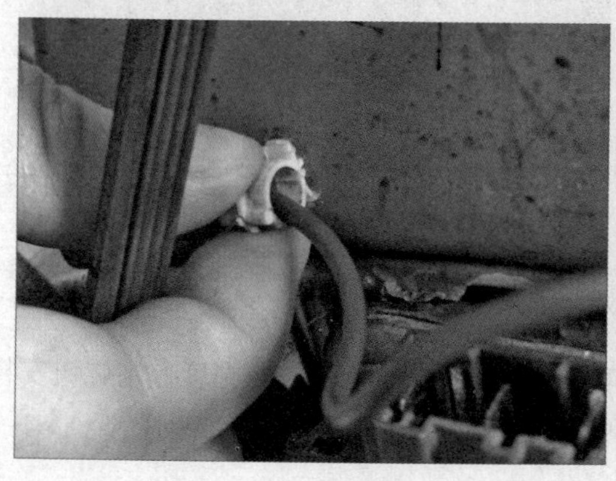

图 9-33　撬开卡扣

检查感温头时主要是对感温头的表面是否有明显损坏、感温头与温度控制器之间的感温管是否有断裂现象的查看，如图 9–34 所示。

图 9–34　感温头的检查方法

若发现感温头出现损坏或感温管有断裂的现象，则需要对损坏的感温头进行更换。更换时要注意，选用新的感温头进行代换，将连接感温头中的感温管固定在线束卡扣中，将固定感温管的线束卡扣安装到洗涤桶上，如图 9–35 所示。

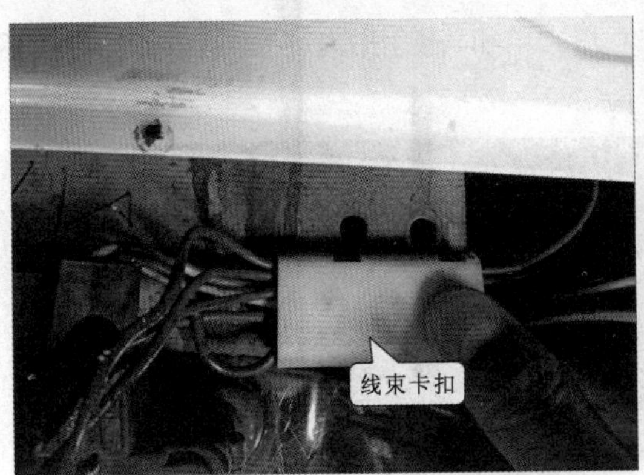

图 9–35　感温管的固定及线束卡扣的安装

然后使用旋具撬开橡胶圈，将感温头向内推动安装到洗涤桶中，如图 9–36 所示。

图 9–36　感温头的安装

3. **加热器的检测与更换**

怀疑加热器异常时，一般需要对加热器的密封性以及引脚间的阻值进行检测，若是密封不良，则在加热器的外层涂抹密封胶便可修复；若是加热器本身损坏，需要及时进行更换。

拆卸加热器时首先将加热器接线端子上的连接引线分别拔下，使用尖嘴钳将固定加热器的螺母拧下，如图 9–37 所示。

图 9–37 拔下连接插件以及拧下螺母

接着向外用力将加热器取下，取下时，应注意用力柔和，避免用力过大，造成加热器损坏，如图 9–38 所示。

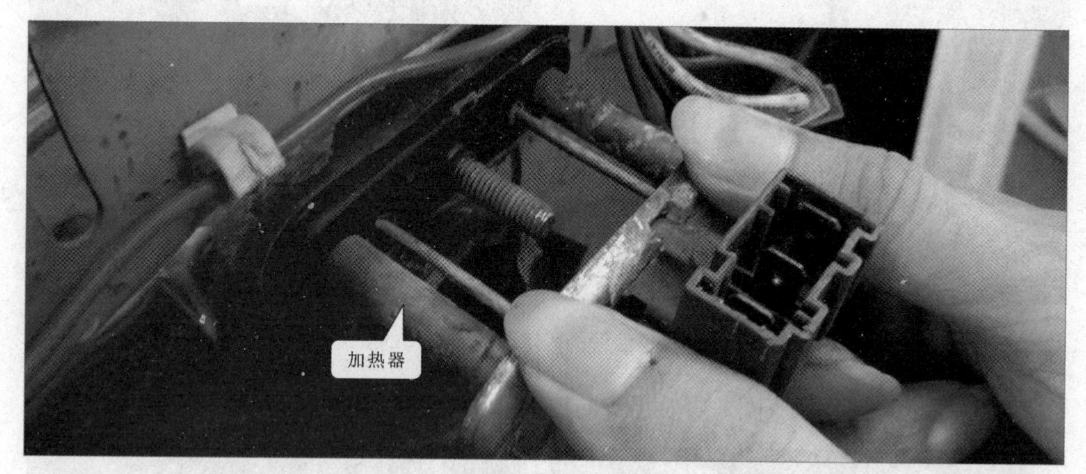

图 9–38 取下加热器

加热器是加热组件中的核心部件。在温度控制器及感温头正常的前提下，若加热器不加热或加热器周围漏水时，则需要对加热器进行检测，判断加热器是否出现故障，检测应首先检查加热器周围的密封性是否完好，若密封不良，则可以使用密封胶进行密封，若加热器周围的密封性良好，接下来应对加热器本身的性能进行检测，如图 9–39 所示。

使用万用表检测加热器两端引脚间的阻值，将万用表的两表笔分别搭在加热器的两引脚上，正常情况下，加热器两引脚间应有一定的阻值。若测得阻值为无穷大或为零，则说明加热器已损坏，应对加热器进行更换，如图 9–40 所示。

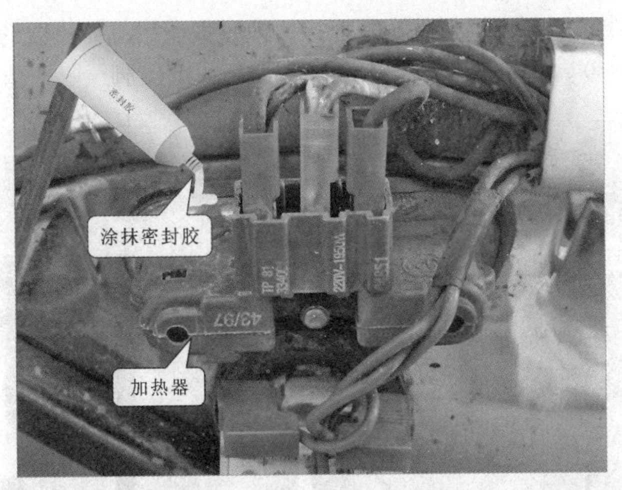

图 9-39　加热器密封性的检测

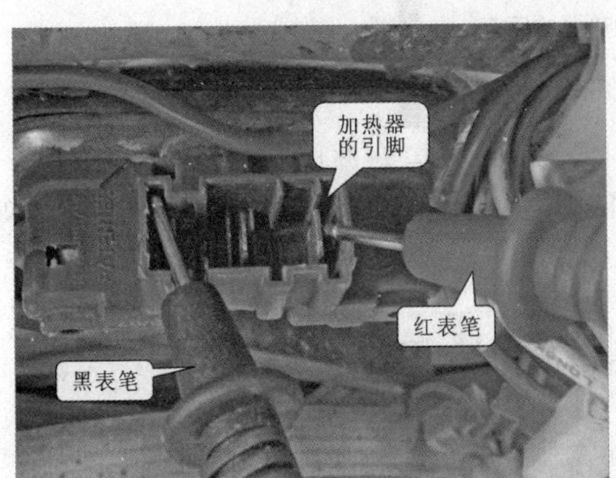

图 9-40　加热器的检测方法

若加热器本身损坏，需要选用型号相同、外形相同或相近的同规格加热器进行更换，将新加热器安装到洗涤桶内，轻轻地向插槽内推动加热器，直到加热器完全进入洗涤桶内，如图 9-41 所示。

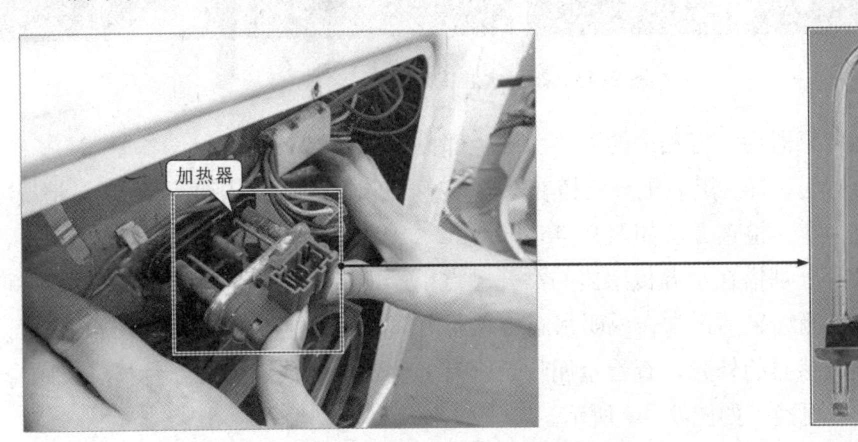

图 9-41　加热器的安装

再将加热器接线端子与连接插件进行连接，使用尖嘴钳将加热器的固定螺母拧紧，完成加热器的替换，如图 9–42 所示。

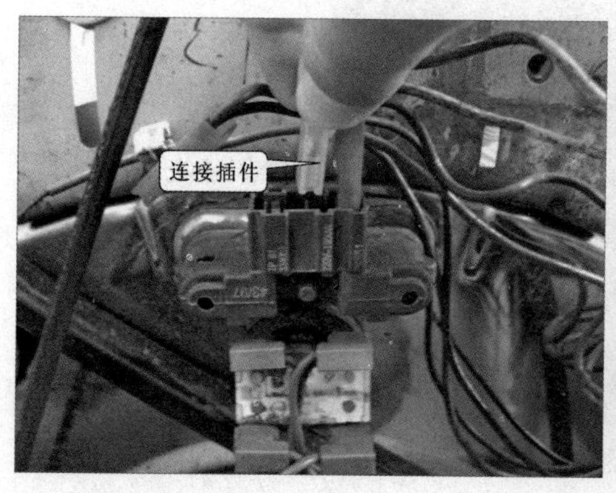

图 9–42　加热器的固定

4. 水温传感器的检测与更换

水温传感器与感温头类似，都是直接安装在洗衣桶上的，在拆卸这种部件时，应使用一字旋具轻轻撬动水温传感器，使水温传感器的四周均匀撬起，轻轻向外拔出水温传感器，如图 9–43 所示。

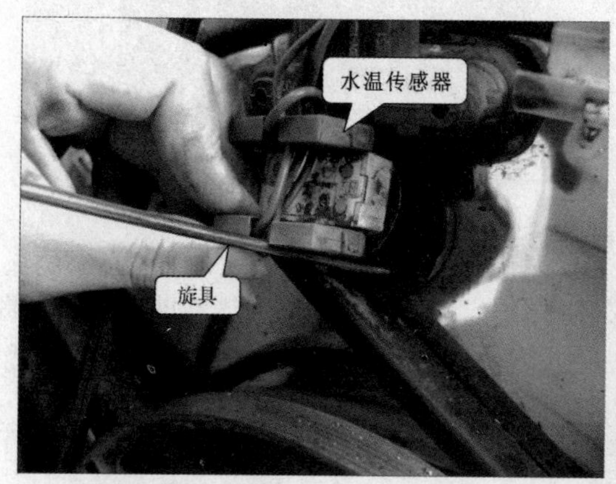

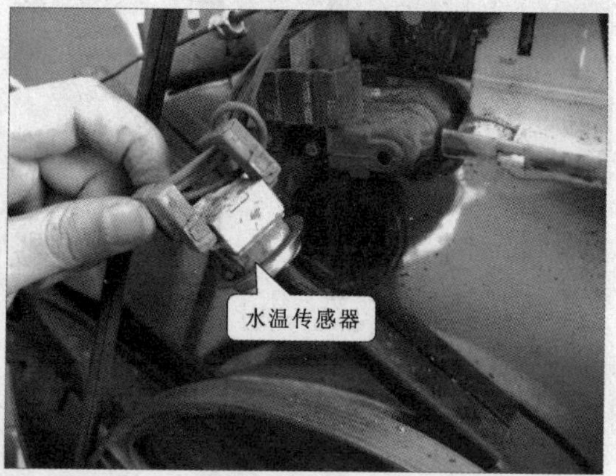

图 9–43　拔出水温传感器

然后取下水温传感器后，将相关的连接引线全部拔开，如图 9–44 所示。

检测水温传感器时，将红黑表笔分别搭在水温传感器的常闭触点引脚端上，正常情况下，常闭触点间的阻值为零。检查方法如图 9–45 所示。

然后将红黑表笔分别搭在水温传感器的常开触点引脚端上，正常情况下，常开触点间的阻值为无穷大。若检测结果不正常，说明水温传感器内部部件可能损坏，如图 9–46 所示。

最后打开水温传感器的外壳，查看金属片是否有老化变形的现象，若弹片损坏，则应对整个水温传感器进行更换，如图 9–47 所示。

若水温传感器损坏，应对水温传感器进行更换，更换时应选用同型号、规格的水温传感器进行更换。首先将水温传感器与连接插件进行连接，如图 9–48 所示。

再使用旋具撬起橡胶圈，并用力将水温传感器推到洗衣桶中，直至与洗衣桶完全贴紧，至此完成水温传感器的更换，如图 9–49 所示。

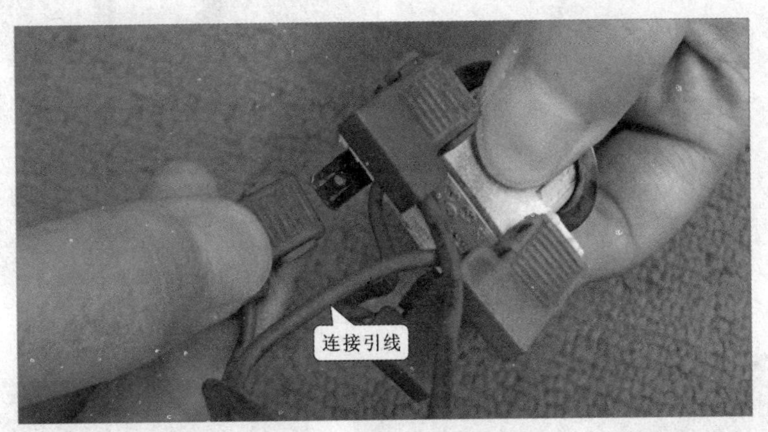

图 9–44 拔开连接引线

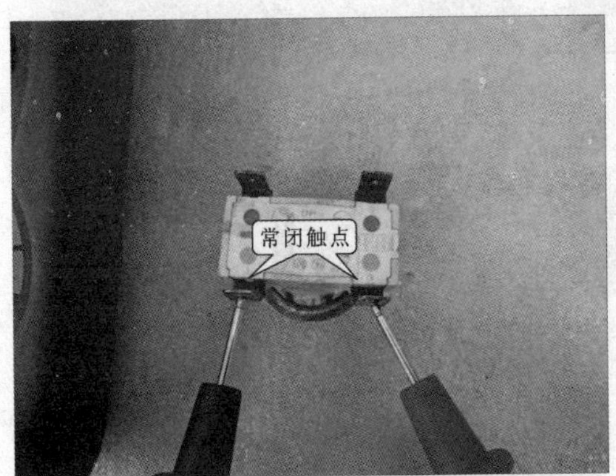

图 9–45 常闭触点阻值检测

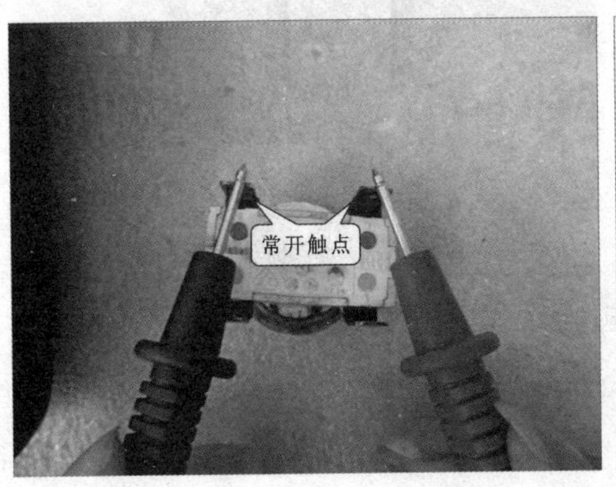

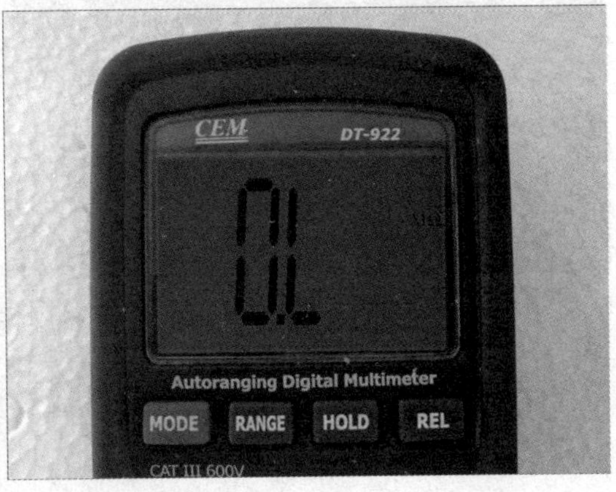

图 9–46 常开触点的阻值检测

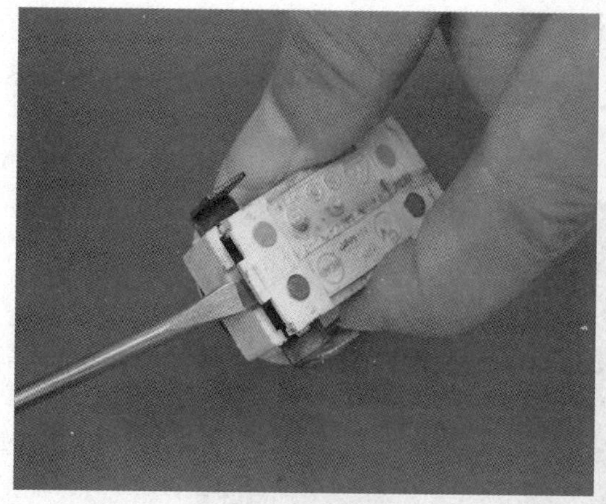

图 9-47　外壳检查

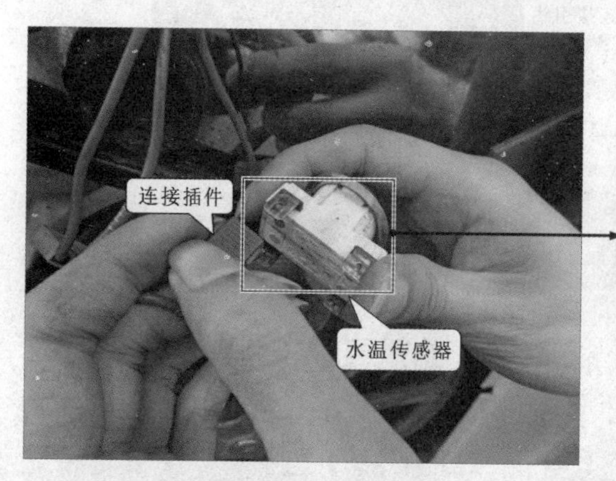

图 9-48　水温传感器与连接插件的连接

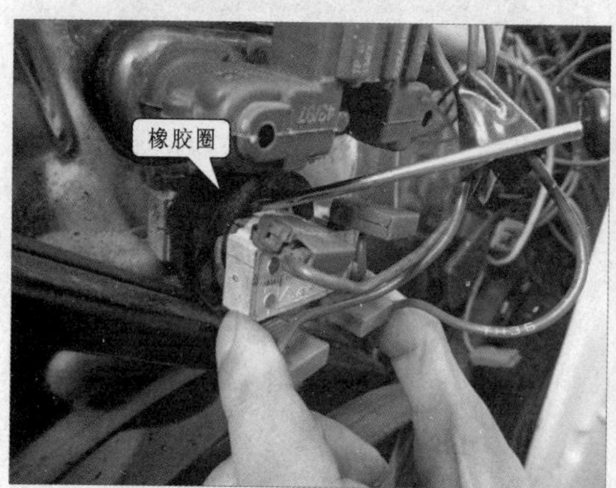

图 9-49　将水温传感器贴紧洗衣桶